천재
로봇공학자
다니엘라 루스의

MIT
로봇 수업

THE HEART AND THE CHIP
by Daniela Rus and Gregory Mone

Copyright © 2024 by Daniela Rus
Korean translation copyright © 2025 by Gimm-Young Publishers, Inc.
All rights reserved.

This edition published by arrangement with Daniela Rus and Gregory Mone care of Creative Artists Agency through EYA co., Ltd.

이 책의 한국어판 저작권은 (주)이와이에이를 통한 저작권사와의 독점 계약으로 김영사에 있습니다.
저작권법에 의해 한국 내에서 보호를 받는 저작물이므로 무단전재와 무단복제를 금합니다.

MIT 로봇 수업

1판 1쇄 발행 2025. 6. 18.
1판 2쇄 발행 2025. 9. 1.

지은이 다니엘라 루스·그레고리 몬
옮긴이 김성훈

발행인 박강휘
편집 김태권 디자인 상록 마케팅 고은미 홍보 박은경
발행처 김영사
등록 1979년 5월 17일 (제406-2003-036호)
주소 경기도 파주시 문발로 197(문발동) 우편번호 10881
전화 마케팅부 031)955-3100, 편집부 031)955-3200 팩스 031)955-3111

값은 뒤표지에 있습니다.
ISBN 979-11-7332-183-2 03500

홈페이지 www.gimmyoung.com 블로그 blog.naver.com/gybook
인스타그램 instagram.com/gimmyoung 이메일 bestbook@gimmyoung.com

좋은 독자가 좋은 책을 만듭니다.
김영사는 독자 여러분의 의견에 항상 귀 기울이고 있습니다.

이 책은 해동과학문화재단의 지원을 받아
NAEK 한국공학한림원과 (주)김영사가 발간합니다.

천재
로봇공학자
다니엘라 루스의

MIT
로봇 수업

인간과 로봇이
함께 만드는
찬란한 미래

다니엘라 루스·
그레고리 몬 지음
김성훈 옮김

김영사

내가 꿈을 좇을 수 있도록
흔들림 없는 지지와 격려로 응원해준
우리 가족에게 이 책을 바칩니다.

차례

서문 — 로봇 수업을 시작하며   **9**

1부 꿈 — 로봇, 불가능은 없다

- 1강   힘   **25**
- 2강   도달 범위   **47**
- 3강   시간   **66**
- 4강   위로 오르기   **89**
- 5강   마법   **103**
- 6강   시각   **127**
- 7강   정밀성   **142**

2부 현실 — 로봇은 어떻게 만들어질까

- 8강   로봇 만드는 법   **157**
- 9강   움직이는 두뇌   **178**
- 10강   촉각을 느끼는 두뇌   **200**
- 11강   로봇의 학습 방법   **214**
-      쉬어 가기 — 도움이 될 만한 기술적 정보   **239**
- 12강   기술자들의 할 일 목록   **249**

3부　책임 — 어떻게 미래를 준비할 것인가

13강　가능한 미래	**269**
14강　무엇이 잘못될 수 있나?	**288**
15강　미래의 일	**307**
16강　컴퓨팅 교육	**324**
17강　큰 도전과제	**342**
후기 — 로봇의 꿈	**364**
감사의 말씀	**368**
주	**371**
도판 출처	**383**
찾아보기	**385**

일러두기
- 이 책의 원제는 《마음과 칩The heart and the chip》이다. 'heart'와 'chip'을 문맥에 따라 각각 '인간의 마음', '기계의 칩'으로 번역했다.
- 루스가 소개하는 로봇들 가운데 일부는 세계적인 로봇 연구소 및 개발 기업들(MIT CSAIL, 보스턴 다이내믹스 등)이 공개한 영상을 통해서도 확인할 수 있다. 보다 실감나는 로봇의 작동 모습을 확인하려면, 책(화보 8면)에 수록한 QR코드를 참고하기 바란다.

서문
로봇 수업을 시작하며

나는 로봇을 만드는 사람이다. 로봇의 몸과 두뇌를 모두 만든다. 내가 로봇을 만들어 먹고산다고 하면 사람들의 반응은 보통 둘 중 하나다. 첫 번째 부류의 사람들은 걱정스러운 표정으로 영화 〈터미네이터〉에서 기계 반란을 주동했던 가상의 컴퓨터 시스템 스카이넷을 화제로 삼아 농담을 한다. 그들은 로봇이 언제쯤 세상을 지배하게 될지 짓궂게 물어온다. 두 번째 부류는 언제면 우리가 완전 자율주행차로 출근할 수 있는지 물어오는 사람들이다.

내 대답은? 첫 번째 질문에 대한 대답은 '절대 그럴 일 없습니다'이고, 두 번째 질문의 경우엔 '한참 멀었습니다'이다. 하지만 로봇 혁명은 현재진행형이다. 이 혁명은 이미 우리 사회와 우리의 삶에 커다란 변화를 불러오고 있다. 지금 공장에서 일하고 있는 로봇은 역사상 가장 많은 310만 대이며, 컴퓨터 조립에서 상품의 포장, 공기 질 모니터링까지 온갖 일을 도맡아 하고 있다. 이제 우리 앞에 흥미진진한 기회와 새로운 응용분야가 더 많이 펼쳐지려 하고 있다. 로봇이 우리의 일자리를 빼앗게 될까? 나는 그렇게 생각하지 않는다. 오히려 로봇은 우리를 더 유능하고, 생산적이며, 정밀하게 만들어줄 것이다. 이 혁명을 올바르고 지혜롭게 이끈다면 이 영리한 기계는 과거에 쟁기가 농업의 혁명을 불러왔던 것만큼이나 인간의 삶의 질을 획기적으로 높여줄 잠재력을 가지고 있다.

나는 공산주의 시절의 루마니아에서 자랐다. 그때 나는 쥘 베른의 소설에 푹 빠졌는데, 소설 속 인물들처럼 환상적인 탈것을 이용해 머나먼 곳으로 여행을 떠나는 상상을 하곤 했다. 당시 우리 집 텔레비전에서 선택할 수 있는 프로그램은 〈댈러스〉와 〈로스트 인 스페이스〉 둘밖에 없었다. 두 프로그램 모두 외계 문명이 등장하지만 나는 특히 로빈슨 가족의 모험과 그들의 강력한 로봇에 매료되었다. 이 로봇의 주요 임무는 로빈슨 가족을 위험으로부터 보호하는 것이었다. 〈로스트 인 스페이스〉와 쥘 베른의 소설이 내 상상력에 불을 지폈고, 나는 어느샌가 로봇을 꿈꾸기 시작했다. 나는 친구들과 함께 농구하는 것을 좋아했지만, 항상 그들 가운데 키가 제일 작았다. 다른 아이들이 이런 처지였다면 '내일 아침에 눈을 뜨면 키가 커져 있게 해주세요' 하고 기도했겠지만, 나는 로봇 신발을 만들어 친구들 머리 위로 뛰어올라 덩크슛을 할 수 있게 되기를 바랐다.

우리 가족은 소설 《드라큘라》로 유명해진 트란실바니아 지역을 둘러싸고 있는 카르파티아산맥 기슭에서 살았다. 어린 시절에 불사의 뱀파이어와 만났던 기억은 없지만, 그 산에서 나만의 공포를 경험했다. 바로 기나긴 하이킹이었다. 아마 실제로는 그렇게 힘든 산책이 아니었겠지만 아홉 살이던 내게는 그야말로 고문처럼 느껴졌다. 물리학자인 어머니와 컴퓨터과학자인 아버지를 쫓아가려고 애쓰면서 나는 공상과학소설 같은 해법을 꿈꾸었다. 기계 다리가 있다면 얼마나 좋을까? 아니면 내 발밑의 땅이 움직여서 힘들이지 않고 부모님의 속도를 따라잡을 수 있다면?

이것은 내 어린 시절의 꿈이었지만, 나는 지금도 로봇을 꿈꾼다. 그리고 요즘에는 그런 기계와 능력증강 기술이 더 이상 손에 닿을 수 없는 이상이 아니다. 나는 매사추세츠공과대학교 MIT 컴퓨터과학 및 인공지능 연구소CSAIL의 소장이다. 수십 년 동안 맞춤형 기계로 사람의 기본적이고 복잡한 인지적, 신체적 과제를 돕는 세상을 구상하며, 그 토대를 다져왔다. 이런 미래가 내 연구실에서 점차 싹을 틔워 현실에서 꽃을 피우고 있다. 그리고 내 동료들이 몸담고 있는 다른 대학교와 기관, 그리고 선도적인 사고를 지닌 여러 기업에서도 함께 꽃을 피우고 있다. 로봇은 쥘 베른을 매료시켰던 신비로운 암흑의 해저 심연을 탐사할 수 있게 해주었다. 그리고 화성의 표면으로 우리를 안내해 5500만 킬로미터 떨어진 행성의 토양을 꼼꼼히 뒤지며 연구할 수 있게 도와주었다. 지금은 지능형 기계가 잔디를 깎고, 개인 트레이너로 일하고, 밭을 갈고, 소의 젖을 짜고 있다. 내가 덩크슛을 할 수 있게 해줄 로봇 신발은 아직 나오지 않았지만 그 꿈은 점점 현실에 가까워지고 있다. 나는 스포츠와 관련된 다른 능력증강 기술도 연구하고 있다. 여기에는 인공근육을 장착해서 운동선수들의 훈련을 돕는 착용형 로봇 셔츠도 포함되어 있다. 개인적으로 나는 테니스 포핸드를 더 잘하고 싶지만, 당신은 골프 스윙을 더 잘하고 싶다면 스윙 자세를 도와줄 로봇도 설계할 수 있다.

시간이 흐르면서 내 어린 시절의 꿈은 더욱 대담해져만 갔다. 교통체증이 심한 날이면, 나는 버튼 하나로 차를 공중에 띄울 수 있을지, 그런 장치를 만들려면 구체적으로 어떻게 해야 하는지 생각에 빠져든다. 모험심이 차오르는 날에는 차를 아예 버리고 날개 달린 외골격이나 로봇 슈트를 만들어서 내가 좋아하는 영웅 아이언맨처럼 날아서 출근하는 상상을 해본다. 나는 아이언맨 영화를 정말 좋아한다. 그것이 부끄럽지도 않다. 주인공인 토니 스타크, 그리고 인공지능으로 강화된 기술집약적인 그의 외골격 슈트는 로봇공학의 엄청난 잠재력을 단 한 명의 대담하고, 매력적이며, 능력 있는 등장인물로 구현하고 있다. 그는 자신의 지적 능력과 창의성, 특히 인공지능, 로봇공학, 전자공학, 항공학, 디자인에 관한 지식을 총동원해서 스스로를 변화시켰다. 그의 능력은 여느 초능력 히어로들처럼 마법을 지닌 거미한테 물리거나, 우주의 폭발로 인해 생겨난 것이 아니다. 내가 보기에는 〈아이언맨〉의 토니 스타크야말로 궁극의 슈퍼 영웅이다.

아이언맨 슈트 자체는 우리의 능력을 훨씬 뛰어넘는 것이고,

우리가 그와 비슷한 것을 입고 여기저기 날아다닐 날이 금방 찾아올 것 같지는 않다. 하지만 이 가상의 인물은 우리의 열정, 지능, 집단적 자원을 효과적으로 활용해서 기술을 통해 인간의 능력과 경험을 강화했을 때 펼쳐질 가능성을 보여준다. 물론 그는 여기에 따르는 위험도 보여주고 있는데, 이런 강력한 기술을 세상에 도입하는 책임을 어느 한 개인이나 집단이 독점하면 안 된다는 점을 상기시킨다. 로봇의 혜택은 최대한 많은 사람에게 돌아가야 한다. 나는 모든 이가 로봇 기반 능력증강 기술을 이용해서 자기만의 슈퍼 영웅이 될 수 있는 시대가 오기를 기대한다. 한때 스마트폰은 부유한 소수만을 위한 값비싼 장난감이었다. 하지만 지금은 수십억 명의 사람이 매일 스마트폰을 이용해서 즉각적으로 정보와 사람에 접근할 수 있고, 자신들의 삶의 질을 향상시키고 있다. 나는 로봇 역시 이와 같은 경로를 따를 수 있을 것이라고 믿는다.

    나는 공상가가 맞지만, 만화책과 공상 속에만 존재하던 이 기계들을 우리의 일상으로 끌어들이기 위해 매일같이 애쓰고 있다. 나는 그 한계와 위험, 그리고 잠재력을 누구 못지않게 잘 알고 있다. 하지만 나는 이 열정과 흥분을 쉬이 가라앉힐 수도 없다. 미래가 손에 잡힐 듯 구체화되는 모습을 내 눈으로 직접 목격했기 때문이다. 나는 기고, 걷고, 뛰고, 운전하고, 치료하고, 헤엄치고, 청소하고, 변신하고, 생각하고, 하늘을 나는 지능형 기계를 만들어왔다. 나는 로봇이 어떻게 작동하는지, 그리고 그들이 오늘, 내일, 그리고 몇 년 후에 무엇을 할 수 있고, 무엇을 할 수 없는지 알고 있다.

 대부분은 로봇이라는 단어를 들으면 금속을 이용해서 사람과 비슷하게 만든 인간형humanoid 로봇을 생각한다. 하지만 지능형 기계는 여러 가지 재료를 이용해 다양한 형태로 만들어진다. 우리는 부드러운 연질 로봇soft robot, 미세 로봇, 변신 로봇도 만들어냈다. 연구자들은 생물학적 세포로 만든 로봇도 설계하고 있다. 우리는 로봇 꿀벌에서 로봇 가구에 이르기까지 인공과 자연의 환경에 존재하는 거의 모든 것을 로봇으로 만들 수 있다. 몇 년 전에는 태양의 이동에 맞춰 움직이는 창문 가리개 로봇을 설계하고 제작했는데, 낮 동안에 햇빛이 너무 밝아서 학생들이 컴퓨터 스크린을 보기가 거의 불가능했기 때문이다. 나는 당신이 이 책을 통해 로봇공학자처럼 세상을 바라보고, 크고 작은 문제에 대해 창의적으로 해결하는 기회를 찾을 수 있기를 바란다. 하지만 나는 현재의 기술이 어디까지 왔는지 솔직하게 평가하고, 우리 기술에서 부족한 것이 무엇이고, 그 이유는 무엇인지, 그리고 우리가 주어진 기회를 최대로 활용하기 위해 해결해야 할 과제는 무엇이며, 앞으로 이 사회에 대해 책임을 져야 하는 부분은 무엇인지 등을 모두 균형 잡힌 시각에서 다루려 한다. 나는 세상과 미래의 밝은 면에 끌리는 낙관주의자다. 하지만 낙관주의에는 많은 책임이 따른다. 이것은 강력한 연구이며, **우리 모두**는 이런 기술을 세상에 도입할 때 따라오는 결과에 대해 신중하게 생각해보아야 한다. 로봇과 인공지능은 더 큰 공공의 선을 위해 일해야 한다. 즉 기술이 제공하는 미래의 혜택을 모든 사람이 누릴 수 있도록 해야 하며, 그러기 위해서는 무엇이 잘못될 수 있는지 숙고해서 그런 상황에 대비하고, 피해를 막기 위한 해결책을 마련해두어야 한다.

하지만 먼저 흔한 오해부터 바로잡고 가야겠다. 영화와 온라인에서 인공지능을 두고 이러쿵저러쿵 이야기하는 것을 보고 들었겠지만 거기에 묘사된 바와 달리 로봇은 마법처럼 전지전능한 능력을 갖춘 독립적 존재가 되지도 못했고, 언젠가는 반드시 인간 창조자를 배신하고 반란을 일으킬 수밖에 없는 사악한 힘도 아니다.

로봇은 도구다. 그 자체로는 선하지도, 악하지도 않다. 그런 점에서 망치와 똑같다. 이 새로운 세대의 놀라운 기계를 아주 발전된 망치라 생각하면 된다. 우리가 그 도구를 가지고 무엇을 하기로 선택하느냐에 따라 그 도구의 영향력과 가치가 결정된다. 그리고 우리는 놀라운 일을 하기로 선택할 수 있다. 우리는 로봇과 협력하여 더 나은 의약품을 개발하고, 더 안전하고 효율적인 수송 체계를 만들 수 있다. 너무 위험하거나 어려워서 사람이 혼자 해낼 수 없는 과제를 로봇에 맡길 수 있고, 로봇의 힘을 빌려 대화 내용을 그 자리에서 바로 다른 언어로 번역하거나, 심지어 우리 자신에게 초능력을 부여할 수도 있다.

그렇다. 초능력이다. 나는 로봇의 어머니로서 아주 자랑스럽다. 지난 10년 동안 이 분야에서 이룬 성과는 놀랍기 그지없지만, 앞으로 20년 동안에 이루어질 일은 그보다 훨씬 더 흥미진진할 것이다. 지금은 시작 단계에 불과하며, 로봇은 인간에 비하면 여전히 원시적인 수준이다. 이 기술들을 연구하면서 나는 인간이 보여주는 정신적, 육체적 경이로움에 대해 더욱 감탄하게 됐다. 오페라 가수의 하늘을 찌를 듯한 고음, 중력을 거스르는 듯한 발레리나의 장엄한 움직임, 그 무엇과도 비교할 수 없는 시詩의 아름다움, 자연의 법칙을 서로 연관된 몇 가지 변수로 환원하는 방정식의 단순함과 우아함 등은 모두 인간만의 업적으로 남아 있게 될 것이다. 실제로 인공지능과 로봇공학을 연구하면서 나는 우리 종의 육체적 강인함은 물론이고, 놀라운 인지능력과 상상력, 창의력에 대해서도 더 깊이 이해하게 됐다. 우리는 그런 일을 그냥 할 수 있는 정도가 아니라 로봇과는 비교조차 할 수 없을 만큼 잘한다.

하지만 지능형 기계가 우리를 훨씬 능가하는 분야도 있다. 기계는 강력한 칩 덕분에 인간은 절대 따라갈 수 없는 속도로 방대한 양의 데이터를 처리하고 분석할 수 있다. 특히 로봇은 특정 과제를 놀라운 정밀도로 반복 수행할 수 있다. 하지만 가장 발전된 기계 지능이라도 지혜, 지식, 이해력은 갖추지 못한다. 이들은 불확실성이나 예상치 못한 변화에 제대로 대처하지 못한다. 예술을 흉내낼 수는 있지만 예술가처럼 창의적이지는 않다. 기계가 피카소의 그림과 대충 비슷한 무언가를 만들어낼 수는 있겠지만 피카소봇Picassobot은 등장할 수 없을 것이며, 그 어떤 로봇도 사회 전반에 퍼져 있는 개념들을 반영해서 입체파Cubism 같은 새롭고 혁신적인 표현 양식을 만들어내지는 못할 것이다. 인공지능 기반 글쓰기 프로그램은 이제 사람이 쓴 글과 구분이 불가능할 정도로 그럴듯한 텍스트를 생성할 수 있지만, 인간 조건의 미스터리를 통찰해 오래도록 기억될 위대한 작품을 만들어내지는 못할 것이다. 인공지능 셰익스피어나 톨스토이는 탄생하지 않을 것이다. 로봇은 놀라운 능력을 갖고 있지만 여러 부분에서 부족한 점이 많고, 타인을 배려하거나 돌보려는 내재적, 선천적 동기가 없다. 한마디로 그들에게는 '마음'이 없다.

우리는 사람과 로봇, 혹은 마음과 칩 사이에 긴장을 조장하는 경우가 지나치게 많다. 하지만 그럴 시간에 이 둘의 협력을 꾀하고 각자의 장점을 극대화할 방법을 고민해야 한다. 이 기술과 그 응용분야의 설계를 주도하는 것은 인간이다. 로봇과 인공지능이 어떤 영향을 가져올지는 우리에게 달려 있다. 우리가 로봇의 장점과 인간의 장점, 즉 마음과 칩을 결합하는 데 초점을 맞춘다면 놀라운 결과를 얻을 수 있다. 몇 년 전에 연구자들이 흥미로운 연구를 진행했다.[1] 훈련을 받은 사람과 특별하게 설계된 기계에 각각 림프샘 세포의 이미지를 분석해서 암세포 여부를 판별하는 과제를 내준 것이다. 기계의 오진율은 7.5퍼센트였고, 사람의 오진율은 3.5퍼센트였다. 따라서 여전히 마음이 칩을 앞섰다. 하지만 진짜 흥미로운 사실은 따로 있다. 사람에게 기계의 도움을 받아 함께 작업하도록 했더니 오진율이 0.5퍼센트로 떨어진 것이다. 진단 정확도가 80퍼센트나 향상됐다.

시골의 작은 의원에서 일하는 의료인까지도 모두 이런 솔루션을 활용할 수 있는 미래를 상상해보라. 일이 바쁜 의사들은 새로 나오는 모든 연구와 임상 실험에 대해 검토해볼 시간이 부족하다. 하지만 이런 시스템과 함께 일한다면 의사는 환자들에게 최첨단의 진단과 치료 옵션을 제공할 수 있을 것이다. 그리고 로봇과 인공지능으로 강화된 이런 발전은 거의 모든 전문 직종에서 활용할 수 있다. 내 목표는 당신이 인간과 지능형 기계의 본질적 차이를 이해할 수 있도록 돕고, 로봇과 긴밀하게 협력하고 마음과 칩의 장점을 사람들을 위해 활용함으로써 모두를 위해 더 나은 미래(보다 흥미진진한 미래)를 열어갈 수 있음을 보여주려는 데 있다.

* * *

내가 여기서 주로 다룰 기술들은 서로 관련 있는 세 가지 분야에서 가져온 것이다. 그중 첫 번째 분야인 **로봇공학**robotics은 컴퓨터 시스템에 가동성이 있는 물리적 신체를 부여함으로써 컴퓨팅 결과를 움직임으로 구현한다. 당신의 스마트폰에 바퀴, 날개, 손 같은 것을 달아준다고 생각하면 될 것이다. 두 번째 분야인 **인공지능**AI은 아주 구체적인 분야에 초점을 맞추어 기계에 추론 및 판단 능력을 부여한다. 예를 들어 체스를 두는 인공지능은 우리가 '좁은 인공지능narrow AI'이라 부르는 것의 한 사례로, 현재로서는 가장 지배적인 형태의 인공지능이다. (영화 속에서 막강한 로봇들을 지휘하는 '일반 인공지능general AI'은 어떨까? 이것은 아직 먼 훗날의 가능성으로 남아 있다.) 하지만 초고

수처럼 체스를 두는 과제 지향형 인공지능이라도, 가령 교차로에서 자동차의 운전을 돕거나, 로봇이 주방 조리대에서 커피 컵을 고르는 것을 도울 수는 없다.

세 번째 분야는 **기계학습** machine learning이다. 로봇공학과 인공지능을 아우르는 분야로, 방대한 양의 데이터를 살펴보고 패턴을 찾아내어 어느 정도의 신뢰성을 가지고 예측하거나 결론을 도출하는 기술이다. 이 기술을 활용하면, 프로그램은 수백만 개의 나무 이미지를 스캔한 다음, 현실 세계에서 한 번도 본 적이 없는 나무를 보고 나무로 인식할 수 있다. 위에서 예로 든 방사선학 분야의 경우엔 기계학습 시스템이 기존의 림프샘 암 이미지에서 확인했던 패턴과 일치하는 패턴을 주어진 이미지에서 찾아낸 것이었다. 물론 이런 패턴이 발견됐다고 해서 그 사람이 암에 걸렸다는 의미는 아니다. 하지만 기계학습 시스템이 이런 패턴을 찾아내면 아무래도 의사는 그 스캔 영상을 더 주의 깊게 들여다볼 테고, 자연히 오진율도 줄어든다. 기계학습과 인공지능을 혼동하는 경우가 많은데, 후자가 비즈니스와 마케팅 분야에서 유행어로 자리 잡았기 때문이다. 하지만 기계학습은 인공지능이 높은 수준의 의사결정과 추론을 할 수 있게 지원하는 패턴 인식 시스템이라고 생각하면 된다. 기계학습과 인공지능도 부족한 점이 있다. 암과 나무의 패턴은 알아보지만 암과 나무가 **실제로 무엇인지는** 이해하지 못한다는 것이다.

이 책은 상호 연결된 이 분야들의 기본적인 내용을 당신이 이해할 수 있게 도울 것이다. 또한 로봇이 할 수 있는 일과 할 수 없는 일이 무엇인지, 우리가 로봇을 가지고 해야 할 일과 하지 말아야 할 일이 무엇인지 설명할 것이다. 그리고 지능형 기계 창조물과 하루가 다르게 긴밀히 얽히고 있는 이 사회에서, 이런 시스템이 인류에게 긍정적인 영향을 미칠 수 있도록 우리가 반드시 해야 할 일들을 개괄할 것이다. 부디 이 책을 통해 당신이 이 기술의 실제 작동방식을 이해하고, 이 기술이 우리 삶에 긍정적인 영향을 미칠 준비가 되어 있음을 더 깊이 이해할 수 있기를 바란다. 마지막으로 마음과 칩이 결합했을 때 어떤 미래가 펼쳐질지, 그리고 어떤 종류의 로봇과 지능형 시스템이 당신 또는 인류 전체를 이롭게 할지에 대해 스스로 꿈꿀 수 있도록 이 책에서 영감을 얻을 수 있기 바란다.

어린 시절 내가 제일 좋아했던 이야기 중 하나는 다이달로스의 신화였다. 이 위대한 발명가는 날개를 만들어 우리를 땅 위에 붙잡아두고 있던 중력의 힘을 극복하고 하늘 높이 날아올랐다. 그는 밀랍으로 날개를 만드는 아주 기발한 방법을 이용했다. 물론 그의 아들 이카루스의 날개가 녹아 땅으로 추락했다는 부분은 영 마음에 들지 않았지만, 나머지 이야기는 내게 영감을 불어넣어주었다. 이른 나이부터 나는 어떻게 하면 우리가 생물학적 한계를 뛰어넘어 육체가 허용하는 것 이상의 일을 할 수 있을지 상상하기 시작했다. 나중에는 스파이더맨처럼 건물을 오르고, 아이언맨처럼 하늘을 날고, 영화 〈엑스맨〉의 미스틱처럼 변신하고, 영화 〈판타스틱 포〉에 나오는 수 스톰처럼 투명해지거나, 슈퍼맨처럼 강해지고 싶어졌다. 이런 초능력은 이야기

책 속에는 항상 존재하던 능력으로, 우리가 갖고 싶지만 가질 수 없는 것들이다. 하지만 로봇과 컴퓨팅 기술은 우리가 이런 놀라운 능력에 더 가까이 다가서게끔 할 수 있다. 로봇은 독립적으로 움직이고 과제를 수행하면서 우리의 시간을 절약해준다. 우리는 그들과 함께 일하면서 우리의 지각, 도달 범위, 정확도, 힘, 그리고 방대한 데이터를 처리하고 반응하는 능력을 향상시킬 수 있다. 로봇은 과거에는 불가능하다고 여겨졌던 완전히 새로운 능력을 우리에게 부여할 수 있다. 수학적 모델, 알고리즘, 기발한 설계, 새로운 재료, 전자기계적 구성요소 등을 창의적으로 사용함으로써 마법처럼 느껴졌던 것이 현실이 될 수 있다.

로봇이 정말 우리에게 초인적인 힘을 선물할 수 있는 것이다. 그럼, 그 힘에서부터 시작해보자.

1부 꿈

— 로봇, 불가능은 없다

1강
힘

얼마 전 펜타곤에서 하루 종일 이어진 긴 회의를 마무리할 즈음(나는 인공지능, 기계학습, 로봇에 관한 내용을 지도자들에게 조언하고 교육하는 일도 맡고 있다) 어린 시절에 꿈꾸었던 기계 다리와 로봇 신발에 대한 상상이 다시 떠올랐다. 가상회의가 효율이 좋다는 점은 나도 인정하지만, 나는 얼굴을 직접 마주하는 만남을 좋아하기 때문에 이날을 기다려왔다. 내 동료와 나는 여러 공직자들과 열두 번의 세션을 진행하기로 계획이 잡혀 있었다. 펜타곤은 저층 사무용 건물 중에서는 세계 최대 규모의 건물로, 내부 복도의 길이만 28킬로미터에 달한다. 미국 국방부에서는 건물 안에서 가장 멀리 떨어진 두 지점을 8분 이내에 걸어갈 수 있다고 주장하지만,[1] 이것은 분명 걸음걸이가 아주아주 빠른 사람을 대상으로 진행된 실험에서 나온 측정값일 것이다.

이날 우리의 회의 장소는 광활한 내부 공간 여기저기에 흩어져 있었다. 동료와 나는 일정을 맞추려면 한 회의장에서 그다음

회의장까지 거의 뛰어가야 할 지경이었다. 마지막 회의는 원래 가장 중요한 인물과 15분 일정으로 계획되어 있었는데 끝났을 때는 거의 45분이 지나 있었다. 우리가 예약한 보스턴행 항공권은 그날의 마지막 비행기였는데 1시간쯤 뒤에 출발할 예정이었다. 외부 주차장에서는 우버 택시가 기다리고 있었는데, 하필 주차장이 건물 반대편 먼 곳에 자리 잡고 있었다. 그리고 다른 회의실에 들러서 가방도 가져와야 할 상황이었다.

어쩔 수 없이 우리는 달리기 시작했다.

내 동료는 체력이 엄청나서 마치 새처럼 움직였다. 나도 일주일에 한 번 정도는 가볍게 5킬로미터씩 달리면서 체력을 유지하고 있었지만, 이번에는 거의 전력 질주에 가까웠다. 그리고 나는 굽이 높은 구두를 신고 있었다. 나는 하이힐을 신고도 아주 잘 달리지만(그 이유는 뒤에 나온다) 어깨에는 이미 가방 두 개를 짊어지고 있었고, 지금은 세 번째 가방을 가지러 달려가고 있었다. 게다가 이 가방은 더 무겁고 바퀴도 없는 여행 가방이었다(만약 바퀴가 있었다면 모터, 센서, 컴퓨팅 구성요소를 장착해서 나를 잽싸게 따라오는 자율주행 여행 가방으로 바꾸었을 것이다). 펜타곤 복도를 질주하는 동안 나는 이 난감한 상황을 로봇으로 해결할 방법을 상상하기 시작했다.

제일 먼저 강화할 구성요소는 신발이었다. 만약 그 신발을 스프링처럼 압축되면서 에너지를 저장할 수 있는 탄성 재료나 충격 흡수 재료로 만들었다면 어땠을까. 내가 신발을 활성 모드로 바꿔주면 압축되어 있던 신발 굽이 팽창하면서 저장되어 있던 에너지를 방출시킬 수 있었을 것이다. 그럼 걸음을 내디딜 때마다 스프링처럼 지면에서 튕겨 나가는 효과를 얻을 수 있었을 것이다. 이런 굽을 사용해도 농구 시합에서 덩크슛을 시도하거나, 복도에서 다른 사람의 어깨를 뛰어넘어갈 수 있을 정도의 힘을 내지는 못할 테지만(물론 펜타곤 같은 곳에서 그런 행동을 하는 것이 좋은 생각도 아닐 것이다), 보폭을 더 늘려서 키가 크고 체력도 좋은 내 동료를 더 수월하게 따라잡을 수 있었을 것이다.

하지만 내게 정말로 필요했던 것은 짐 옮기는 것을 도와주고, 또 내 에너지를 몽땅 쏟아붓지 않아도 그 먼 거리를 내달릴 수 있게 해줄 무언가였다. 그러니까 나한테는 내 외투 안에 입을 수 있는 착용형 연질 전신 로봇이 필요했다(물론 이 착용형 로봇이 그 자체로 비즈니스 정장의 역할까지 이중으로 해준다면 더할 나위 없이 좋을 것이다). 내가 그런 로봇을 입고 있었다면 주차장까지 동료 옆에서 전력 질주하면서도 땀 한 방울 흘릴 필요가 없었을 것이다. 하지만 현실에서는, 건물을 빠져나와 시간에 맞춰 공항에 도착하고 비행기를 탈 수 있어 천만다행이었지만, 나는 완전히 녹초가 되어 뻗었다.

* * *

내가 그날 상상했던 로봇의 유형을 외골격exoskeleton이라고 한다. 말 그대로 외투처럼 입을 수 있는 이 착용형 기계는 모터로 가동하는 관절이 있어 사용자의 힘을 강화하거나 보완해준다.

외골격은 전투용 기계로 묘사되는 경우가 많지만, 일상에서의 응용 가능성은 훨씬 흥미진진하다. 나는 착용형 로봇이 삶의 많은 영역에서 힘과 지구력을 강화하는 수단이 될 수 있다고 생각한다. 군인들이 무거운 짐을 지니고 다닐 수 있게 도와주거나, 특히 노인들에게 나이가 들면서 잃어버린 힘과 신체 능력을 되찾아줄 수 있다.

전기 모터, 공압 장치, 유압 장치, 레버 등으로 구동할 수 있는 외골격은 사람의 팔다리에 작용해 힘이나 지구력을 높여준다. 사람의 몸에서는 근육이 뼈를 당겨 움직임을 만들어낸다. 착용형 로봇의 경우 그 일의 일부를 모터가 대신 해준다. 그런데 이런 기계들의 조합을 로봇이라 부르는 이유는 무엇일까? 아니 애초에 로봇이란 무엇일까? 여기에 대한 나의 정의는 다음과 같다.

로봇이란 주변 환경으로부터 입력을 받아 그 정보를 처리한 후, 입력에 반응해서 물리적 행동을 취하는 프로그래밍 가능한 기계 장치다.

내 친구이자 로봇공학자 겸 의료 영상 분야의 권위자인 옥스퍼드대학교의 마이클 브래디 경은 로봇공학이란 지각perception을 행동action으로 지능적으로 연결하는 것이라 부른다. 그는 또한 로봇공학과 인공지능의 전문가인 데이비드 그로스먼의 말을 즐겨 인용한다. 그로스먼은 로봇을 놀라울 정도로 생명력 있는 기계라 부른다. 바꿔 말하면 로봇은 다음의 세 단계를 따르고 반복할 수 있는 기계를 말한다.

1. 감지
2. 생각
3. 행동

(1) 로봇은 카메라, 마이크, 힘 센서, 기타 감지 장치를 이용해서 세상에 대한 정보를 수집할 수 있어야 한다. (2) 그다음에는 이 정보를 처리해서 계획을 수립하거나 반응할 수 있어야 한다. (3) 마지막으로 행동을 수행할 수 있어야 한다. 기능을 갖춘 로봇은 이 세 가지 조건을 모두 만족시킨다.

외골격은 인간의 통제를 받고 있지만 그래도 로봇의 기준을 충족한다. 이 착용형 기계는 지능과 어느 정도의 독립성을 갖추고 있다. 외골격의 프레임은 사용자의 신체 전부, 혹은 신체의 일부를 감싸고 있다. 이 프레임 안에 장착된 센서들은 사용자의 움직임을 모니터링하고, 그 컴퓨터 두뇌는 그 정보를 바탕으로 사용자를 어떻게 보조할 것인지 판단한다.

이를테면 내가 상반신 외골격을 착용하고 덤벨을 들어 올리려 한다고 가정해보자. 내가 그 무게에 부담을 느끼기 시작하면 외골격에 있는 센서가 내 근육에서 발생하는 긴장을 감지하고 그 정보를 슈트 안에 있는 처리장치, 즉 로봇 두뇌에 전달할 것이다. 그럼 컴퓨터 두뇌는 내 작업을 보조할 수 있는 계획을 세우고, 외골격 팔에 있는 작동기actuator, 즉 인공근육에 밀든 당기든 필요한 힘을 가하라고 지시할 것이다. 그럼 외골격이 나를 대신해서 물체를 들어 올리거나, 그냥 일부 무게만 지탱해서 내

근육에 가해지는 부담을 덜어줄 것이다. 내가 기계에 이래라저래라 지시할 필요가 없다. 로봇이 내 움직임을 감지해서 내가 무엇을 하려는지 추측한 다음 계획을 세우고 실행에 옮긴다.

이러한 감지-생각-행동 루프가 이 착용형 기계를 로봇이라 부를 수 있는 이유다.

공상과학 분야의 선구자 로버트 하인라인은 1959년에 소설 《스타십 트루퍼스》에서 외골격 아이디어를 도입했다. 이 소설에 등장하는 병사들은 무장 슈트를 이용해서 외계 생명체들과 싸운다. 슈퍼 영웅 아이언맨은 몇 년 후에 만화책에서 처음 등장했다. 현실 세계에서는 착용형 외골격이라는 개념이 별다른 진전을 보지 못한 반면, 공상과학에서는 그 개념이 진화를 거듭했다. 영화계에서 상징적인 외골격 중 하나는 영화 〈에일리언〉에서 시고니 위버가 입고 나온 메카슈트mecha-suit다. 이 외골격은 산업용으로 설계되었지만 그녀는 이 장비를 착용하고 치명적인 괴물과 싸운다.

공상과학의 세계에서 외골격이 진화를 거듭하는 동안 현실 세계의 연구는 간헐적으로 이루어졌다. 1960년대에 제너럴 일렉트릭에서 개발한 하디먼Hardiman은 현대식 로봇 외골격을 만들려는 최초의 시도 중 하나였다. 하디먼은 사용자가 최고 무게 1500파운드(680킬로그램)까지 들어 올릴 수 있게 제작되었지만, 기계가 예상대로 작동하지 않아서 실제 사람이 장착한 상태에서는 테스트가 이루어지지 않았다. 이후로 로봇공학자들은 더 가볍고, 단순하며, 튀어 보이지 않는 외골격 개발에 초점을 맞추기 시작했다. 그런 사례 중 하나가 일본의 기업 사이버다인Cyberdyne(역설적이게도 이 이름은 영화〈터미네이터〉에 등장하는 회사의 이름에서 따왔다)이 개발한 하이브리드 보조사지 외골격Hybrid Assistive Limb exoskeleton, HAL이었다. 이것은 보행을 보조하기 위해 설계된 하반신 외골격이었다.

아이언맨 같은 슈트는 아직 현실보다는 공상과학의 영역에 머물고 있지만, 지난 수십 년 동안 착용형 로봇 분야에서 흥미로운 발전이 펼쳐졌다. 로봇공학자들은 HAL과 같은 하반신 외골격뿐만 아니라 공장, 건설, 제조 작업 현장에서 물건을 들어올리는 데 도움을 주는 상반신 외골격도 개발했다. 부분 외골격은 현재 재활 치료와 물리 치료에서도 중요한 역할을 하고 있다. 유타대학교에서는 존 홀러바흐가 척수 손상이나 다른 장애를 앓고 있는 환자들이 로봇 시스템을 활용해서 다시 걷는 법을 배우도록 도울 방법을 연구하기 위해 최첨단 실험실을 설립했다.[2] 이 로봇은 부착 장치를 통해 환자에게 연결되며, 환자는 이 로봇 프레임의 도움을 받아 맞춤형 러닝머신 위를 걷는다. 이 러닝머신은 사방을 둘러싸서 가상 환경을 제공하는 랩어라운드 스크린wraparound screen 앞에 놓여 있기 때문에 환자는 실험실이 아니라 마치 숲속에서 걷는 듯한 느낌을 받을 수 있다. 그와 비슷하게, 펜실베이니아대학교 의과대학에 있는 미셸 존슨의 재활 로봇 실험실에서는 연구자들이 로봇을 활용해서 뇌졸중 생존자와 기타 환자들의 기능 회복 속도를 끌어올리고 있다.[3] 하버드대학교의 코너 월시는 건강한 사람이나 신체장애가 있는 사람의 기동성을 강화, 혹은 회복해주는 차세대 착용형 연질 로봇을 개발 중이다.[4] 그리고 취리히연방공과대학교에서 마르코 허터와 그의 연구진은 팔을 다친 사람들을 돕기 위해 가동 범위가 엄청난 로봇 팔을 개발했다.[5] 이것들은 모두 동일한 추세를 보여주는 여러 사례 중 일부에 불과하다. 현실 세계에서 일어나고 있는 일들은 마블 영화 〈어벤저스〉 시리즈에 등장하는 로즈 대령의 서사와 닮았다. 애초에 로즈는 일종의 슈퍼솔저로 일하기 위해 아이언맨 슈트를 조종했지만, 허리 아래가 마비되는 끔찍한 부상을 당한 이후에는 기술적으로 용도를 변경해서 다시 걷게 해주는 가벼운 하반신 외골격을 착용하게 됐다.

착용형 로봇을 이런 용도로 사용하는 것을 최우선으로 해야겠지만, 나는 외골격이 좀 더 일상적이고 평범한 상황에서도 도움이 되는 모습을 보고 싶다. 우리 아버지는 나이가 들었지만 여전히 대단히 독립적인 분이다. 84세가 되던 해 5월에, 아버지는 텃밭에서 작업하시다가 곧 수확을 앞둔 작물을 보호하기 위해 사슴의 침입을 방지하는 울타리를 설치해야겠다고 마음먹으셨다. 설계도와 재료는 준비됐다. 하지만 혼자서 이 키 큰 울타리를 설치하기에는 힘과 지구력이 부족했다. 그래서 아버지는 나와 내 남편을 불러 도움을 청하셨다. 우리는 기꺼이 아버지를 도와드렸고, 부모님과 함께했던 그날 오후를 즐겼다. 하지만 나는 아버지를 잘 안다. 혼자서 울타리를 설치할 수 있었다면 더 좋아하셨을 것이다. 단지 몸이 따라주지 않았을 뿐이다. 아버지가 만약 연질 외골격을 사용할 수 있었다면, 혼자서도 울타리 작업을 해낼 수 있으셨을 것이다. 아버지가 그 슈트를 입는다고 해서 아이언맨이나 헐크가 될 수는 없었겠지만, 중년 시절의 힘과 지구력 정도는 되찾았을 것이다. 그리고 십중팔구 일을 마치고 나면 우리를 당신의 집으로 불러 본인이 끝마친 일을 뽐내셨을 것이다!

* * *

개인적으로 나는 피로해지는 일 없이 더 멀리 걷고, 더 빨리 달릴 수 있었으면 좋겠다. 연구를 할 때, 나는 아직 실현되지는 않았지만 모퉁이 하나만 돌면, 언덕 하나만 넘으면 도래할 것 같은 응용분야에 대해 자주 생각한다. 나는 옷처럼 부드럽고, 유연하면서도 아름답고, 튀지 않아서 아무도 눈치채지 못하게 입을 수 있는 외골격의 개발을 보고 싶다.

이것은 할리우드에서 우리에게 주입한 로봇의 이미지와는 정반대다. 그런 영화들을 보면 착용형 기계는 마치 부피가 크고, 뻣뻣하고, 견고하고, 휘어지지 않아야 할 것만 같다. 그리고 마치 로봇댄스를 추는 사람처럼 뻣뻣하게 움직여야 할 것 같다. 물론 단단한 재료를 사용하면 더욱 힘센 로봇을 만들 수 있는 것은 사실이다. 하지만 무거운 프레임을 사용하면 그만큼 로봇을 가동하는 데 더 큰 모터가 필요하고, 전력도 더 많이 잡아먹기 때문에 작동시간이 심각하게 제한될 수밖에 없다. 실제로 2000년대 후반의 외골격 연구 분야는 이런 사고 틀에 갇혀 있었다. 모두들 공상과학소설 작가들이 꾸며낸 비전을 실현하기 위해 애쓰고 있었던 것이다.

그러다 우리는 방향을 틀었다. 이렇게 크고 딱딱한 슈트를 만드는 대신 그것을 착용할 인간처럼 더 부드럽고 효율적인 착용형 연질 로봇을 만들면 어떨까? 연구자들은 실리콘과 전기 전도성이 있는 섬유 같은 부드러운 재료를 접목해 더 유연하고, 가볍고, 착용하기 쉬운 슈트를 개발하기 시작했다. 금속 재료와 모터로 구동하던 관절은 실제 근육과 더 비슷한 구성요소들로 대체됐다. 그럼에도 이런 착용형 기계들은 여전히 로봇이다. 부드러워지고 재료가 바뀌었음에도, 동일한 '감지-생각-행동' 루프가 적용되기 때문이다. 차이가 있다면 피드백 루프를 구동하는 장치들이 대부분 유연해졌다는 것이다.

나는 우리의 옷이 연질 외골격 역할까지 이중으로 하면서 근육과 생체 신호를 모니터링해서 능력을 강화하고, 건강 문제를 경고하며, 위험한 낙상을 예방하는 등의 다양한 일을 담당하는 미래를 상상해본다. 예를 들어, 당신의 셔츠가 착용형 청진기가 되어 장기의 소리를 듣고 문제가 발생하기 전에 미리 경고해줄 수도 있을 것이다. 그리고 이런 착용형 로봇들이 가볍고 얇아져서 기술적으로 업그레이드된 버전의 내복처럼 작동할 수 있었으면 좋겠다. 거기에 더해서 이런 제품들을 재킷이나 청바지를 사듯 가게 선반에서 바로 꺼내서 입을 수 있는 시대가 왔으면 좋겠다.

나는 쇼핑을 좋아하니까 거기서 시작해보자.

테슬라 전시실과 비슷한 매장을 상상해보자.

매장에 걸어 들어가서 판매원의 안내를 따라 터치스크린이나 홀로그램 디스플레이를 통해 다양한 외골격 제품들을 둘러본다. 그중에는 더 멀리 걷거나 더 빠르게 달릴 수 있게 도와주는 하반신 연질 로봇도 있다. 그리고 팔, 등, 가슴 근육의 힘이나 지구력을 강화 혹은 보완해주거나, 심지어 당신이 좋아하는 스포츠를 훈련하는 데 도움을 주는 상반신 외골격도 있다. 아니면 어떤 활동에도 대비할 수 있는 전신 버전이 필요할지도 모른다. 이런 외골격은 발에서 시작해 다리, 몸통을 거쳐 팔까지 이어지며, 악력이 필요한 경우라면 장갑의 형태로 손끝까지 확장되는 디자인으로 나온다.

모델을 선택하면 전신 스캐너로 들어가 측정한다. 이 스캐너는 몇 분 만에 당신의 정확한 신체 치수를 잴 것이다. 측정된 데이터는 제조 시설로 전송되어, 컴퓨팅 섬유로 당신의 몸에 딱 맞는 맞춤형 외골격을 직조하여 제작한다. 이 복합 섬유는 전기를 전도할 수 있으며 온도, 물리적 변형(밀림 혹은 당겨짐), 소리, 심지어 특정 생체 분자의 존재 여부까지 감지할 수 있다. 이 섬유에는 정보를 전송, 수신, 저장하는 기능도 있다.* 이 섬유는 색깔도 바꿀 수 있다. 갑자기 기분 전환을 위해 얌전한 색상보다는 빨간색 블라우스가 좋겠다는 생각이 들면 원하는 색깔로 바뀐다. 이런 섬유의 변형들이 이미 존재한다. 여기서 설명하는

---

* 미국의 고기능성 섬유 연구소AFFOA에서는 이 기술을 상용화해서 섬유 산업을 부흥시키려고 노력 중이다.

강화형 버전에는 센서, 인공근육, 컴퓨팅 구성요소들이 함께 짜여 들어가 있기 때문에 당신이 움직이는 동안 착용형 로봇 옷이 작지만 중요한 판단을 내릴 수 있을 것이다. 모든 부품은 부드러운 재료로 만들어져 있어서 로보캅처럼 쿵쿵거리며 걷거나, 아이언맨의 초기 프로토타입 슈트처럼 철컥거리는 소리를 내지 않아도 될 것이다. 새로 맞춘 로봇 의상을 그 자리에서 바로 입어볼 수는 없겠지만, 몇 달이나 몇 주를 기다릴 필요는 없다. 24시간에서 48시간 안으로 다시 매장에 방문하면 새로운 슈트를 찾아갈 수 있을 것이다.

이것을 21세기식 양복점 방문이라 생각하면 된다.

처음에는 새로 맞춘 옷이 상대적으로 수동적인 작동을 보일 것이다. 이 슈트는 의복 전체에 배치된 센서를 통해 체온, 근육과 뼈의 위치, 일반적인 움직임, 기타 신체와의 상호작용 데이터를 수집한다. 기계학습 시스템은 이러한 데이터를 바탕으로 패턴을 분석하고, 그 패턴을 바탕으로 신체 움직임 모델을 생성한다. 중앙 시스템에서는 데이터를 많이 수집할수록 더 나은 모델이 만들어지기 때문에 여러 개인으로부터 데이터를 수집하겠지만 이런 데이터들은 차등 프라이버시differential privacy* 가 보

---

* 차등 프라이버시는 개인의 데이터를 수학적으로 엄격하게 보호하는 방법이다. 기본적으로 이 방식에서는 중앙 인공지능 시스템이 대규모 데이터세트에서 패턴을 분석하고 발견할 수 있게 허용하면서도 특정 개인의 데이터가 포함되었는지, 혹은 제외되었는지 여부는 알 수 없게 만든다. 따라서 이 시나리오에 따르면 시스템이 대규모 인구집단의 움직임 데이터를 수집하고 분석할 수 있지만, 당신의 움직임 데이터가 그 데이터세트에 포함되었는지 여부는 알 수 없게 된다. 차등 프라이버시를 이용하면

장되는 데이터베이스에 저장되기 때문에 개인은 **자신의 데이터와 모델에 대한 통제권을** 유지할 수 있다. 이 시스템이 사용자의 동작과 건강에 대해 더 많이 학습할수록 로봇 슈트는 점점 더 능동적으로 작동하게 된다.

이 슈트는 일종의 수호자 역할을 할 수 있다. 자동차 타이어와 도로 사이의 미끄러짐을 감시하는 미끄럼 방지 제동 시스템 Anti-lock Brake System, ABS을 떠올려보자. 이 슈트도 비슷한 기능을 수행할 수 있다. 착용자의 움직임을 학습한 모델과 몸에 부착된 센서가 측정한 데이터를 결합해, 넘어지려는 순간처럼 평소와 다른 움직임이 나타나면 자동으로 조정하는 것이다. 이 슈트는 천식 환자의 호흡을 모니터링하며 발작의 징후가 나타나면 경고를 보낼 수도 있다. 착용형 로봇은 근육의 활성도를 추적할 수 있어서 허리에 위험하게 무리가 가는 동작 등이 발생하면 움직임을 막거나 보완해준다. 로봇 슈트는 내장되어 있는 부드러우면서도 강한 인공근육을 이용해서 사용자의 부담을 줄이고 짐도 함께 들어줄 수 있다. 그럼 내 테니스 포핸드 스트로크는 어떨까?

나는 테니스를 좋아하지만, 점점 바빠지다 보니 연습할 시간이 줄어들어 실력이 뒷걸음질했다. 그래도 나는 여전히 이 스포츠를 아주 좋아하고, 기회만 된다면 조금 더 수준 높은 경기를 해보고 싶다. 컴퓨터과학자라고 해서 스포츠에 승부욕이 없는

개인의 프라이버시를 침해하지 않으면서 대규모 데이터세트를 활용하는 이점을 누릴 수 있다. 참고: https://privacytools.seas.harvard.edu/differential-privacy.

건 아니다. 나도 내가 친 공이 내가 원하는 곳으로 정확히 날아가 꽂히는 모습을 보고 싶다! 운동복 상의나 전신 슈트가 스포츠 보조장치나 코치 역할을 할 수도 있을 것이다. 우선 실력이 아주 뛰어난 선수를 고용해야 한다(개인적으로 나는 세리나 윌리엄스처럼 공을 쳐보고 싶다). 이 선수에게 로봇 슈트를 착용시킨 다음 많은 공을 치게 한다. 여기에 더해서 테니스공의 비행 궤적과 회전을 추적하고, 선수가 휘두른 라켓에 공이 어떻게 맞는지 추적하는 시각 시스템이 필요하다. 이 시스템은 착용자의 몸에 장착할 수도 있고, 테니스 코트의 다른 곳에 설치된 별개의 플랫폼 위에 장착할 수도 있다. 시각 시스템이 공의 궤적과 충격을 추적하는 동안, 착용형 로봇 슈트는 시스템을 훈련시키는 테니스 선수의 움직임을 모니터링하고 추적한다. 이렇게 해서 충분히 많은 데이터가 확보되면 관련 데이터를 이용해서 발과 다리를 어느 위치에 놓고, 팔을 어떻게 휘두르고, 손목은 어떻게 틀고, 라켓 각도는 어떻게 조절해야 이상적이고 정교한 리턴 스윙을 완성할 수 있는지를 보여주는 모델을 구축할 수 있다. 이렇게 하면 세리나가 강력한 포핸드를 날리는 방식을 담은 풍부하고 세밀한 모델이 만들어진다.

일단 이런 모델을 확보하고 나면 그 모델을 착용형 로봇에 입력해서 비전문가의 훈련을 도울 수 있다. 내가 연습하는 동안 착용형 연질 로봇이 나를 올바른 동작으로 조금씩 교정해주는 모습을 그려볼 수 있다. 로봇 슈트가 내 스윙을 완전히 대신하는 것이 아니라, 작고 유연한 인공근육을 이용해서 내 팔을 조금 더 높이 올리거나, 손목을 살짝 더 틀어주거나, 스윙이 조금 다른 평면을 따라 이루어지도록 유도해줄 것이다. 아직 더 많은 연습이 필요하겠지만, 이런 훈련 세션을 통해 내 스윙은 더 효율적이고 강력해질 것이다. 내가 스트로크를 휘두를 때마다 역사상 최고의 테니스 선수로부터 훈련받고 있는 셈이니까 말이다. 결국 나는 다시 정확한 샷을 칠 수 있게 될 테고, 테니스에 대한 사랑이 마음속에서 다시 싹틀 것이며, 나보다 더 민첩하고 정확하게 움직이는 내 학생들의 코를 납작하게 눌러줄 수 있을 것이다.

* * *

이 로봇 슈트가 우리에게 초인적인 힘을 부여하는 것은 아니다. 이것을 입는다고 헐크의 힘을 기대하면 안 된다. 사실 지금까지는 대부분 힘이 부족한 경우에 초점을 맞추어 이야기했지만, 때로는 힘이 너무 강해서 골치 아플 때도 있다. 힘 조절이 문제가 되는 경우다. 착용형 로봇은 섬세하거나 부서지기 쉬운 물체를 다룰 때처럼 정밀한 방식으로 힘을 조절하거나 줄여줄 수 있다. 이 아이디어를 더 발전시키면 지능형 기계를 통해 우리가 기존에 갖고 있던 능력을 흥미로운 방식으로 강화해서 다양한 시나리오에 적용할 수 있다. 예를 들어, 내가 펜타곤에서 회의하며 정신없는 하루를 보내고 난 후의 상황에 이 착용형 로봇을 적용해보자.

외골격은 평소에 입는 비즈니스 정장 안쪽에 숨겨져 있다. 발목쯤 오는 옷을 선택하면 될 테고, 장갑은 필요 없어 보인다. 회의하는 동안 땀이 날 정도로 더운 착용형 로봇 슈트라면 그리 유용하지 않을 것이다. 따라서 슈트의 소재에 온도 센서와 미세 기공을 포함시켜 기공이 자동으로 열리고 닫히게 만든다. 덕분에 더위 속에서도 통기가 잘 된다. 공항으로 가는 차편을 잡기 위해 뛰어야 할 시간이 왔을 때는 슈트 소재에 내장되어 있는 인터페이스나 내 스마트폰을 통해 슈트의 스위치를 켠다. 아니면 아예 내가 달리기 시작할 때마다 자동으로 슈트를 켜지게 만들어놓으면 더 좋을 것이다.

일반적으로 우리가 달릴 때는 뇌와 신경계가 근육섬유의 수축과 팽창을 조절해서 우리의 내골격, 즉 뼈의 구조적 구성요소를 당기거나 풀어준다. 로봇 외골격이 이 작업을 완전히 대신하는 것은 아니다. 대신 '감지 – 생각 – 행동'이라는 피드백 루프를 따라 우리의 노력과 에너지를 일부 분담한다. 내 친구이자 공동 연구자인 하버드대학교의 롭 우드 교수는 이 피드백 루프의 첫 번째 부분인 감지를 담당할 수 있는 유연하고 얇은 변형 감지 센서를 개발했다.[6] 이 센서는 바인더용 종이보다 살짝 두껍고, 아주 미세한 압력이 가해지면 그 힘을 전기 저항의 변화로 번역한다. 만약 로봇 슈트 전체에 이런 센서 수백 개를 장착하고, 이 모든 센서들이 계속해서 측정값을 중앙 컴퓨터, 즉 내 새 속옷의 두뇌에 전송한다면, 이 인공지능 두뇌는 슈트 전체에 걸쳐 압력 지도를 작성해서 모니터링할 수 있다. 내 슈트에는 내가 과거에 슈트를 훈련시키기 위해 달렸을 때 센서들로부터 입력된 데이터로 구축한 모델이 들어 있다. 슈트의 두뇌는 유입되는 데이터를 이 모델과 비교해본 후에 내가 달리기 시작했다고 결론 내릴 것이다. 거기에 대해 어떻게 반응할지, 동작을 보조할지 말지에 대한 판단은 내 스마트 슈트의 의사결정 엔진decision-making engine이 내린다. 내가 달리기 시작하면 슈트가 이 변화를 감지하고 행동에 나설 것이다.

가령, 내가 달리는 동안에는 작은 근육섬유 다발이 팽창하고 수축하면서 뼈로 된 나의 내골격을 움직인다. 그리고 내 몸이 지치기 전에 슈트가 인공근육섬유 다발을 활성화한다. 내가 힘을 쓰는 것에 맞추어 이 인공근육도 실제 근육섬유처럼 팽창하고 수축하며 내 몸에 가해지는 부담을 덜어주고, 나는 심박수만 살짝 올라 있을 뿐 별로 피곤하지 않은 상태로 차에 도착할 수 있을 것이다. 아마도 내가 이런 슈트를 입고 있었다면 내 동료가 펜타곤을 가로질러 달려가는 내 모습을 보며 제법이라 생각했을 것이다.

* * *

이것을 현실로 만들기 위해서는 위에서 언급했던 센서처럼 얇고, 부드럽고, 에너지 효율이 좋은 인공근육을 개발해야 한다. 1990년대와 2000년대 초반에는 이런 아이디어가 아이언맨 슈트만큼이나 공상과학 같은 이야기로 보였다. 하지만 우리는 그냥 자연 근육을 보완해줄 인공근육을 개발하려는 것이고, 인간의 근육이 할 일을 로봇이 모두 담당할 필요가 없기 때문에 과제 달성 가능성이 더 높아졌다. 물론 자동차를 번쩍 들어 올리려면 다른 디자인이 필요하겠지만, 여행 가방을 먼 데까지 들고 가는 것을 돕는 수준이라면 충분히 가능한 얘기다.

이 새로운 유형의 인공근육을 위한 유망한 디자인 중 하나는 오리가미折り紙, 즉 종이접기의 원리를 이용한다. 일본의 종이접기 예술인 오리가미는 로봇공학에 다양하게 응용할 수 있는 수학적으로 풍부한 영역이다.[7] 유체역학과 오리가미에 영감을 받은 인공근육fluidic, origami-inspired artificial muscles, FOAM은[8] 아코디언처럼 압축과 팽창이 가능한 소재(오리가미에 영감을 받은 요소)와 그것을 덮고 있는 유연한 실리콘 피복으로 구성되어 있다. 피복 안으로 공기를 주입하면 아코디언 같은 근육섬유와 그 내부의 골격이 확장되고, 공기를 빼내면 피복과 골격이 수축해서 원래 길이의 10퍼센트도 안 되는 길이로 줄어든다. 전체적으로 보면 이 인공근육은 무게 대비 강도 비율이 무려 1000배에 이른다. 곧, 인공근육은 직물에 층으로 얹을 수 있을 만큼 얇으면서도 가볍지만, 그 강도는 사람 몸의 움직임을 도울 수 있을 정도로 뛰어나다.

예전의 외골격 로봇이 갖고 있던 문제 중 하나는 센서와 모터가 너무 무겁다는 것이었다. 그 결과 이 착용형 로봇은 항상 전원 공급 장치에 연결되어 있어야 했는데, 배터리로는 작동 시간이 짧을 수밖에 없었기 때문이다. 하지만 현대의 외골격 로봇에서는 이러한 연질 센서와 작동기의 무게, 전력 소비량이 무시할 수 있을 정도로 줄 것이다. 내가 이런 슈트가 일상복보다 무겁지 않을 것이라 예상하는 이유다. 배터리도 더 가벼워질 수 있다. 에너지 수확 장치energy-harvesting unit를 추가하면 걷거나 자전거를 탈 때 발생하는 에너지를 빌려와 저장할 수도 있다. 종잇장처럼 얇은 태양전지를 덧붙이는 것도 가능하다. 현재로서는 태양전지가 이런 슈트를 구동할 만큼의 전력 밀도를 제공하지 못하지만, 앞으로는 분명 개선될 것이다. 한때는 방 크기만 한 컴퓨터를 사용했지만, 지금은 그 거대한 시스템보다 강력한 처리 능력을 가진 기기를 주머니에 넣고 다닌다. 우리는 이런 슈트에 효율적으로 동력을 공급할 방법을 찾아낼 것이다.

이 아이디어가 공상처럼 들릴 수도 있겠지만, 이 착용형 연질 로봇의 핵심 요소 중 상당수가 이미 나와 있다. 다만 아직 실용화될 만큼 기술이 충분히 발전하지 못했을 뿐이다. 얇은 센서와 FOAM 작동기는 아직 시제품 단계라서 제품화가 필요하다. 전자 섬유electronic textile도 제작이 가능하지만, 전력과 관련된 부분에서 더 많은 연구가 필요하다. 또한 악의적인 해커가 당신의 옷에 침투하지 못하도록 고급 암호화 기술과 기타 보안 조치를 개발해서 슈트에 내장시켜야 한다. 이것들은 해결 가능한 문제이며, 힘 증강 슈트는 폭넓은 잠재력이 있기 때문에 공학적인 노력을 기울이고 투자할 만한 가치가 있다.

이런 연질 외골격은 단순히 공항까지 가는 차를 타러 달려가는 데만 유용한 것이 아니다. 이런 슈트를 다양하게 변형하면 건설, 농업, 스포츠와 같이 힘과 지구력을 요구하는 다양한 응용분야에서 활용할 수 있다. 미국 정부 기관들이 외골격 연구에 자금을 대는 이유는 아이언맨 슈트를 만들기 위해서가 아니라, 무거운 짐을 들거나 항공모함 갑판이나 군 기지에서 장비를 옮기는 군인들의 부담을 덜기 위한 것이었다. 산업 전반에서 이러한 슈트가 활용되면, 슈트 착용자의 근육과 뼈에 가해지는 부담이 줄어들어 반복 스트레스로 인한 부상과 그와 관련된 장기적 질환의 위험을 줄일 수 있다. 보스턴에 본사를 둔 스타트업 기업인 버브Verve는 창고 노동자를 위해 착용형 연질 외골격을 도입했다.[9] 이것을 착용하면 9킬로그램짜리 상자가 5.4킬로그램 정도로 느껴진다. 건설업계에서도 무거운 물건을 들거나 쪼그려 앉는 작업, 그리고 어깨 위로 하는 드릴 작업처럼 머리 위에서 반복적으로 이루어지는 고강도 노동을 돕는 데 외골격을 활용할 수 있다. 이런 작업은 정말 힘들지만 외골격을 이용하면 조금 더 편하게 작업할 수 있다. 또한 착용형 로봇을 사용하면 피로가 줄어들어 노동자의 생산성이 올라간다. 사실 인간의 힘과 능력을 보완하도록 설계된 산업용 협동로봇cobot의 영향은 이미 나타나고 있다. 다만, 그 개념이 아직 공장 밖으로 널리 퍼지지 못했을 뿐이다.

나는 이런 변화가 공장 작업에 미치는 잠재적 영향을 직접 연구해본 적이 있다.[10] 한번은 제조 시설을 방문해서 학생들과 함께 조립라인에서 비행기 부품을 연마하는 작업자들을 관찰했다. 주형 작업으로 정교하게 만들어낸 부품들은 모두 매끄럽게 연마 작업을 해야 한다. 이런 종류의 작업은 자동 로봇이 하기에는 너무 어렵다. 인간의 섬세한 조작 능력과 고차원의 의사결정 능력, 그리고 판단 능력이 요구되기 때문이다. 하지만 사람이 하기에도 매우 고단한 일이다. 연마 도구를 부품에 대고 누를 때 손과 팔을 통해 끊임없이 전해지는 진동 때문에 부상이 초래될 수도 있다. 연질 로봇 장갑은 이런 진동을 지능적으로 흡수하고, 연마 도구에 가해야 할 힘을 일부 보태주기 때문에 노동자들을 돕고, 직업 수명도 연장해줄 수 있다. 또한 외골격은 신체 능력이 제한된 사람들에게 외골격 기술이 없으면 감당하기 어려운 작업들을 가능하게 해줌으로써 작업장의 민주화도 어느 정도 실현해준다.

비단 공장이나 창고가 아니라도 힘 증강 슈트는 다양한 잠재적 응용분야에서 활용될 수 있다. 중고등학생들을 위한 스마트 가방은 노트북과 교과서를 들고 다녀야 하는 부담을 일부 덜어주어 이른 나이에 허리 통증이나 부상이 생길 위험을 줄여준다. 우리 아버지도 정원 울타리를 혼자서 짓는 데서 그치지 않고, 훨씬 더 많은 선택지를 얻게 되실 것이다. 예를 들어 걷기의 어려움을 덜어주는 슈트를 착용하면 우리 부모님도 어린 나를 데리고 함께 갔던 하이킹을 다시 시작할 수 있을 것이다. 쉼없는 대화로 채워졌던 그 긴 산책 말이다. 근육과 뼈의 노화 때문에 생기는 한계를 피해감으로써 고령층도 다시 젊음을 느낄 수 있게 될 것이다.

기술의 측면에서도 해야 할 일이 많지만, 이런 로봇은 인간의 마음과 기계의 칩을 서로 대립하는 힘이 아니라 협력하는 동반자로 생각했을 때 무엇이 가능해지는지 보여주는 완벽한 사례다. 이 로봇들은 우리의 독특한 창의력과 문제 해결 능력을 이용해서 책임감 있게 새로운 방향으로 기술을 발전시키거나, 심지어 우리의 감각을 머나먼 미지의 세계로 확장했을 때 우리가 무엇을 달성할 수 있을지 시사해주고 있다.

2강
도달 범위

몇 년 전에 나는 맥아더 재단 펠로 모임에서 생물학자 로저 페인과 친구가 됐다. 2023년에 세상을 떠난 로저는 혹등고래가 노래를 부른다는 것과 특정 고래의 소리는 대양 건너편에서도 들린다는 사실을 발견한 것으로 널리 알려진 인물이다. 나는 항상 고래와 해저 세계 전반에 매료되어 있었고, 스쿠버다이빙과 스노클링의 열렬한 애호가였다. 그러니 당연히 로저의 강연에 빠져들었다. 그런데 알고 보니, 로저 역시 내가 발표한 로봇 강연에 나처럼 매력을 느끼고 있었다.

내가 그에게 물었다. "제가 어떻게 도와드릴까요? 로봇 하나 만들어드릴까요?"

"로봇도 좋죠." 로저가 대답했다. 하지만 그가 정말로 원한 것은 캡슐이었다. 그는 이 캡슐을 고래 몸에 부착해서 이 놀라운 생명체와 함께 잠수하며 그들의 일원이 되는 것이 어떤 것인지 진정으로 경험하고 싶어했다. 나는 더 단순한 아이디어를 제안했고, 로저와 나는 그의 연구에 로봇이 어떻게 도움이 될 수 있을지 탐구하기 시작했다.

우리가 처음 만났을 때, 로저는 이미 수십 년 동안 고래의 행동을 연구해오고 있었다. 그가 진행하던 프로젝트 중 하나는 남방참고래의 큰 집단이 보이는 행동에 관한 장기 연구였다. 이 위풍당당한 포유류는 길이가 15미터에 달하며, 입은 길게 휘어져 있고, 머리는 경결硬結이라는 혹으로 덮여 있다. 로저는 아르헨티나 발데스반도의 바닷가에 연구소를 세웠는데 이곳은 '포효하는 40도대Roaring Forties(풍랑이 사나운 남위 40~50도대의 해역—옮긴이)'라 불리는 지역으로, 춥고 바람이 거세서 사람이 살기 어려운 곳이다. 하지만 남방참고래들은 이 지역을 좋아한다. 매년 8월이 되면 이들은 해안 근처로 모여 새끼를 낳고 짝짓기를 한다. 2009년에 로저가 나를 그 연구소로 초대했다. 도저히 사양할 수 없는 초대였다.

그때는 로저가 40년 넘게 발데스반도를 찾았을 때였다. 매 시즌마다 그는 쌍안경과 종이, 연필을 들고 절벽 꼭대기에 앉아 자신이 아는 물속 친구들 중 누가 지나가는지 살폈다. 로저는 고래를 기가 막히게 잘 알아보았다. 그는 각각의 고래 머리에 있는 경결만 보고도 돌아오는 개체들을 식별할 수 있었다. 고래는 사람의 지문처럼 경결의 형태가 모두 다르다. 로저는 이들의 행동을 관찰했지만, 그의 주요 목표는 최초로 이 고래의 장기적인 개체수 조사를 하는 것이었다. 그는 100년 넘게 사는 것으로 알려진 이 웅장한 생명체들의 수명을 구체적인 수치로 밝히고

자 했다.

  학생 몇 명과 나는 로저와 합류해서 고래들이 헤엄쳐 지나가는 것을 지켜보았지만, 고래들과의 거리가 너무 멀어서 개체를 구분할 수가 없었다. 고래들의 구체적인 차이를 알아차리려면 로저의 방대한 지식과 고래를 감지하는 초능력이 필요했다. 하지만 우리 팀은 또 다른 비책을 마련해두고 있었다.

  로저와 여행 계획을 세우기 시작할 즈음에 나는 드론을 사용해 고래를 관찰할 수 있을지에 대해서도 논의해보았다. 마침 당시에 이제 막 학위를 마치고 모험을 하고 싶어 몸이 달아 있던 제자가 두 명 있었다. 게다가 그 제자들에게는 몇 가지만 살짝 조정하면 이번 과제에 딱이다 싶은 로봇이 있었다.[1] 많은 논의와 재설계, 계획 끝에 우리는 팔콘Falcon을 가져가기로 했다. 팔콘은 추진기 사이에 카메라를 장착할 수 있는 최초의 8회전기 드론이었다. 요즘에는 마트만 찾아가도 이런 드론을 어렵지 않게 구입할 수 있지만, 2009년만 해도 이 로봇은 진정한 혁신이었다.

  아르헨티나에서 팔콘은 우리를 실망시키지 않았다. 고래들은 해안과 가까운 얕은 물에 머무는 것을 좋아했기 때문에 로저와 그의 연구자들은 쌍안경을 들고 높은 절벽에서 이들을 관찰할 수 있었다. 그 거대한 생명체들과 물속에 있는 것보다는 절벽 꼭대기에서 관찰하는 것이 나았다. 물속에서 고래의 눈에 다이버가 들어오면 고래의 행동이 달라질 수 있기 때문이다. 반면 헬리콥터나 비행기는 너무 높이 날아서 카메라 이미지의 해상도가 떨어졌다. 다만 절벽에서 관찰할 때 딱 한 가지 문제는 관찰할 수 있는 공간이 한정된다는 점이었다. 고래들을 지켜보고 있노라면 결국 녀석들은 시야 밖으로 사라져버리기 일쑤였다.

팔콘은 이러한 한계를 뛰어넘어 근접 이미지를 제공해주었다. 드론은 20~30분 정도 비행할 수 있었고 자율비행도 가능했지만, 우리는 사람이 계속해서 조종하는 쪽을 택했다. 로저는 새로 들인 이 조수의 매력에 곧장 빠져들었다. 드론을 통해 그와 그의 팀은 고래들의 행동을 조금도 방해하지 않으면서 몇 킬로미터에 걸쳐 고래들의 모습을 선명하게 볼 수 있었다. 사실상, 그들은 바다 위로 눈을 던져 로봇이 자기를 대신해서 고래를 바라보게 하는 셈이었다. 감각의 도달 범위를 인간의 한계를 훨씬 뛰어넘는 곳까지 확장한 것이다.

가장 큰 한계는 배터리였다. 결국 드론은 배터리가 떨어지기 시작하면 돌아가야 했다. 하지만 요즘과 비교하면 가용 범위에 한계가 명확했음에도 불구하고 그 효과는 대단했다. 과학자들은 이제 절벽 위를 달리며 고래를 추적할 필요가 없었고, 드론만 띄우면 이 위대한 생명체를 조금도 방해하지 않으면서 편안하고 안전하게 한자리에 앉아 공중에 띄운 눈을 통해 사랑하는 고래들을 관찰할 수 있었다. 이 프로젝트의 성공에 힘입어 나중에 우리는 다큐멘터리 영화 제작자이자 유명한 해양과학자 자크 쿠스토의 손녀인 세린 쿠스토에게 드론을 하나 빌려주게 됐다. 그녀는 세상과의 접촉이 없었던 아마존의 부족들을 연구하고 있었는데 감기 바이러스 같은 병원균을 퍼뜨릴 위험 없이 그들을 관찰하고 싶어했다. 그리고 결국 이 드론은 그녀의 눈을 미지의 숲속으로 확장해주었다.

요즘 드론은 훨씬 더 뛰어난 성능을 자랑하며, 굳이 먼 데까지 날리지 않아도 큰 효과를 볼 수 있다. 내 친구 비제이 쿠마르와 롤란드 시그와트는 드론의 기동성 향상을 위한 연구를 진행하고 있다.[2] 2017년 영화 〈스파이더맨: 홈커밍〉을 보면 워싱턴 기념탑 옆에서 거미줄에 매달린 이 슈퍼 영웅이 건물을 스캔하기 위해 소형의 비행 로봇을 날리는 장면이 나온다. 이것은 공상과학이 아니다. 실제로 우리 연구소에서는 자동차가 모퉁이 너머를 볼 수 있도록 그와 비슷한 접근방식의 장비를 개발했다. 곧, 자율주행차에서 띄워서 사용하는 드론이었다. 이 드론은 자동차보다 앞서서 날아가 모퉁이를 돈 뒤, 복잡한 지하주차장 내부를 스캔한 다음 그 동영상을 자동차 내비게이션 시스템으로 전달했다. 이 드론은 또 하나의 눈 역할을 하여 자동차의 시야가 직접 닿지 않는 영역까지 볼 수 있게 해주었다. NASA는 인제뉴어티 Ingenuity를 통해 이 응용 프로그램을 한 단계 더 발전시켰다. 인제뉴어티는 화성 탐사로봇 퍼시비어런스 로버 Perseverance Rover에서 발사된 드론으로, 화성 표면에서 최초의 자율비행 임무를 완수했다.[3] 인제뉴어티는 희박한 화성의 대기 위로 솟아올라 이상적인 경로나 탐색할 만한 흥미로운 장소를 찾아냄으로써 퍼시비어런스 로버의 시각적 도달 범위를 확장해주었다.

이 로봇들의 공통점은 우리의 지각 능력을 인간의 형태에서 비롯된 한계 너머로 확장한다는 것이다. 내가 제시한 예들은 시각에 관련된 것이지만, 다른 감각들도 확장할 수 있다. 확장형 팔을 가진 동력구동 외골격은 공장 노동자들이 높은 선반에서 물건을 꺼내도록 도와줄 수 있다. 이는 만화 〈판타스틱 포〉에서 몸이 쭉쭉 늘어나던 물리학자 리드 리처즈의 로봇 버전이라고 할 수 있다. 이 기술을 가정용으로 개발할 수도 있을 것이다. 간단한 확장형 로봇 팔을 청소기와 함께 벽장에 넣어두었다가, 필요할 때 손이 잘 닿지 않는 찬장 구석에 넣어둔 물건을 꺼내는 데 사용할 수 있다. 이는 노인들에게 특히 유용할 것이다. 나이든 사람들이 허리에 부담을 주는 자세를 취하거나 균형을 잃을 위험을 감수할 필요 없이 바닥에 놓인 물건을 집을 수 있도록 돕기 때문이다.

로봇 팔은 그 형태가 비교적 뻔하지만, 다른 도달 범위 확장 장치들은 예상치 못한 형태와 구조를 띨 수 있다. 내가 만나본 놀라운 로봇 중 하나는 로봇공학 스타트업 기업인 FLX 솔루션스에서 개발한 FLX봇이다. 이 로봇은 비교적 단순한 구조의 지능형 기계로, 뱀처럼 생긴 모듈식 몸체의 두께는 겨우 2.5센티미터이다. 그 가늘고 긴 몸체로 벽 뒤와 같은 좁은 공간에 접근할 수 있다. 시각 시스템과 인공지능을 갖춘 덕분에 이 뱀 로봇 snakebot은 스스로 진행 경로를 선택할 수 있다. 로봇의 머리에는 카메라를 장착해 사람이 접근할 수 없는 곳을 점검하거나, 드릴을 장착해 전선 배선 작업에 필요한 구멍을 뚫을 수도 있다. 어떻게 보면 이 로봇은 그냥 일반적인 건설용 도구의 미래 버전이라고도 할 수 있다. 즉, 인체의 확장으로 기능하는 망치와 드릴에 인공지능을 추가해 만든 변형인 셈이다. 영화에서 보는 그런 로봇은 아니지만, 칩이 마음을 섬길 때 무엇이 가능한지 보여주는 유쾌하고 실용적인 사례다.

* * *

이런 로봇이나 그 밖의 로봇들이 오늘날 실제로 사용되고 있지만, 로봇이 어떻게 하면 전혀 예상치 못했던 새로운 방식으로 우리의 도달 범위를 확장할 수 있을까 고민할 때 나는 상상력을 동원하고 싶어진다. 우리는 이미 눈을 조종해서 모퉁이 너머를 볼 수도 있고, 절벽 위로 날려 보낼 수도 있다. 하지만 기존에는 도달할 수 없었던 곳으로 모든 감각을 확장할 수 있다면? 시각, 청각, 촉각, 심지어 후각까지 머나먼 장소로 보내 마치 그 장소에 있는 듯 더 직관적으로 경험할 수 있다면? 만약 그것이 가능하다면 우리는 먼 도시, 먼 행성을 방문하거나, 어쩌면 동물 집단에 침투하여 그들의 사회 조직과 행동에 대해 더 많은 것을 알아낼 수 있을 것이다.

이 말이 이상하게 들릴 수도 있지만, 몇 가지 예를 들어보겠다.

나는 여행을 좋아하고, 외국의 도시나 풍경을 찾아가 그 경치와 소리, 냄새를 경험하는 것을 좋아한다. 할 수만 있다면 매주 파리를 찾아가고 싶다. 하지만 이것은 물리적으로나 경제적으로 실현 불가능한 얘기고, 샹젤리제 거리나 튀일리 정원(루브르

박물관과 튀일리 궁전 사이에 있는 정원—옮긴이)을 걷고 파리의 빵집에서 풍겨오는 빵 냄새를 즐기겠다고 매주 비행기를 타고 대서양을 건넌다면 환경 지킴이로서는 낙제라 할 수 있을 것이다. 물론 직접 가는 것만큼 좋은 일은 없겠지만 로봇을 이용하면 유명한 도시를 한가한 사람처럼 거니는 경험을 어느 정도 재현할 수 있을 것이다. 그냥 가상현실 헤드셋을 착용하고 디지털 세계에 빠져드는 대신 이러한 장치나 그와 비슷한 것을 사용해 머나먼 현실 세계에 존재하는 로봇 속으로 들어가 완전히 새로운 방식으로 그곳을 경험할 수 있을 것이다.

공유 전기스쿠터나 공용자전거처럼 도시 곳곳에 이런 모바일 로봇들이 배치되어 있다고 상상해보라. 어느 흐린 날 보스턴 우리 집에서 나는 헤드셋을 쓰고, 이 로봇을 하나 빌려 원격 조종으로 내가 원하는 파리의 동네를 돌아다닐 수 있을 것이다. 로봇에는 시각적 피드백을 제공하는 카메라와 소리를 포착할 수 있는 고해상도 양방향 마이크가 장착되어 있다. 로봇에게 주변 냄새를 맡을 수 있는 능력을 부여하고, 현지 음식을 맛본 후에 그 감각을 다시 나에게 전달하게 만드는 일은 난이도가 더 높을 것이다. 사람의 후각계는 400가지의 후각수용체를 사용한다. 한 냄새 안에는 수백 가지 화학 화합물이 포함될 수 있으며, 이 냄새가 코를 통과하면서 대략 10퍼센트의 수용체를 활성화한다. 우리의 뇌는 이 정보를 이미 저장되어 있던 냄새 데이터베이스와 비교한 뒤, 예를 들어 갓 구운 크루아상의 냄새를 구별할 수 있다. 여러 연구진에서 기계학습 기법과 그래핀graphene

같은 첨단 소재를 사용하여 인공 시스템에 이런 접근 방식을 구현하려고 노력하고 있다.4 만약 그런 기술을 활용해 냄새나 맛의 화학 성분을 감지하고, 이를 원격으로 헤드셋에서 재현할 수 있다면, 정말 그 기술을 사용하고 싶을까? 과연 파리의 빵집들이 원격조작 로봇이 크루아상을 한 입 베어 물거나 갓 뽑은 에스프레소를 마시고 그 느낌을 내가 있는 거실로 전송하는 걸 허락할지 모르겠다. 물론 내 생각이 틀릴 수도 있다. 어쩌면 빵집 사장들은 자기 바로 앞에 서 있는 사람에게 팔든, 3000킬로미터 떨어진 곳에서 헤드셋을 쓰고 있는 사람에게 팔든, 상품을 파는 건 다 똑같다고 생각할 수도 있을 것이다. 그래도 냄새는 그냥 건너뛰는 게 나을지도 모르겠다. 파리의 풍경과 소리만으로 충분할 수도.

여가 활동은 여기까지 하고 실용적인 분야로 넘어가보자. 지능형 로봇을 통해 지각 범위를 확장한다는 개념은 많은 실용 분야에서 응용할 수 있다. 우리 연구실에서 탐구한 아이디어 중 하나는 육체 작업용 로봇형 메커니컬 터크였다. 메커니컬 터크 Mechanical Turk 개념은 18세기 후반으로 거슬러 올라간다. 그 당시 혁신적인 헝가리인이 체스를 둘 수 있는 듯 보이는 기계를 개발했다. 사실 그 장치는 체스를 두는 사람이 기계 속에 숨어 들어가 말을 조작할 수 있게 만든 것이었다. 2005년에는 아마존Amazon에서 메커니컬 터크를 변형한 서비스를 출시했다.5 이 서비스를 이용하면 업체는 현재의 컴퓨터가 할 수 없는 작업을 원격으로 다른 사람들에게 맡길 수 있다. 우리가 구상한 것은 이 두 가지 아이디어를 결합한 형태였다. 사람이 로봇을 원격으로 조작하여(하지만 몰래 숨어서는 아니고) 로봇이 혼자서는 완수할 수 없는 작업, 그리고 사람이 직접 하기에는 너무 위험하거나 건강에 좋지 않은 작업을 수행하는 것이다.

내가 이 프로젝트를 진행해야겠다는 생각이 든 것은 필라델피아 외곽에 있는 냉동창고를 방문하고 난 뒤였다. 당시에 나는 최대한 보온을 유지하려고 창고 노동자들이 입는 옷을 모두 챙겨 입었다. 이렇게 입으니 큰 방에서는 온도를 감당할 만했다. 하지만 온도가 영하 30도 이하로 내려가는 냉동실 깊은 곳에서는 10분을 버티기도 힘들었다. 차를 몇 번이나 갈아타고 비행기를 탄 뒤 몇 시간이 지났지만, 나는 여전히 뼛속까지 덜덜 떨려왔다. 집으로 돌아온 후, 뜨거운 물로 목욕까지 하고 나서야 심부체온을 겨우 정상으로 되돌릴 수 있었다. 사람들을 이런 극단적인 환경에서 일하게 해서는 안 된다. 하지만 로봇 혼자서는 이 작업에 필요한 모든 과제를 해낼 수 없고, 어찌어찌 일을 시킨다고 해도 실수가 생길 수밖에 없다. 크기와 모양이 제각각인 온갖 물품이 빽빽하게 모여 있는 환경이기 때문이다.

그래서 우리의 육체 작업용 로봇형 메커니컬 터크에서는 전 세계의 게이머들을 모아 그들의 기술을 새로운 방식으로 활용할 방법을 생각해보았다. 로봇이 냉동실 내부, 혹은 표준 제조시설이나 창고시설에서 작업하는 동안 원격 조작자는 로봇이 도움을 요청할 때까지 대기한다. 로봇은 실수를 하거나, 어딘가에서 막히거나, 주어진 과제를 마무리할 수 없는 경우에 이 조작자에게 도움 요청 신호를 보낸다. 그러면 원격 조작자는 로봇이 현재 처해 있는 환경이나 곤경을 그대로 재현한 가상 제어실로 들어간다(이 사람은 마치 머나먼 냉동창고 시설 속에 있는 것처럼 로봇의 눈을 통해 세상을 보면서도, 실제로 살을 에는 온도에 자신의 몸을 노출시킬 필요가 없다). 그런 다음, 원격 조작자는 직관적으로 로봇을 조종하여 기계가 주어진 작업을 완료하도록 돕는다.

이 조작자들이 숙련된 게이머일 필요도 없다.* 개념 검증을 위해 우리는 사람이 로봇의 눈을 통해 원격으로 세상을 보며 비교적 단순한 과제를 수행할 수 있는 시스템을 개발했고, 게임 실력이 뛰어나지 않은 사람들을 대상으로 이것을 테스트했다. 연구실에서 우리는 조작기, 스테이플러, 전선, 프레임과 함께 로봇을 배치했다. 로봇의 목표는 스테이플러를 이용해서 전선을 프레임에 부착하는 것이었다. 여기에는 '백스터Baxter'라는 양손잡이 인간형 로봇과 오큘러스Oculus VR 시스템이 사용됐다. 그리고 인간과 로봇이 동일한 좌표계를 공유하는 가상의 매개 공간을 만들어, 인간과 로봇이 같은 시뮬레이션 공간에서 작업할 수 있게 설계했다. 이렇게 함으로써 사람은 로봇의 관점에서 세상을 바라보며 몸동작을 이용해서 로봇을 자연스럽게 조종할 수 있었다. 우리는 워싱턴 D.C.의 회의에서 이 시스템을 시

---

 * 링컨 미셸의 공상과학소설《바디 스카우트The Body Scout》에서는 게이머가 아니라 한 등장인물의 반은퇴 상태인 어머니가 이와 비슷한 작업을 수행하는데, 그녀는 원격으로 수확용 로봇을 조종한다.

연했다. 많은 참가자가 헤드셋을 착용하고 가상공간을 보면서 800킬로미터 떨어진 보스턴에 있는 로봇을 직관적으로 조종할 수 있었다. 이 참가자 중에서 특별히 주목할 만한 사람은 우리가 애정을 담아 '로봇공학의 어머니'라 부르는 루제나 바이치(GRASP 연구소를 창립하고 '능동적 지각' 개념을 제시한 로봇공학의 선구자―옮긴이)였다. 몇몇 다른 학자와 지식인들도 이 시스템을 테스트했는데, 그중에는 비디오 게임을 한 번도 해보지 않은 사람도 있었지만 대부분 무리 없이 우리 연구실에 있는 로봇을 조작해서 과제를 완수할 수 있었다.

* * *

도달 범위를 확장해서 첨단 로봇을 원격 조종하는 작업을 꼭 추운 냉동창고, 혹은 불쾌하거나 위험한 환경에서만 해야 할 이유는 없다. 내 친구이자 스탠퍼드대학교의 선구적인 로봇공학자 오사마 카티브는 오션원OceanOne이라는 인간형 로봇 다이버를 개발했는데 이것을 이용하면 원격으로 해저 세계를 탐험할 수 있다.[6] 직접 산호초로 잠수해서 탐험하는 것만큼 황홀한 경험은 없다고 감히 말하고 싶다. 하지만 나의 한계는 수심 10미터 정도다. 하지만 오션원을 이용하면 원격 조종사가 로봇을 100미터 깊이까지 조종할 수 있다. 이 로봇은 손가락이 세 개 달린 팔이 두 개 있어서 흥미로운 물체를 발견하면 집거나 조작할 수 있다. 조종사는 힘 피드백 강화 조종기force-feedback-enhanced controller(사용자가 조종기를 통해 기기를 조작할 때 기기가 받는 힘을 조종기에 구현해서 현실적인 조작 경험을 제공하는 장치― 옮긴이)를 통해 로봇이 손으로 쥐거나 들어 올리는 것을 느낄 수 있다. 엉덩이는 보트 위에 편안하게 앉아 있지만 시각과 촉각은 로봇과 함께 깊은 바닷속에 있는 셈이다. 오사마와 그의 학생들은 오션원을 이용해 루이 14세의 난파된 기함에서 깨지기 쉬운 보물을 수습했다. 로봇 단독으로는 절대 할 수 없는 일이었다.

이런 종류의 원격 조작과 도달 범위 확장 사례 중 가장 유명하고, 또 아마도 가장 흥미진진한 사례는 지난 몇십 년간 NASA가 화성에 보낸 로봇들일 것이다. 내 박사과정 학생 마르세트 '마티' 보나는 수천만 킬로미터 떨어진 이 로봇들과 지구의 사람들이 상호작용하는 데 필요한 소프트웨어를 개발하는 데 크게 기여했다.[7] 이 지능형 기계들은 마음과 칩의 융합을 보여주는 완벽한 사례로, 로봇과 인간이 협력을 통해 얼마나 놀라운 성과를 이룩할 수 있는지 보여준다. 기계는 화성처럼 척박한 환경에서 작업하는 데 더 뛰어나고, 인간은 고차원 의사 결정에서 더 우수하다. 그래서 우리는 점점 더 발전된 로봇들을 화성에 보내고 있고, 마티 같은 사람들은 점점 더 정교한 소프트웨어를 개발해 과학자들이 로봇의 눈, 도구, 센서를 통해 먼 행성을 보고, 심지어 촉각으로 느낄 수 있도록 돕고 있다. 과학자들은 이렇게 수집된 데이터를 분석한 뒤, 로버가 다음에는 어느 곳을 탐험해야 할지 창의적으로 결정을 내린다. 로봇은 과학자들을 마치 화성의 땅 위에 서 있는 것처럼 만들어준다. 이들은 인간 탐험가를 대체하는 것이 아니라, 그들을 위해 길을 닦아주는 역할을 한다. 이러한 로봇 정찰 작업은 인간의 화성 탐사를 준비하는 과정이다. 언젠가 붉은 행성으로 진출할 우주비행사들은 로버 미션이 없었다면 불가능했을 수준의 익숙함과 전문성을 갖추고 임무에 임하게 될 것이다.

* * *

로봇은 이곳 지구 위의 낯선 환경에서도 지각적 도달 범위를 확장해준다. 2007년에 J. L. 드뇌부르가 이끄는 유럽의 연구진은 자율 로봇을 활용해 바퀴벌레 집단에 침투하여 이를 조작하는 새로운 실험을 발표했다.[8] 이 로봇은 구조가 비교적 단순했으며, 밝은 환경과 어두운 환경을 감지하고 연구자가 원하는 바에 따라 어느 한쪽으로 이동할 수 있었다. 이 소형 기계들은 겉모습은 바퀴벌레와 전혀 닮지 않았지만, 냄새는 비슷했다. 과학자들이 특정 바퀴벌레 집단의 페로몬을 묻혀놓았기 때문이다. 즉, 같은 집단의 다른 바퀴벌레들이 매력을 느끼는 냄새를 방출하게 만든 것이다.

이 실험의 목표는 바퀴벌레의 사회적 행동을 더욱 잘 이해하는 것이었다. 일반적으로 바퀴벌레는 어두운 환경에서 동료들과 무리를 지으려는 경향이 있다. 어둠을 좋아하는 데는 그럴 만한 이유가 있다. 어둠 속에 숨어 있으면 포식자나 자기를 혐

오하는 인간의 눈을 피할 수 있기 때문이다. 하지만 연구자들이 페로몬을 뒤집어쓴 로봇들에게 밝은 곳에서 무리를 짓도록 지시하자 다른 바퀴벌레들도 뒤따랐다. 바퀴벌레들은 밝다는 위험을 무릅쓰고서라도 집단에 소속되어 있는 위안을 선택한 것이다. 이 프로젝트는 창의적이고 기발하다는 점에서만 좋은 것이 아니었다. 연구자들이 바퀴벌레의 작은 무리 속으로 녹아들어 그들에게 영향을 미칠 수 있었다는 점도 마음에 들었다. 연구자들은 단순히 떨어져서 관찰만 한 것이 아니라, 로봇을 통해 사실상 그 집단 속에 끼어들어서 벌레들을 밝은 곳으로 유인할 수 있었다.

이 로봇 바퀴벌레를 보면 수년 전 로저 페인과 처음 나누었던 대화가 떠오른다. 위풍당당한 친구 고래들과 함께 헤엄치고 싶다는 그의 꿈 말이다. 나는 그가 원하는 캡슐을 만들 방법을 생각해낼 수 없었고, 우리가 만든 드론만으로도 그는 매우 기뻐했지만 나는 우리가 더 많은 일을 할 수 있으리라 확신했다. 만약 그의 캡슐과 비슷한 일을 할 수 있는 로봇을 만들 수 있다면? 만약 해양 생물과 해양 포유류 옆에서 마치 그 집단의 일원처럼 움직이는 로봇 물고기를 만들 수 있다면? 그럼 해양 생명을 들여다볼 수 있는 놀라운 창이 열릴 것이다.

수생동물 집단에 몰래 들어가서 따라다니며 그들의 행동, 수영 패턴, 그리고 그들이 서식지와 상호작용하는 방식 등을 관찰하는 것은 매우 어려운 일이다. 고정된 관측 장비는 물고기를 따라다닐 수 없다. 인간이 수중에 머물 수 있는 시간에도 한계가 있다. 원격 조종하거나 자율적으로 움직이는 수중 이동장치는 일반적으로 프로펠러나 제트 추진 시스템에 의존하는데, 로봇이 그렇게 많은 난류를 일으키면 다른 수중동물의 눈에 띄기 마련이다. 우리는 전혀 다른 것을 만들고자 했다.[9] 진짜 물고기처럼 헤엄치는 로봇 말이다. 우리는 새로운 인공근육, 부드러운 피부, 새로운 로봇 제어 방식, 그리고 완전히 새로운 추진 방법까지 개발해야 했기 때문에 이 프로젝트에는 몇 년이 걸렸다. 나는 수십 년간 다이빙을 했지만 아직까지 프로펠러가 달린 물고기는 본 적이 없다. 우리의 로봇 소피SoFi는 상어처럼 꼬리를 앞뒤로 흔들며 움직인다.[10] 등지느러미와 양옆으로 난 두 개의 지느러미는 물속에서 매끄럽게 오르내리며 움직일 수 있게 해주며, 우리는 소피가 다른 수중 생물들을 교란하지 않고 그들 사이에서 길을 찾아갈 수 있다는 것을 이미 입증해 보였다.

소피는 평균적인 도미 크기로 제작되었고, 태평양 산호초 지역 안팎에서 최대 18미터 수심까지 아름다운 여행을 했다. 물론 인간 다이버는 더 깊은 곳까지 내려갈 수 있지만, 스쿠버 다이빙을 하는 사람의 존재는 해양 생물들의 행동에 영향을 미친다. 몇몇 과학자들이 원격으로 모니터링하면서 가끔 소피를 조종해보았는데 그런 교란을 일으키지 않았다. 진짜 같은 로봇 물고기를 하나 또는 여러 마리 배치함으로써 과학자들은 마치 그 집단의 일원인 것처럼 물고기와 해양 포유류를 따라다니며 기록하고, 모니터링하고, 그들과 잠재적인 상호작용도 할 수 있을 것이다.

그 파타고니아 절벽에서 우리는 팔콘 드론을 사용하여 로저와 그 연구진이 바다 위로 시선을 드리울 수 있게 해주었다. 이제 우리는 소피를 통해 로저 같은 생물학자들에게 시선을 바다 깊숙한 곳에 두고 안전하게 탐험할 기회를 제공하려고 한다. 그리고 결국에는 청각적 도달 범위도 바다로 확장할 수 있기를 바란다. 내 친구들인 롭 우드, 데이비드 그루버 그리고 다른 생물학자, 인공지능 연구자들과 함께 우리는 기계학습과 로봇 기기를 사용해 향유고래의 언어를 기록하고 해독하는 프로젝트를 시작했다.[11] 우리는 고래의 발성에 공통으로 들어 있는 소리 조각들을 발견할 수 있길 바란다. 결국 우리의 목표는 문자나 음절, 심지어 개념에 대응하는 일련의 소리를 식별하는 것이다. 인간은 소리를 단어와 대응시키고, 그 단어를 다시 개념이나 사물과 연결한다. 고래도 이와 비슷한 방식으로 소통할까? 그것을 알아내는 것이 우리의 목표다. 우리의 귀를 바다로 확장하고 기계학습을 활용하면 언젠가는 이 매력 넘치는 생명체와 의미 있는 소통을 할 수 있을지도 모른다.

그 과정에서 얻는 지식만으로도 충분히 보람이 있을 테지만, 로저는 그 영향력이 훨씬 커질 수 있다고 생각했다. 그가 고래가 노래를 부르고 소통도 한다는 사실을 발견하자 뜻하지 않은 상황이 펼쳐졌다. 바로 '고래 구하기 save the whales' 운동이다. 고래의 지능이 과학적으로 입증되자 전 세계적으로 고래 보호 운동이 촉발됐다. 그는 지구상의 다른 종들에 대해서도 많은 사실들이 밝혀지면 비슷한 효과가 나타날 것이고, 사람들에게 이런 복잡한 생명체들을 보존하고 보호해야겠다는 영감을 불어넣을 수 있으리라 기대했다. 로저가 자주 강조했듯이, 인간이라는 종의 생존은 이 지구에서 함께 살고 있는 크고 작은 이웃들의 생존에 달려 있다. 지구가 인간이 살기에 좋은 곳이 될 수 있었던 데는 생물다양성이 큰 역할을 하고 있으며, 우리가 다른 생명체들을 보호하려고 노력할수록 앞으로도 우리 행성이 사람이 살기 좋은 환경으로 남아 있을 확률은 그만큼 커진다.

* * *

마음과 칩을 결합해서 우리의 지각적 도달 범위를 확장한 사례는 유쾌한 발상의 수준에서 심오한 가능성에 이르기까지 다양하게 나와 있다. 이것도 여러 가지 가능성 중 일부만 골라 놓은 것이다. 환경보호를 담당하는 단체와 정부기관에서는 굳이 사람이 위험을 무릅쓸 필요 없이 불법 벌목을 자율적으로 감시할 수 있는 '눈'을 비치할 수 있을 것이다. 원격 근로자들은 로봇을 통해 핵폐기물 시설 같은 위험한 환경으로 손을 연장해서 물체를 조작하거나 이동할 수 있을 것이다. 과학자들은 이 행성에 살고 있는 놀라운 종들의 비밀스러운 삶을 엿보거나 그 소리를 들을 수도 있을 것이다. 아니면 이러한 기술을 여가 활동에 활용하여 파리, 도쿄, 탕헤르(지브롤터 해협에 면해 있는 모로코의 항구 도시—옮긴이) 같은 곳을 원격으로 체험할 방법도 찾아낼 수 있을 것이다. 가능성은 무궁무진하고, 또 무궁무진하게 흥미롭다. 우리에게는 노력, 창의성, 전략, 그리고 모든 자원 중에서도 가장 소중한 것이 필요하다.

  돈이냐고? 아니다. 물론 돈이 있으면 도움이 될 것이다.

  하지만 우리에게 진짜로 필요한 건 시간이다.

3강
시간

고대 로마의 철학자 세네카는 그가 소중히 여겼던 한 편지[1]에서 파울리누스에게 이렇게 적었다. "우리가 살 시간이 짧아서가 아니라 그 시간 중 많은 부분을 낭비해서 문제입니다." 나의 하루는 수많은 활동과 대화 속에서 너무도 빠르게 스쳐 간다. 나는 종종 학생들에게 이렇게 상기시킨다. "지나간 하루, 하루는 다시 올 수 없는 하루다. 우리가 누릴 수 있는 시간이 얼마나 되는지는 불확실하지만, 한정되어 있다는 점은 분명하다. 시간을 더 만들어낼 수는 없다. 그래서 주어진 시간을 최대한 활용해야 한다."

스마트폰이 처음 등장했던 시절에 나는 아이다이어리iDiary라는 프로젝트를 시작했다. 내가 하루를 어떻게 보내는지 더 깊이 이해하고, 시간 사용을 최적화할 방법을 찾기 위해서였다. 이것은 스마트폰 사용자의 일상 활동을 디지털 기록으로 남기는 프로젝트였다.[2] 당시에는 사용자의 이동, 생체 신호, 기타 행동을 추적하는 다양한 앱이 보편화되기 전이었기 때문에, 그렇게 풍부한 데이터세트를 활용할 수는 없었다. 하지만 그럼에도 놀라운 정보를 얻을 수 있었다. 우리는 사용자의 GPS 데이터를 활용해 방문한 장소를 파악한 다음, 그 물리적 장소를 연관되는 활동과 연결하는 방법을 개발했다. 너무 자세한 부분까지 들어가지는 않겠다. 이 프로젝트를 통해 드러난 나의 일상은 무척 흥미로웠다. 차 안에서 보내는 시간은 하루 평균 두 시간 정도였는데, 이는 교통체증이 심한 보스턴에서 통근하는 데 들어간 시간이었다. 이메일을 처리하고 걸러내는 데 또 두 시간이 사용되었는데 대부분은 급하지 않은 것들이었다.

이 결과를 보고 마음이 불편했다. 나는 그 즉시 어떻게 하면 로봇과 인공지능을 이용해서 시간을 더 잘 활용할 수 있을지 고민하기 시작했다. 통근 시간부터 시작할 수 있을 것 같았다. 평소 주중에 나는 보스턴 서쪽에 있는 집에서 케임브리지에 있는 연구실까지 직접 운전해 이동한다. 보스턴은 교통 상황이 끔찍해서 주간고속도로 제90호선에서 차가 막혀 옴짝달싹 못 할 때가 많다. 차가 스스로 운전할 수 있다면 어떨까? 나의 시간을 더 유익하게 활용하고, 차가 운전하는 동안 창의적인 일을 할 수 있지 않을까? 지금까지 나온 가장 발전된 자율주행차는 복잡성이 낮고, 비교적 예측 가능한 저속 환경에서는 효과적으로 움직인다. 하지만 러시아워의 교통 상황에서는 신통치 못하다. 테슬라가 개발한 오토파일럿 기술은 올바른 방향으로 한 걸음 나아가기는 했다. 운전의 스트레스를 얼마간 줄여주었으니까 말이다. 하지만 아직 운전자가 완전히 운전대에서 손을 뗄 수 있는 수준에는 이르지 못했다. 현재의 소프트웨어, 즉 로봇 자동차의 두뇌가 예상치 못한 상황에 충분히 신속하게 대응하지 못하기 때문이다. 완전 자율주행차를 만들려면 차량이 환경을 인식하고 상황을 파악하는 센서가 더 정확해야 한다. 자동차의 제어 시스템도 센서와 두뇌가 인식한 상황에 적절하게 대응할 수 있을 정도로 빨라야 한다. 그리고 예상치 못했던 날씨와 도로 조건에서도 안전하게 주행할 수 있어야 하는데, 이는 또 다른 도전과제다.

로봇 자동차의 다른 부분들도 개선의 여지가 있겠지만, 통근에만 초점을 맞춘다면 고속도로 자체를 좀 더 지능적으로 만들어 자동차의 부담을 얼마간 줄여줄 수 있다. 교통량이 많은 도로에 센서와 스마트 기기를 설치해 차량 대 인프라 통신vehicle-to-infrastructure communication을 가능하게 하고, 차량 간 메시지vehicle-to-vehicle messaging 시스템도 활용한다면 고속도로와 그 위를 달리는 모든 차량이 정보를 공유할 수 있다. 이런 방식이라면 혼잡한 도로를 주행하는 차량이 자체적인 센서와 전자두뇌에만 의존해서 능력을 발휘하지 않아도 된다. 당신의 차량은 주변의 다른 모든 차량, 도로 자체, 센서 장착 가드레일 등과 소통할 수 있다. 이렇게 되면 차량은 자기 센서의 도달 범위 너머의 상황도 파악할 수 있어 속도 저하나 정체에 더 신속하게 대응할 수 있고, 전반적으로 더 안전하고 효율적으로 길을 찾을 수 있을 것이다.

이런 수준의 자율주행 능력에 도달하기까지는 아직 갈 길이 멀지만 불가능하지는 않다.[3] 우리가 이런 장애물들을 모두 극복하고 목표를 달성했다고 가정해보자. 그래도 직장에 더 빨리 도착할 수 있는 것은 아니기 때문에 통근 시간이 절약되지는 않는다. 하지만 자동차 안에서 보내는 시간이 달라진다. 이제는 도로 상황에 전혀 신경 쓸 필요가 없기 때문에 차량의 내부도 이 새로운 기능에 맞추어 바꿀 수 있다. 일단 고속도로에 진입하면 기차와 비슷한 자율주행 모드로 전환한 다음 자동차 내부를 재구성할 수 있다. 운전석을 선장의 의자처럼 뒤로 돌려서 다리 뻗을 공간을 마련할 수도 있다. 측면의 창문은 대형 디스플레이로 바꿀 수 있다. 그러면 자동차는 이동식 사무실이나, 공항으로 가는 길에 점심 회의를 진행하는 개인 공간으로 변신한다. 카풀 중이라면 동승자들과 마주 보고 앉아 대화를 나누며 커피를 즐길 수도 있을 것이다. 혼자라면 가족이나 동료와 화상으로 대화하거나 회의를 진행할 수도 있다. 첫 회의에 늦을까봐 가슴 졸일 필요도 없다. 차 안에서 회의를 진행하면 그만이니까 말이다. 만약 가상현실 기술이 일부 대형 기술기업의 바람대로 제대로 구현된다면, 차량 내부에 대형 랩어라운드 스크린이나 홀로그램 프로젝션을 설치해서 비즈니스에 적합한 가상현실 공간으로 꾸민 다음 이런 회의를 주최할 수도 있을 것이다.

고속도로 출구와 가까워지면 자동차의 내부 장식이 재구성되고, 마지막 몇 킬로미터를 앞두고는 정상적인 운전 모드로 돌아간다. 다시 한번 말하지만 이렇게 한다고 출근이 빨라지는 것은 아니다. 하지만 가다 서다를 반복하는 정체된 도로에서 우리가 잃을 뻔한 시간을 로봇이 매일 한 시간씩 되돌려줄 것이다. 내가 통근 시간을 창의적이고 생산적인 시간으로 바꾸는 모습을 상상해본다. 이 정도면 세네카도 고개를 끄덕이지 않을까 싶다.

* * *

우리는 시간을 어떻게 사용하고 있을까?[4] 미국 노동통계국에 따르면 일반적으로 미국인들은 하루의 약 1/3을 자는 데 쓰고, 또 다른 1/3은 일을 하는 데 쓰고, 나머지 시간을 여가, 그리고 스포츠 또는 체력 단련 활동에 할애한다. 평균적으로 두 시간 정도는 요리와 방 청소 등의 가사 활동에 쓴다. 그리고 11분 정도는 세탁에, 14분 정도는 집수리에 사용한다. 그리고 하루의 여가 활동 중에 거의 세 시간 정도를 텔레비전 시청으로 보낸다. 안타깝게도 사람들과 교류하면서 보내는 시간은 38분에 불과하다.

집에서 일반쓰레기를 버리거나 재활용 쓰레기를 분류하는 일이 나는 참 귀찮다. 만약 쓰레기통이 스스로 밖으로 나가서 오물을 버리고 오는 로봇이라면 어떨까? 우리 집 냉장고에서는 과일이 썩어가고 있고, 있는지도 모르고 있던 치즈에서 곰팡이가 모락모락 피어나는 광경을 보는 경우도 많다. 그래서 냉장고 문을 여는 일이 항상 즐거운 경험은 아니다. 만약 로봇 냉장고가 소비기한이 지난 음식을 감지하고 알아서 처리해준다면 얼마나 좋을까? 그리고 새로 채워 넣어야 할 식료품이 있다는 메시지를 내게 직접, 또는 내 차를 통해서 보내준다면 금상첨화일 것이다. 아예 우유나 버터 같은 필수 식품을 관리하는 시스템을 자동화해서 식료품이 비는 족족 자율 배송 차량을 불러서 우리 집 앞으로 바로 배달하게 만들면 편리할 것이다.

이 방법들은 모두 기술적으로 가능한 얘기다. 하지만 오해는 하지 말길 바란다. 이런 욕구들은 게으름에서 나온 것이 아니다. 나는 픽사의 영화 〈월-E〉에 나오는 미래의 인류처럼 움직이는 안락의자에 누워 편안하게 둥둥 떠다니고 싶어서 내 삶에 이런 기술이 도입되기를 바라는 것이 아니다. 오히려 그 반대다. 마음과 칩의 협력을 꿈꾸는 내 웅장한 계획은 인간이 아무것도 하지 않고 빈둥거리거나, 잠만 자는 덩어리 같은 존재로 퇴화하기를 원해서 세운 것이 아니라, 로봇이 마음을 위해 일하게 함으로써 우리 인간이 지닌 재능을 **더욱 잘 활용할 수 있게** 하려는 것이다.

로봇을 설계하고 만드는 즐거움 중 하나는 인간이 가진 비할 데 없는 지능과 신체 능력에 다시 한번 감탄하게 된다는 점이다. 예를 들어, 우리는 에너지 효율이 자동차보다 훨씬 뛰어나다. 나는 사과나 초콜릿 바 하나만 먹어도 하루의 절반을 버틸 수 있지만, 로봇이 내가 하는 활동을 모두 따라 하려면 여러 번 새로 충전해야 할 것이다. 우리는 난생처음 보는 물건이라도 아무런 어려움 없이 집어들 수 있다. 반면 로봇이 그 물건을 들려면, 그것을 자세히 연구하고 계획을 세운 후에 여러 번 시행착오를 거치는 과정이 필요하다. 그렇게 실수를 통해 배워야 비로소 머그잔처럼 단순한 물건을 다룰 수 있다. 그것도 빈 머그잔일 때의 이야기다. 잔 안에서 커피나 차가 출렁거리고 있다면 그 도전은 훨씬 어려워진다.

하지만 우리 인간은 그런 일들을 뚝딱뚝딱 해낸다. 우리는 믿기 어려울 정도로 빨리 추론하고 생각해서 새로운 상황에 적응한다. 우리는 그만큼 창의적이고 뛰어난 능력을 지닌 존재다. 나는 많은 사람이 매일 반복되는 일로 시간을 낭비하지 않고, 그 시간을 자신의 재능을 발휘하는 일에 활용할 수 있으면 좋겠다. 우리는 다른 사람들과의 상호작용을 통해 이로움을 얻는 사회적 존재다. 하루 38분에 불과한 사회적 교류 시간이 두 배, 세 배로 늘어난다면 어떨까? 개인적으로 나는 친구들과 산책하고, 가족과 친구들과 저녁을 준비하고, 책을 읽고(기술적인 연구 논문만이 아니라), 오페라를 즐기고, 테니스를 치고, 스키를 타고, 열대 산호초에서 다이빙을 하고, 다른 문화를 경험하고, 대화를 나누고, 새로운 아이디어를 구상하는 데 더 많은 시간을 보내고 싶다. 우리의 일상에서 지루하고 반복적인 작업을 걸러내고, 우리는 더 고차원적인 일과 인간적 교류에 집중할 수 있도록 로봇을 설계할 수 있다. 지능형 기계와 밀접하게 협력함으로써 우리는 더 많은 시간을 인간답게 보낼 수 있을 것이다.

* * *

직장에서도 로봇은 방식만 다를 뿐 똑같이 시간을 절약하는 소중한 역할을 할 수 있다. 나는 무질서 그 자체인 내 책상이나 파일 캐비닛에서 논문 찾는 일을 도와줄 기계를 만든 적이 있다. 한번은 친구 브루스 도널드와 함께 책상 표면에 미세한 섬모를 추가해서 책상 자체를 로봇으로 바꾸는 방법을 탐구한 적이 있다.[5] 우리가 구상한 이 책상 로봇은 섬모를 꿈틀거리면서 책상 표면을 일종의 컨베이어 벨트로 만들어 물건을 원하는 방향으로 밀고 갈 수 있다. 좀 징그러우려나? 그럼 됐다. 살아 움직이는 책상을 만드는 짓은 그만두련다.

사무실에는 시간을 절약할 기회가 널려 있다. 나는 하루 중 많은 시간을 이메일을 걸러내고 처리하면서 보낸다. 그런 분류 작업은 표준 스팸 필터의 기능을 넘어서는 지능형 프로그램에 맡기고 싶은 심정이다. 그 프로그램은 이메일의 내용을 읽고, 메시지를 더 구체적으로 분류하여 폴더별로 정리하고, 답장이 필요한 메시지에는 적절한 답장을 초안으로 작성해준다. 그럼 나는 그 초안을 검토해서 '보내기' 버튼만 누르면 된다. 이런 기술이 가능해지면 나는 연구실의 학생들과 함께 연구하고, 프로젝트를 더 깊이 파고들고, 새로운 로봇을 구상할 수 있는 시간을 하루에 90분이나 추가로 얻을 수 있다(실수를 방지하기 위해 각각의 답장은 내가 최종적으로 검토해야겠지만, 모든 이메일을 일일이 읽지 않아도 되니 시간은 엄청나게 절약될 것이다). 이미

변호사들은 소송을 준비할 때 관련 사례를 자동으로 식별해주는 가상 연구 도우미들의 도움을 받아 더 빨리 일할 수 있게 됐다. 또한 깃허브GitHub와 오픈AI는 코덱스Codex라는 인공지능 모델을 기반으로 해서 코딩 속도를 높여주는 코파일럿Copilot 서비스를 출시했다.[6] 수십억 줄의 공개 코드로 훈련된 이 모델은 텍스트 예측 엔진처럼 작동한다. 이 모델은 자신이 이미 분석해본 코드에서 식별한 패턴을 바탕으로 다음에 나올 내용을 예측한다. 개발자들은 쉽고 반복적인 코드 작성 작업은 인공지능 서비스를 통해 신속하게 처리하고, 거기서 아낀 시간을 인공지능 엔진이 대신할 수 없는 더 창의적인 프로그래밍 부분에 집중할 수 있다. 힘들고 단조로운 일은 칩에 맡기고 마음은 고차원적인 작업에 초점을 맞추는 것이다.

* * *

물론 이런 것들은 실제 로봇이 아니라 육체가 없는 대리행위자agent일 뿐이다. 지능형 기계의 경우도 여러 가지 방식으로 우리의 시간을 절약해줄 수 있다. 한 가지 영감을 불어넣어주는 사례가 있다. 집라인Zipline이라는 회사에서 개발한 핵심 기술이다. 이 시스템은 로봇을 이용해 처방약, 혈액, 기타 중요한 의료 물품을 아프리카의 시골 마을처럼 접근이 어려운 지역에 있는 의사에게 신속하게 전달한다. 예를 들어 한 의사가 산모의 출산을 돕고 있다고 상상해보자. 그런데 갑자기 상황이 나빠져 그

산모에게 특정 약이나 수혈이 필요해졌다. 도로가 포장되어 있지 않고 근처에 관련 시설도 없는 경우라면 필요한 물품을 제때 찾아서 전달하기가 쉽지 않다.

이 경우에 집라인을 사용하면 의사는 필수 품목을 전화로 신속하게 주문할 수 있다. 주문은 집라인의 물류센터에 접수된다. 이 센터는 일반적으로 냉장 장치와 인터넷 시설이 갖춰진 야외 텐트로 구성되어 있다. 집라인 기술자들은 요청된 품목을 꺼내와 포장한 뒤 드론의 화물칸에 넣는다. 이 드론은 대개 열 살 어린이 정도 크기다. 이어서 기술자들은 드론의 본체를 하늘로 향해 있는 경사로ramp에 위치시키고, 드론에 날개를 부착한 후 스마트폰에 탑재된 인공지능 강화 카메라 애플리케이션을 사용해 비행 표면을 점검한다. 그리고 목표 지점을 입력한 후에 드론을 공중으로 발사한다.

이 경사로에는 드론의 배터리를 절약해주는 투석기 같은 장치가 포함되어 있다. 그래서 드론이 비행 속도를 얻기 위해 자기 배터리에 저장되어 있던 에너지를 사용할 필요가 없다. 기술자들이 다음 주문을 준비하거나 기다리는 동안, 드론은 산을 넘고, 군데군데 파여 있어 차로는 다닐 수 없는 도로 위를 날아 목표 지점에 도착해서 소포를 떨어뜨린다. 소포는 낙하산에 매달린 채 안전하게 땅 위에 내려앉는다. 마지막으로 드론은 방향을 틀어 집으로 돌아온 후에 에너지는 아끼고 복잡성은 줄여주는 또 다른 기발한 방식으로 무사히 '착륙'한다. 드론이 고리를 내밀면 집라인 시설에 설치된 로프 장치가 드론 비행기를 낚아채는 방식이다. 비행기가 로프에 걸려 멈추면 기술자들이 이 전자 황새(집라인의 드론 배달 서비스를 황새가 아기를 물어다 준다는 민담에 비유한 것이다—옮긴이)를 회수해서 다음 비행을 준비시킨다.

나는 이 기술이 정말 마음에 든다. 그냥 공학적으로 단순하고 문제해결 방식이 독창적이어서만은 아니다. 이 드론은 로봇과 사람이 함께 힘을 합치면 엄청나게 선한 일을 할 수 있음을 보여주는 완벽한 사례다. 의사들은 환자의 생명을 구하는 데 필요한 물품을 몇 시간씩 기다릴 필요가 없다. 집라인의 기술자들과 그 로봇은 불과 몇 분 만에 서둘러 약을 의사에게 전달할 수 있다. 기술자들밖에 없었다면 이 약을 이렇게 신속하게 전달할 수 없었을 것이다. 마찬가지로 드론만 있었다면 혼자서 약을 포장하고, 스스로 비행 표면을 점검한 다음에 투석기 위에 오를 수 없었을 것이다. 하지만 사람과 지능형 기계가 함께 힘을 모음으로써 일을 더 신속하게 처리해서 사람의 목숨을 구할 수 있게 됐다.

시간을 절약해주는 로봇이 등장하면 의료 분야 전반에서 혜택을 볼 수 있을 것이다. 나와 보스턴 스폴딩 재활병원의 운동분석 연구실 실장인 내 동료 파올로 보나토는 병원에서 자율주행 휠체어와 자율주행 환자 이송 침대가 미칠 잠재적 영향을 탐구하는 실험을 했다. 지금의 방식을 보면 물리치료사가 재활운동 치료 세션을 진행하기 위해 환자의 병실로 가서 그를 휠체어에 태운 후에 체육관으로 데려가고, 세션이 끝나면 다시 환자를 병실로 데려가는 식이다. 환자를 이동시키는 데 드는 시간이 그 중 절반 이상을 차지한다! 고도로 숙련된 전문가의 시간을 이런 식으로 사용하는 것은 엄청난 낭비다. 하지만 파올로가 생각한 진짜 문제는 이것이 아니었다. 그는 물리치료사가 거기서 아낀 시간을 환자들과 함께하며 회복 속도를 끌어올리는 데 쓸 수 있기를 바랐다. 자율주행 휠체어가 환자를 물리치료사에게 데려올 수 있다면 환자와 물리치료사 모두에게 이득이 된다.[7] 환자는 물리치료사와 더 많은 시간을 보내서 좋고, 물리치료사는 자신의 전문성을 활용할 수 있는 시간이 늘어나서 좋다. 그렇다고 로봇이 물리치료사의 일자리를 빼앗는 것은 아니다. 오히려 고도로 훈련된 전문가의 업무에서 가장 비효율적인 부분을 덜어줌으로써 자신의 전문성을 살릴 수 있는 시간을 늘려주는 것이다.

자율주행 환자 이송 침대는 다양한 환자들을 이롭게 할 수 있다. 어머니가 몇 달 동안 병원에 입원했을 때 우리 가족은 어머니를 휠체어에 태워 특수 검사실로 데려가줄 사람을 기다리느라 몇 시간을 기다리며 답답한 마음이었다. 그냥 병실 침대나 휠체어가 사람 대신 기사 노릇을 하면 안 되나? 이렇게 전환하는 작업은 간단할 것이다. 침대 바퀴에 전기 모터 몇 개를 추가하고, 기본적인 센서와 컴퓨터 제어 시스템을 장착하면 침대가 스스로 운전하며 돌아다닐 수 있을 것이다. 자율주행 환자 이송 침대는 의료진의 보조인 역할을 하고, 의료진은 준비가 됐을 때 환자와 침대를 호출하면 된다. 병원은 사람이 북적거리는 공간이기 때문에 로봇 침대는 예상치 못했던 여러 가지 장애물을 만나게 될 것이다. 따라서 침대를 느리게 움직이도록 설계하는 동시에, 예상치 못했던 사람이나 물체와 마주칠 위험이 있을 때는 항상 자기가 먼저 멈추도록 프로그래밍할 수 있다.

* * *

일과를 마치고 집에 오면 나는 로봇으로 시간을 절약할 수 있는 다양한 방법을 구상해본다. 디저트부터 시작해보자. 여름밤에 자동 아이스크림 배달 로봇이 우리 동네를 돌아다니며 내가 저녁 식사 후에 마트에 가야 하는 수고를 덜어준다면 정말 좋을 것이다. 이 배달 로봇은 흔히 보는 트럭처럼 클 필요도 없다. 냉동고가 장착된 골프 카트가 사람이 붐비지 않는 거리에서 예측 가능한 방식으로 느리게 움직이면서 명령이 떨어지거나, 장애물이나 사람과 마주쳤을 때 멈추게만 설계하면 충분하다. 우리는 스마트폰으로 이 로봇을 호출하거나, 아이들이 이미 오늘 하루 간식을 너무 많이 먹어 걱정스럽다면, 우리 집 앞은 소리를 내지 말고 조용히 지나가달라고 요청할 수도 있을 것이다.

주방은 로봇과 인공지능이 자신의 활약을 뽐낼 수 있는 또 하나의 영역이다. 나는 요리를 좋아한다. 내가 좋아하는 취미 중 하나이기도 하고, 로봇 물고기, 자율주행차, 소화되는 인공 외과의사 digestible surgeon(인체 내부에서 작동하다가 일을 마치면 소화되는 의료용 로봇—옮긴이) 등 다양한 프로젝트를 오가며 정신적으로 고된 하루를 보내는 내게는 더할 나위 없이 완벽한 탈출구가 되어준다. 그러나 안타깝게도 나는 제대로 된 식사를 준비하거나, 중요한 재료가 없을 때 사러 나갈 시간을 내기가 어렵다. 이 경우에 내가 필요할 때마다 드론이 신속하게 식료품들을 우리 집으로 배달해주면 좋을 것이다. 집라인에서 하는 것처럼 낙하산을 이용해서 떨어트려줄 수도 있을 것이다. 아니면 내가 사무실에 있는 동안이나 집으로 가는 길에 식단을 선택하면 내 자동차가 우리 집 냉장고, 식료품 저장실과 소통해서 내게 필요한 재료가 모두 있는지 확인해줄 수도 있을 것이다. 냉장고 자체에도 바코드 리더기가 장착되어 있어서 그 안에 무엇이, 언제 들어와서 어디에 놓여 있는지 알 수 있다. 선반에도 센서를 장착하면 그 위에 올라가 있는 물건들의 무게 변화를 추적해서 오렌지 주스나 귀리 우유가 동나기 직전이라는 사실을 알려줄 수도 있을 것이다.

이탈리아 음식이 당기는 날인데 파르미지아노 치즈가 다 떨어졌다고 해보자. 냉장고에서 경고 신호를 보내면 내 차가 집까지 가는 길에 마트에 잠깐 들릴 수 있는 대안 경로를 탐색해서 추천할 수 있다. 차가 그 대안 경로에 대한 승인 요청을 하기 때문에 결정권은 여전히 나에게 있다. 따라서 파르미지아노 치즈 없이 소스를 만들지, 그냥 테이크아웃으로 간편하게 주문해서 먹을지는 내가 결정한다. 하지만 대안 경로를 승인할 경우에는 내가 도착하기 전에 필요한 물품을 미리 준비해두라고 가게에 알린다. 그럼 아주 잠깐의 정차로 장보기를 마무리할 수 있을 것이다. 그렇게 집에 도착하면 식사를 준비하는 데 필요한 모든 세팅은 끝나 있고, 도착 시간도 원래 예상보다 몇 분 늦어지는 데 그칠 것이다. 아니면 드론이 내 집으로 직접 물건을 배달해주는 방법도 있다.

일단 집에 도착하면 요리는 대부분 내가 직접 한다. 내가 직접 요리를 하는 이유는 우선 내가 요리를 재미있어 하기 때문이고, 둘째 우리 집 부엌에 로지(1960년대 애니메이션 시리즈 〈젯슨 가족〉에 등장하는 만능 가사 도우미 로봇—옮긴이) 같은 로봇이 들어올 일은 당분간 없을 것이기 때문이다. 케이크 한 조각만 자르려고 해도 그것은 로봇에게 기술적으로 엄청나게 어려운 도전이다. 하물며 이탈리아 요리를 준비하는 일은 꿈도 못 꿀 일이다. 파슬리나 마늘을 다지는 것처럼 숙련되고 섬세한 동작은 현재 우리가 가진 기술을 훨씬 뛰어넘는 기계가 개발되어야 가능하다. 하지만 나 대신 재료를 모아서 정리하는 일 정도는 시킬 수 있다. 그것을 요리 프로그램의 '미즈 앙 플라스mise-en-place(프랑스어로 '제자리에 놓다' 혹은 '준비를 완료하다'라는 뜻으로 요리사가 조리를 시작하기 전에 모든 재료와 도구를 준비해서 정리해놓는 과정—옮긴이)'라고 생각하면 된다. 텔레비전 스튜디오에서 제작 도우미가 하는 일을 기계가 대신하는 셈이다(우리 연구실에서는 '베이크봇Bakebot'이라는 시제품을 만들어 쿠키를 굽게 했다).[8] 재료 목록을 주면 로봇은 그것을 바탕으로 필요한 재료를 찾아 필요한 양만큼 미리 계량해서 조리대에 배치할 수 있다. 그러면 나는 집에 도착하자마자 여유롭게 창의적인 고급 요리를 준비할 수 있을 것이다. 이 요리 보조 로봇이 내가 선택한 식단에 맞추어 집안 분위기를 꾸미는 것도 도와줄 수 있다. 로봇이 재료의 조합이나 조리법의 이름을 바탕으로 내가 이탈리아 요리를 만들려고 한다는 결론을 내리고 내가 요리를 시작하면 스마트 스피커에 내가 좋아하는 파바로티의 앨범을 재생하라고 지시하는 것이다.

다음으로, 내 경우 집안일 중에서 정말 골치 아픈 것은 세탁이다. 꼭 해야 하는 가사 일이기는 하지만, 소중한 나의 시간을 매주 몇 시간씩 빼앗긴다. 로봇공학계에서도 이 문제를 잘 인식하고 있다. 우리도 사람이기 때문에 전 세계 연구진과 스타트업 기업들은 새로운 해결책을 찾기 위해 수 년간 연구해왔다. 2010년에 캘리포니아대학교 버클리 캠퍼스의 피터 아빌이 이끄는 연구진이 연구에 사용하는 인기 있는 인간형 로봇인 PR2에게 수건 더미에서 수건들을 집어 들어 개는 과제를 수행하도록 하는 프로그램을 개발했다.[9] 처음에는 로봇이 특정한 형태 없이 아무렇게나 쌓여 있는 더미에서 수건 하나를 골라내고, 그 모서리들을 찾아 수건으로 인식하는 방법을 찾는 데도 애를 먹었다. 연구자들은 이 작업을 돕기 위해 새로운 컴퓨터 시각 알고리즘을 개발했고, 그 후로 로봇은 근처 탁자 위에 쌓여 있는 수건들을 한 번에 하나씩 개기 시작했다. 수건 하나를 접는 데는 25분 정도가 걸렸다.[10] 따라서 수건 더미를 모두 개려면 꼬박 밤을 새워야 했다. 하지만 내 시간이 들어가는 것이 아니니 나는 상관없다. 2014년까지 이 연구진은 프로젝트를 계속 발전시켜 로봇이 거의 전체적인 세탁 과정을 혼자서 마무리할 수 있는 수준까지 도달했다. 하지만 기계가 너무 비쌌다. PR2는 더 이상 생산되지 않지만 그 가격이 고급 벤틀리 차 한 대와 맞먹었다. 내게는 분명 그런 여유 자금도 없거니와 설사 여유가 된다고 해도 그 가격을 생각하면 내가 그 돈을 들일 만큼 세탁 일을 싫어하는지 다시 한번 생각해보게 된다.

비슷한 시기에 캘리포니아에 본사를 둔 스타트업 기업 폴디메이트FoldiMate에서 비슷한 목표를 가진 로봇을 개발하고 있었다. 폴디메이트는 PR2 같은 인간형 로봇을 사용하는 대신 사무용 복사기와 식기세척기를 결합한 것 같은 시제품을 개발했다. 폴디메이트 로봇은 어려운 작업 중 일부를 사람에게 맡겼다. 사용자가 옷을 특정 지점에 클립으로 고정하면 기계가 안으로 당겨서 내부에서 갠 다음 바닥 쪽에서 깔끔하게 쌓아서 정리해준다. 시제품은 이전 것보다 더 빨랐지만, 다재다능하지는 못했다. (대부분의 가정에서는 빨래가 무작위 더미로 쌓여 있는 경우가 흔한데, 앞서 버클리 캠퍼스 세탁물 정리 시스템은 이런 상황에서도 옷들을 분류해서 갤 수 있었다.) 2021년에 폴디메이트는 사업을 중단했지만, 중단 이유는 기술적 가능성 때문이 아니라 사업 계획의 문제 때문이었다. 진행은 더디지만 나는 이 프로젝트가 흥미롭다고 생각한다. 이 연구는 세탁물을 개는 로봇이 기술적으로 가능하다는 것을 보여주었다. 우리는 그저 더 저렴한 플랫폼이나 로봇 본체만 찾아내면 된다.

집 안 청소 역시 시간을 많이 잡아먹는 가사 일인데 로봇에게는 이것이 훨씬 쉬운 작업이다. 매일 밤 집으로 돌아와 보면 집은 대체로 깔끔한 상태지만, 딸들이 어렸을 때는 바닥에 장난감, 봉제 인형, 책들이 널려 있는 경우가 많았다. 이런 방을 지나가려면 마치 장애물 코스를 통과하는 것 같았고, 정리하는 데 항상 생각보다 많은 시간이 걸렸다. 이런 청소를 직접 하는 것이 심리적으로 유익하다는 점은 잘 알고 있다. 육체노동을 통해 혼돈을 질서로 바꾸어놓으면 보람이 따라온다. 곤도 마리에(일본의 정리 정돈 전문가 겸 작가―옮긴이)에게는 미안하지만 그래도 나는 여전히 기계에 청소를 맡길 수만 있다면 그러고 싶다. 초보 엄마 시절에 나는《모자 쓴 고양이 The Cat in the Hat》에 나오는 청소용 기계를 실물로 만들고 싶은 생각이 굴뚝같았다. 이 기계는 여러 개 달린 팔로 흩어져 있는 물건들을 정리하면서 혼돈 그 자체인 방에 질서를 되찾아준다.

요즘에는 바닥에 떨어져 있는 먼지와 오물을 청소하는 청소용 로봇 룸바 Roomba가 있다. 이 로봇은 임의의 경로를 따라 집 안 구석구석을 돌아다니며 먼지를 빨아들이는데, 자신의 이동 경로를 추적하여 빠지는 곳 없이 공간 전체를 청소한다. 이 진공청소기 로봇에 간단한 팔과 손만 추가하면 장난감과 봉제 인형도 집어 올릴 수 있을 것이다. 그 손이 꼭 사람의 손을 닮을 필요는 없다. 그보다는 진공청소기의 흡입력을 이용할 수 있다. 실제 조작 기구는 바람을 넣고 빼서 팽창과 수축이 가능한 부드러운 재질로 만들면 된다. 한곳에 모아서 제자리로 옮겨야 할 물건이 무엇인지 확인할 수 있게 해줄 새로운 카메라와 컴퓨터 시각 알고리즘도 필요할 것이다. 물체와 충분히 가까워지면 로봇이 부드러운 조작 기구를 물건에 압착한 후에 흡입력을 이용해 장난감을 고정한다. 이어서 장난감 바구니처럼 미리 지정해둔 장소로 가서 조작 기구에 다시 공기를 불어넣어 손에 달라붙어 있던 물건을 바구니 안에 떨어트린다. 이런 로봇에 다른 종류의 손과 더 튼튼한 바퀴만 달아주면 집 밖에서도 사용할 수 있다. 로봇 잔디 깎기라면 나뭇가지를 집어들 수 있는 간단한 팔을 장착해서 나뭇가지들을 깔끔하게 더미로 쌓아 정리하게 만들 수 있고, 소형 로봇 굴착기로는 정원에 식물을 심을 구덩이를 파게 할 수 있다. 물론 집 안이나 마당, 마트가 온통 바쁜 로봇들로 가득해서 내가 어디 가려고만 하면 지능형 기계가 장애물 회피 알고리즘을 작동시켜야 하는 상황은 원하지 않는다. 하지만 나의 하루에 사람들과 어울릴 수 있는 더 많은 시간적 여유를 가져다준다면, 룸바처럼 목적에 맞게 설계되어 내 시간을 절약해주는 소형 로봇 몇 개쯤은 기꺼이 집 안에 더 들일 수 있다.

* * *

내가 여기서 제안한 내용이 미래의 모습이 될 것이라 장담할 수는 없지만, 가능한 미래의 장면을 모아본 것이다. 일상의 과제를 수행하는 데서 오는 부담을 덜어냄으로써 매일 몇 시간 정도를 온전히 나만의 시간으로 되찾을 수 있는 세상을 상상해보

있다. 드론은 싱싱한 농산물을 집 앞까지 배달해주고, 쓰레기통은 알아서 밖으로 나가 쓰레기를 버리고 오고, 스마트 인프라 시스템을 통해 자동으로 물건을 찾아올 수 있는 세상, 인공지능 비서(몸이 있는 것이든 없는 것이든)가 지루하고 반복적인 과제들을 걸러내주고, 우리가 인생을 멋지게 살면서 효과적으로 일할 수 있게 조언해주는 세상 말이다. 우리 연구소에서는 자율주행차 무리를 관리할 수 있는 알고리즘을 개발했는데 그 용도를 변경해서 일상적인 일에서 시간을 절약하는 방법으로 재활용할 수 있다. 활동적인 아이를 둔 부모라면 주말에 스포츠, 놀이, 취미 활동 등의 일정을 조율하는 일이 얼마나 악몽같은지 잘 알 것이다. 우리가 자율주행차를 위해 개발한 인공지능 엔진을 고쳐서 젊은 부모들을 위한 일종의 개인 비서로 바꿀 수도 있고, 운전 및 카풀 일정을 최적화하도록 조정할 수도 있다. 예를 들어 이 시스템은 엄마가 아이들을 스포츠센터에 데려다주고 아빠가 나중에 데리고 오는 것이 가장 효율적인 일정인지, 아니면 다른 방식이 더 나은지 여부를 자동으로 판단할 수 있을 것이다.

일반적으로 로봇공학, 기계학습, 인공지능의 빠른 기술 발전은 점점 더 자율적이고 능력 있는 도구들의 개발로 이어질 것이다. 이 도구들이 점점 더 어려운 작업들을 담당하게 되면서 인간은 진정으로 자신의 전문성과 창의력을 발휘해야 하는 보람 있는 일, 그리고 우리가 소중히 여기고 즐기는 여가 활동에 더 많은 시간을 할애할 수 있을 것이다. 로봇공학계에는 이미 인간이 하고 싶지 않은 작업을 로봇에게 맡길 수 있음을 보여주는, 연구 수준의 시연과 성공 사례들이 많이 나와 있다. 그러나 이러한 시제품이 실제 상품으로 전환되기까지는 오랜 시간이 걸린다. 예를 들어, 고속도로에서의 자율주행은 1986년 바이에른 지역의 아우토반에 있는 빈 도로구간에서 처음 진행됐다. 그로부터 거의 10년 후, 카네기멜론대학교의 내브랩Navlab 연구진은 피츠버그에서 로스앤젤레스까지 자율주행 밴을 이용해 동서로 대륙을 횡단하는 자율주행을 최초로 시연했다(운전석에는 긴급 상황에 대비해 항상 학생이 앉아 있었다).[11] 그리고 구글이 자율주행차 프로그램을 발표하기까지 다시 15년이 걸렸다. 연구실의 성과가 기업으로 넘어가는 데만 약 사반세기가 걸렸으며, 회사에서 실제로 제품을 시장에 내놓기까지는 더 긴 시간이 걸린다. 하지만 이 모든 것은 현실이 되고 있다. 이 로봇들은 진짜다.

나는 직장맘이다 보니 아무래도 일상에서 로봇을 이용해 시간을 아끼는 방법에 주로 관심을 갖게 되지만, 인생을 더 크게 바라보며 다른 가능성을 생각해볼 수도 있다. 어린아이들은 여유 시간이 넘치기 때문에 이런 로봇이 거의 필요하지 않지만, 그 부모들은 다르다. 가사 일을 로봇에게 맡길 수 있다면 부모는 집 안을 정리하고, 세탁 일을 하고, 설거지를 하는 대신 아이와 함께 거실에 앉아 책을 읽어주거나, 장난감 가득한 상상의 세계에서 노는 등 아이들과 보낼 수 있는 시간이 늘어날 것이다. 노년층에서도 로봇은 큰 변화를 가져올 수 있다. 은퇴한 노인이나 부부의 경우, 나이가 들면서 그들의 운동 능력, 섬세한 손놀림, 시력 등이 약해지더라도 로봇의 도움으로 어려운 일들을 해결할 수 있다. 그들은 독립적인 생활을 유지하며 90세 이후까지 삶의 질을 높일 수 있을 것이다.

내가 여기서 설명한 로봇들은 가능한 응용 사례 중 일부일 뿐이다. 점점 더 뛰어난 능력을 갖춘 과제 지향적 로봇들이 등장하는 이 세상에서 당신은 로봇에게 어떤 일을 맡기고 싶은가? 일상에서 로봇이나 지능형 소프트웨어 에이전트의 도움을 받으면 훨씬 빨리 처리할 수 있는 반복적이고 재미없는 일이 있는가? 아니면 기계에 맡기고 시간을 아껴서 그 시간을 다른 활동에 쓰고 싶은 다른 가사 일이 있는가? 요즘에는 느리게 움직이는 바퀴 달린 기계라면 무엇이든 자율 로봇으로 만들 수 있다. 이미 청소 로봇, 수영장 청소 로봇, 잔디 깎는 로봇은 나와 있다. 그리고 2022년에는 제설 로봇의 등장으로 그간 제설 작업자의 시간을 많이 잡아먹고 허리 끊어지는 통증도 부르던 삽질의 부담을 덜게 됐다. 미래에는 자율주행 쇼핑카트가 마트에서 필수 식료품을 대신 가져다주거나, 자율주행 조경 로봇이 정원을 손질하거나 그 이상의 일을 해줄지도 모른다. 또한 단순한 가져다 놓기 작업*을 수행할 수 있는 조작기를 추가해《모자 쓴 고양이》에 나오는 집 청소 기계를 실제로 구현할 수도 있다. 내

---

* 가져다 놓기 작업 pick-and-place operation은 산업용 로봇의 대표적인 활용 사례 중 하나로, 특정 위치에서 물체를 집어서 다른 곳에 갖다 놓는 작업을 뜻한다. 이는 할 일이 명확하게 정의되어 있고, 대량의 반복적 조작이 필요한 조립라인 및 공장 작업에 매우 적합하다.

일이면, 그리고 또 모레면 이런 기계들은 집과 직장에서 시간을 절약하고 삶의 질을 높이는 데 더 큰 역할을 하게 될 것이다. 그렇다면 문제는 그 시간을 어떻게 활용할 것인가에 있다. 앞에서 말했듯이 나는 가족, 친구들과 더 많은 시간을 보내고 싶지만, 새로 얻은 시간 중 일부는 신기술 덕분에 한층 더 재밌어진 여가 활동에 할애하는 것도 나쁘지 않을 것 같다. 사실 내가 꼭 해보고 싶은 활동이 하나 있다. 나는 산에서 즐기는 하이킹과 스키를 정말 좋아한다. 하지만 산 위로 높이 날아보는 것도 나쁘지 않을 것 같다. 일반적인 비행기를 타는 것이 아니라 중력을 거슬러 슈퍼 영웅처럼 하늘로 날아오르는 것 말이다.

4강
위로 오르기

나는 아마존의 창립자 제프 베이조스가 주최하는 MARS 학회에 매년 즐겨 참가한다. MARS는 기계학습Machine Learning, 인공지능AI, 로봇Robot, 우주Space의 약자다. 매년 200명 정도의 과학자, 로봇공학자, 공학자, 미래학자, 기술자들이 모여 친밀하고도 지적인 모임을 갖는다. 매일 아침에 모임을 시작할 때까지는 강의 주제와 초청 연사를 비밀에 부치지만, 강연은 항상 다양한 자극과 영감을 불어넣는다. 거기에 모인 사람들과의 대화도 마찬가지다.

한 모임이 시작될 때 사람들은 첫 저녁 만찬을 위해 각각의 탁자를 배정받았고, 나는 다섯 명의 다른 참가자들과 함께 자리에 앉게 됐다. 함께 공동연구도 자주 하는 내 친구 롭 우드도 우리 탁자에 앉았다. 하지만 이 행사의 핵심은 새로운 인간관계를 맺고, 새로운 아이디어를 접하는 것이었기 때문에 롭과 나는 서로의 대화보다는 다른 참가자들과의 대화에 집중했다. 나는 곧

옆에 앉아 있던 참가자와 대화를 시작했는데 알고 보니 그 사람은 제트추진 연구소의 행성비행시스템 이사회Planetary Flight Systems Directorate의 수석 공학자 젠트리 리였다. 젠트리는 또한 아서 클락이라는 과학소설계의 전설과 함께 책을 출판한 소설가이기도 했다. 우리의 이야깃거리가 꽤 풍성했으리라는 건 어렵지 않게 상상할 수 있을 것이다.

저녁 식사 시간이 흘러가고 있는데 롭도 누군가와 아주 깊은 대화에 빠져 있는 모습이었다. 롭의 연구도 아주 흥미로운 것이었지만, 오히려 상대방의 이야기에 더 관심을 보이는 쪽은 롭인 듯했다. 대체 그의 옆에 앉은 사람이 누구인지 궁금해졌다. 하지만 실내가 너무 시끄러워 무슨 대화가 오가는지 들을 수 없었다. 그리고 탁자 중앙에 있는 큰 장식물에 시야가 가려서 그의 얼굴도 보이지 않았다. 나중에 롭과 얘기할 기회가 생기자 나는 그가 저녁 내내 누구하고 그렇게 깊은 대화에 빠져 있었는지 물었다. "아, 그 사람이요? 리처드 브라우닝이에요."

나는 들고 있던 잔을 거의 떨어뜨릴 뻔했다. 리처드 브라우닝이 이 모임에 참석했다고?

그리고 바로 내 맞은편에 앉아 있었다고?

나는 롭의 놀라운 마이크로 로봇 연구를 항상 존경해왔다. 특히 실제 벌 집단에 몰래 침투할 수 있게 설계된 소형 로봇인 꿀벌 드론은 대단했다.[1] 그리고 십 년 넘게 이어온 그와의 공동연구도 정말 좋아했다. 하지만 지금은 나도 그의 저녁식사 대화 자리에 끼었더라면 정말 좋았겠다는 생각이 들었다. 그 깜짝 소식을 듣고 나는 리처드 브라우닝을 찾아서 직접 대화를 나누어 보기로 결심했다. 브라우닝에 대해 말하자면, 나는 내 나이대에서는 그의 가장 열광적인 팬이라 자부하는 사람이다. 왜냐고? 나는 어린 시절부터 중력을 극복할 방법을 꿈꾸어온 사람이고, 그 꿈은 아직도 변함없기 때문이다. 아침 출근 시간에 교통체증에 갇히면 나는 내 차가 하늘을 나는 자동차로 변신하는 모습을 상상한다. 하지만 자동차는 차고에 넣어두고 특수한 로봇 슈트를 착용하고 주변의 차와 건물들 위로 날아오르면 어떤 기분일지도 상상해본다. 내게는 이것이 한낱 꿈에 불과하다. 하지만 리처드 브라우닝은 실제로 작동하는 제트팩jetpack을 발명했다. 그는 현실 세계의 토니 스타크였다.

다음 날 브라우닝은 참석자들 앞에서 이 기술을 시연했다. 그의 슈트는 연료가 공급되는 배낭과 소형 제트 엔진, 그리고 각 팔에 두 개씩 달린 터빈으로 구성되어 있다. 이것들이 학교 가방 크기만 한 독립적인 유닛에 들어 있었다. 조종사가 팔을 각 유닛의 중간에 있는 소매에 집어넣고 손잡이를 쥐는 방식이다. 등 뒤에 있는 터빈은 안정성을 제공하고, 배낭은 비행에 필요한 추가 연료를 담고 있다.

시연의 일환으로 브라우닝은 주변 나무 위로 날아올라 여기저기 날아다니다 결국 우리 앞의 풀밭에 부드럽게 착륙했다. 그의 등 뒤에 있는 터빈은 공기를 빨아들인 후 배낭의 밑부분을 통해 공기를 밀어내어 추진력을 만들어냈다. 양쪽 팔 끝의 터빈도 추진력을 만들어냈다. 그는 세그웨이(두 바퀴로 된 전기 스쿠터로 서 있는 상태로 균형을 잡으며 이동하는 개인용 교통수단—옮긴이)나 외바퀴 호버보드의 조종 방식과 비슷하게 몸을 기울이는 방식으로 방향을 조절했다. 나는 그에게서 눈을 뗄 수 없었다. 나는 그의 비행을 아이폰으로 녹화했고, 강연장으로 돌아왔다. 하지만 유명 연사들이 무대에서 대단한 아이디어를 설명하고 있는 동안에도 그의 비행 촬영 영상에서 도무지 눈을 뗄 수 없었다. 내 옆에는 친구이자 로봇공학의 선구자 로드니 브룩스가 앉아 있었다. 그가 내 쪽으로 몸을 기울이더니 이렇게 말했다. "다니엘라, 거기에 정말 단단히 빠졌군요!"

그의 말이 맞았다. 나는 완전히 사로잡혀버렸다. 이것은 다이달로스의 신화, 피터 팬, 아이언맨을 하나로 합쳐놓은 것이었다. 브라우닝은 불가능을 가능으로 만들어냈고, 그 결과는 놀라웠다. 특히 열두 살 때부터 중력을 거슬러 하늘로 날아오르는 꿈을 꾸어왔던 나 같은 사람에게는 마법과 다를 바 없었다. 당시에는 아직 농구 경기에서 친구들 머리 위로 뛰어오를 수 있게 해줄 신발을 만들 수 없었기 때문에 나는 농구 시합을 할 때 몇 센티미터라도 키를 높여보려고 하이힐을 신기 시작했다. 시간이 지나면서 나는 하이힐을 신고도 아주 능숙하게 움직일 수 있게 됐고, 요즘에도 가끔 배구를 할 때 일체형 통굽 하이힐을 즐겨 신는다.

말이 샜다. 하지만 진짜 문제는 키가 아니라 중력이었다. 어디서나 작용하는 이 고집불통의 힘, 중력이 내가 키 큰 친구들 머리 위로 뛰어넘지 못하게 막고 있었다. 내겐 나를 떠올려줄 힘이 필요했다! 내가 십 대 시절에 친구들과 하이킹을 갈 때 카르파티아산맥의 절벽을 기어오를 수 없었던 이유도 중력 때문이었다. 그리고 매사추세츠 턴파이크에서 교통체증으로 차 안에 갇혀 있는 대신 직장까지 날아갈 수 없는 이유도 중력 때문이었다. 내가 MARS 학회에서 본 것은 사람과 기계의 아름답고 창의적인 결합이었다. 하지만 그것이 로봇은 아니었다. 아직은 말이다.

하지만 앞에서도 말했듯이 로봇으로 바꾸지 못할 것은 없다. 브라우닝의 혁명적인 슈트를 로봇화할 방법을 제안하기에 앞서 중력을 극복할 다른 방법들에 대해 고민해보자. 예를 들어 점프용 신발 같은 것 말이다. 요즘에는 인터넷에서 스프링으로 보강한 다양한 스니커즈 신발을 찾아볼 수 있지만 이런 신발은 지능형 기계가 아니다. 이 신발은 비교적 간단한 구조를 띠고 있다. 아래로 힘주어 스프링을 누르면 눌렸던 스프링이 반동하면서 점프를 돕는 형태다. MIT의 내 동료 휴 허는 자신의 회사 디피Dephy에서 로봇 신발의 형태로 업그레이드한 버전을 개발했다. 이 전동 외골격 장치는 튼튼한 등산화를 감싸 맞물리는 형태로 장착해서 사용하며, 사용자가 조금 더 빨리 달리고 조금 더 높이 뛰어오를 수 있도록 해준다.

신발을 충격 흡수 재료로 만들 수도 있다. 이 재료는 하이브리드 자동차가 브레이크를 밟을 때 달리던 에너지를 모아 배터리로 되돌려 보내는 것과 비슷한 방식으로 신발을 밟을 때마다 그 에너지를 저장할 수 있다. 그 후에는 점프를 실행하고 싶을 때 이렇게 저장해뒀던 에너지를 꺼내 쓸 수 있다. 이 신발에는 센서, 컴퓨팅 장치, 내장형 지능이 있어 당신의 의도를 알아차릴 수 있다. 이 시스템은 기본적으로 사용자의 점프 예비 동작과 관련된 센서값을 인식할 수 있도록 사전 훈련이 필요하다. 이 시스템은 당신의 체중이 앞쪽으로 옮겨가면서 무릎이 굽혀지는 것을 통해, 또는 팔이나 손목에 센서가 장착되어 있다면 당신의 팔이 뒤로 가는 것을 통해 점프 예비 동작을 인식할 수 있을 것이다. 이런 동작들 전부가 우리가 점프할 때 나타나는 특징적인 움직임이다. 그 시점에서 신발 밑창에 저장되어 있던 에너지가 스프링 형태의 메커니즘 등을 통해서 방출되고 사용자는 위로 튕겨 나가게 된다. 그렇다고 높은 건물 위로 뛰어넘을 정도는 안 될 것이다. 그래도 수직으로 몇 센티미터나 몇십 센티미터 정도는 더 높이 뛸 수 있을 것이다. 그 정도면 적어도 스무 살 때의 내가 농구 시합에서 리바운드 몇 개는 더 낚아챌 수 있었을 것이다.

산에 오를 수 있을 정도의 상승력을 얻을 수는 없을까?

십 대 시절 나는 친구들과 트란실바니아의 언덕을 탐험하곤 했다. 그곳에서 숨겨진 동굴을 찾아내 지하 깊숙한 곳에서 핑크 플로이드, 산타나, 레드 제플린 같은 서구의 금지 음악을 틀어놓고 비밀 파티를 즐겼다. 우리는 야외에서 로프를 이용해 등반도 했지만 위험을 무릅쓰지는 않았다. 로프에 매달려 절벽을 내려와본 지는 오래됐지만, 유명한 등반가 알렉스 호놀드처럼 산을 타고 오르거나, 스파이더맨처럼 건물 벽을 빠르게 기어오를 수 있다면 정말 좋겠다고 생각했다(물론 방사능 거미에 물리는 위험을 감수하지 않고서 말이다).

호놀드의 경우를 먼저 생각해보자. 숙련된 등반가는 손과 발뿐만 아니라 상체와 하체 전반적으로 엄청나게 힘이 좋다. 1강에서 얘기했던 것과 비슷한 얇고 유연한 작동기가 내장된 장갑을 만들어서 이것을 자체적으로 인공근육이 장착된 로봇 셔츠에 연결한다면 일반인의 악력을 크게 강화하는 장비를 만들 수 있을 것이다. 하지만 이것은 등반에 필요한 여러 부분의 힘 중 하나에 불과하다. 장갑을 낀 손으로 단단한 바위 턱이나 틈새를 단단히 붙잡는다 해도 다음 위치로 가려면 내 몸을 끌어올릴 힘이 필요하다. 더 강력한 전동 모터, 그리고 브라우닝의 것과 비슷하면서도 크기는 작은 전원 장치가 등에 달린 전신 슈트를 입고 있다면 필요한 인공근육들이 순서에 맞춰 수축하면서 나를 다른 위치로 끌어올려줄 것이다. 내가 무엇을 하려고 한다고 슈트에 알려줄 필요도 없다. 로봇 스니커즈와 비슷하게 이것 역시 내 움직임을 통해 나의 의도를 추측할 수 있게 프로그래밍될 것이다. 내가 높은 곳에 있는 바위 턱으로 손을 뻗어 몸을 끌어올리기 시작하면 로봇이 나의 계획을 감지하고 돕기 시작한다. 나도 힘을 쓰지 않는 것은 아니다. 나 역시 상당한 힘을 써야 한다. 하지만 나 혼자서는 할 수 없었던 일을 로봇 슈트와 힘을 합치면 능히 해낼 수 있을 것이다.

이건 실현 가능한 아이디어다. 우리 연구실에서는 구조대원용으로 이런 시스템을 개발하는 연구를 진행한 적이 있다. 스파이더맨 슈트? 그건 더 어렵다. 하지만 불가능하지는 않다. 예를 들어 프랭크 게리가 설계한 MIT의 스타타 센터 Stata Center처럼 금속 외장의 건물을 기어오르기는 비교적 쉬울 것이다. 장갑과 신발에 장착된 자석 메커니즘을 켰다 껐다 할 수 있게 설계하면 된다. 몇 년 전에 우리는 에펠탑을 오를 수 있는 로봇 자벌레를 만든 적이 있다.[2] 이 로봇 애벌레의 발에는 전자석이 부착되어 있었는데 작동 방식은 이렇다. 로봇이 몸을 쭉 펼치면 앞쪽 발의 전자석이 금속 프레임에 달라붙고, 뒤쪽 발은 풀린다. 그다음 로봇의 등뼈 부분이 V자 모양으로 수축하면서 뒤쪽 발을 앞쪽 발 가까이 가져온다. 이 상태에서 뒤쪽 발이 전자석으로 금속에 다시 붙고, 이번에는 앞쪽 발이 풀린다. 뒤쪽 발은 계속 붙어 있는 상태에서 몸을 다시 쭉 펼치면 로봇 자벌레는 더 높은 곳에 도달한다. 이 과정을 반복하면 로봇은 계속해서 위로 올라가게 된다.

이 접근방식은 효과가 있었지만 내가 이런 식으로 건물을 오르고 싶지는 않았다. 마치 괴상망측한 자세로 요가를 하는 것처럼 보일 테고, 우리 학생들도 그 장면을 보고 영감을 얻을 것 같지는 않았다. 게다가 이 방법은 금속 벽에서만 쓸 수 있다. 다른 표면에는 전자석 대신 흡입 컵을 사용할 수도 있겠지만, 비단 자벌레 자세가 아니라도 우리는 가령 스파이더맨처럼 기어갈 수 있는 더 다재다능한 시스템을 개발할 수 있다. 게코도마뱀의 파지 메커니즘 grip mechanism을 흉내 내서 미세 섬모가 부착된 로봇 장갑과 부츠를 만든다고 상상해보자. 내 동료 마크 컷코스키는 이런 접근방식을 채용해 건식 접착 기능이 있는 인공 게코 피부를 이용해서 등반 로봇을 만들었다.³ 일방향 접착one-way adhesion(한 방향으로만 접착력이 발휘되는 기술—옮긴이)이라고도 하는 이런 접착 방식은 강력접착테이프나 껌의 접착 방식과는 사뭇 다르다. 신발 밑창에 껌을 붙일 경우에는 붙일 때와 뗄 때 모두 힘을 세게 가해야 한다. 로봇이 이런 방식을 채용하면 전력이 금방 동난다. 하지만 게코도마뱀은 훨씬 적은 에너지로 부착과 탈착을 할 수 있는 다른 기술을 이용한다.

게코도마뱀의 발바닥에는 강모seta라는 털이 수백만 개나 나 있다. 이것은 길이가 5밀리미터쯤 되고 굵기는 사람의 머리카락보다 훨씬 가늘다. 각각의 강모에는 그보다 작은 주걱 모양의 미세섬모spatula가 수백 개쯤 나 있어서 마치 끝이 여러 개로 갈라져 있는 것처럼 보인다. 게코도마뱀은 자기가 기어오르고 싶은 표면을 이 미세섬모로 건드려 반데르발스 힘(분자 사이에서 거리에 따라 발생하는 인력으로, 짧은 거리에서 강력한 힘을 발휘한다)을 만들어낸다. 이것은 미세섬모의 크기가 너무 작아서 가능한 현상이다. 그 결과, 게코도마뱀의 발바닥과 기어오르는 표면 사이의 상호작용이 훨씬 더 강력해진다. 각각 수백 개의 미세섬모가 있는 강모 수백만 개의 도움을 받아 게코도마뱀은 한 발만 유리 표면에 갖다 대고 매달려도 전체 몸무게를 지탱할 수 있다. 게코도마뱀이 미끄러운 표면을 기어오를 수 있는 비결은 그의 발바닥이 한 방향으로 당겨질 때만 붙어 있고, 반대 방향에서는 쉽게 떨어지기 때문이다. 그래서 일방향 접착이라고 부르는 것이다. 게코도마뱀에서 영감을 얻은 마크와 학생들은 작은 중합체 털이 달려 있는 고무를 닮은 물질을 개발해서 스티키봇StickyBot을 만들었다.[4] 이것은 일방향 접착의 원리를 이용해서 수직 벽을 기어오를 수 있는 로봇이다. 이들은 심지어 이 개념을 확장해서 사람이 유리벽을 기어오르는 시연을 진행하기도 했다.

이것을 우리가 어떻게 활용할 수 있을까? 당신이 자유로운 손을 벽에 갖다 대면 장갑에서 섬모가 뻗어 나와 벽에 난 감지하기 힘든 미세한 틈 사이로 파고든다. 그런 다음 천천히 손을 떼면(너무 빨리 떼면 미끄러지거나 떨어지고 있다는 신호로 인식될 수 있기 때문에) 로봇 장갑이 당신의 의도를 추측해서 섬모를 회수함으로써 다시 손이 자유로워진다. 아무래도 자벌레 쪽보다는 이런 방식의 등반 장비가 학생들에게 영감을 불어넣는 데 좀 더 유리하지 않을까?

* * *

내가 여기에 제시한 아이디어 중에는 시제품으로 구체화되지 않고 아직 상상 단계에 머물러 있는 것이 많다. 높이 뛰거나 벽을 기어오를 수 있는 더 나은 접근방식이 있다고? 좋다. 그럼 어서 만들어보자. 진심으로 하는 말이다. 공상과학적인 꿈이 있다면, 그림으로 그려보고, 만들어보고, 테스트해보자. 바로 그것이 리처드 브라우닝이 한 일이었다.

그는 얼마 전에 원유 거래 관련 일을 그만두고 비행 슈트에 대한 꿈을 좇기 시작했다. 그는 뒤뜰에서 시제품을 개발했고, 외부의 재정적 투자가 거의 없는 상태에서 디자인을 발전시켜 나갔다. 그가 나무 너머로 나는 데 사용한 슈트는 제트 연료로 작동됐다. 여기에는 분명한 위험이 따른다. 그는 배터리 전력과 전기 모터로 돌아가는 덕트 팬을 사용하는 버전으로도 시연했다. 이 전동 버전이 제트팩 버전만큼 뛰어나지는 않았지만 로봇공학적인 관점에서는 더 큰 잠재력을 가지고 있다. 전기차는 로봇으로 전환이 가능하다. 전기차의 모터도 전기로 돌아가는 것이라서 컴퓨터로 제어하고 명령할 수 있기 때문이다. 그와 유사하게 배터리 전력으로 구동되는 비행 슈트 버전도 시스템의 로봇화를 생각해볼 수 있다.

브라우닝의 슈트를 입고 날려면 훈련이 필요했다. 터빈이 추진력을 제공했지만 조종은 조종사의 체중 이동으로 이루어졌다. 이 제트팩을 로봇화하면, 제트팩이 정해놓은 안전 범위(특정 안전 매개변수와 센서로 프로그래밍한다)를 벗어나 조종사가 너무 한쪽으로 기울거나 너무 빠르게 움직이는 경우 등에는 조종사에게 피드백을 보내줄 수 있다. 더 나아가 시각장애인용 착용형 내비게이션 시스템에 사용했던 작은 진동 모터를 응용할 수도 있다. 그럼 조종사가 왼쪽으로 기울어진 정도에 따라 왼손 근처에서 약한 진동이나 강한 진동을 느끼게 만들 수도 있다. 안경 같은 데 헤드업 디스플레이를 내장해서 속도나 안전 및 제어 관련 변수를 보여줄 수 있으면 이상적일 것이다. 그리고 객체인식 능력과 장애물 회피 능력을 함께 추가해도 좋을 것이다. 더 나아가 영화 〈어벤져스〉에서 보는 것처럼 오픈AI의 챗GPT를 변형시킨 일종의 대화형 인공지능을 추가해볼 수도 있다. 하지만 이런 시스템은 아직도 실수를 많이 하기 때문에 더 많은 기술 혁신이 필요하다. 영화를 보면 토니 스타크는 슈트와 농담도 주고받는다. 에지 장비edge device(네트워크의 가장자리, 즉 '에지'에 위치하여 데이터를 수집 및 처리, 분석하는 장치다. 이런 장치는 중앙 서버나 클라우드로 데이터를 보내기 전에 데이터를 처리하거나 결정할 수 있는 능력을 가지고 있다—옮긴이)에서, 혹은 클라우드의 막대한 저장 용량과 처리 능력에 고속으로 접속할 수 없는 플랫폼에서 자연언어를 처리하려면 아직 갈 길이 멀다. 현재 제대로 작동하는 모델들은 크기가 너무 커서 작은 처리장치에 담을 수 없기 때문이다. 나는 피터 팬처럼 하늘을 나는 동안에 굼뜨고 머리도 나쁜 인공지능과 대화를 한답시고 속이 터지고 싶지는 않다.

좋다. 이런 시스템을 만들었다고 해보자. 그럼 이런 슈트로 무엇을 할 수 있을까?

이것을 1강에서 나왔던 힘 강화 외골격과 결합한 다음, 영화 〈아바타〉에서 가파른 절벽에 착지했다가 날아오르는 놀라운 생명체 같은 것에 접근하는 용도로 게코도마뱀 장갑을 추가할 수도 있겠다. 이렇게 하면 당신은 날아서 직장 건물 가까이 간 뒤, 직장의 건물 벽에 달라붙어 사무실 창문으로 들어갈 수 있을 것이다. 물론 수백, 수천 명의 사람이 이런 식으로 통근하는 세상에 대해서도 먼저 생각해보아야 한다. 이것은 모든 사람이 제임스 본드와 젯슨 가족을 조금씩 결합한 세상이 될 것이다. 하지만 이런 세상도 구현이 가능하다. 여기서도 슈트의 로봇공학적 요소가 중요한 역할을 한다. 우리 연구실에서는 도시 환경에서 다수의 비행 자동차 각각에 가장 안전하고 효율적인 경로를 안내해주는 알고리즘을 이미 개발해놓았다(이 프로그램을 이용해서 교외 카풀 시스템도 도울 수 있다). 이 경우 알고리즘은 통근자 개개인에게 특정 경로를 부여해줄 것이다. 물론 출근길에 도시 상공과 그 주변에서는 안전을 위해 자유를 일부 희생해야겠지만, 이 기술이 현실에 적용되면 우리는 교통체증이나 만원 전철에 시달리는 일 없이 하늘을 훨훨 날고 있을 것이다.

주말에 이런 슈트를 가지고 놀면 얼마나 재미있을까! 몇 년 전, 나는 오토바이와 스쿠터를 제조하는 회사의 자문을 맡았다. 기술자문위원회에서 일한 대가로 회사 측에서 보수 대신 아름다운 오토바이를 선물로 보내줬다. 우리 가족은 그 오토바이에 홀딱 반했다. 그 오토바이는 공학 기술이 만들어낸 걸작이었다. 나는 그 오토바이의 운전법을 서둘러 배우고 싶은 마음이 굴뚝같았지만, 아이들을 책임지는 부모로서 안전을 최우선에 두어야 했다. 그래서 에어백이 내장된 최고급 오토바이 재킷을 구입할 수 있다는 사실을 알고 무척 기뻤다. 전자기기와 스마트 센서가 장착된 이 재킷은 오토바이 자체만큼이나 재미있다. 이 재킷은 먼저 부팅을 해야 한다. 사고 상황에 처하면, 재킷 안에서 거대한 에어백이 팽창하고, 이것이 이상적으로 작동하기만 하면 부상의 정도를 최소화해준다. 재킷에 달린 조명과 내부 센서들을 보며 나는 또 다른 발명의 공상에 빠져들었다. 만약 브라우닝의 제트팩 같은 요소를 추가해서 이 재킷으로 하늘을 날 수 있다면 무엇을 할 수 있을까? 그럼 우리 가족은 오토바이를 타는 대신 이 재킷을 입고 주말마다 함께 하늘을 날 수 있을 것이다. 기술이 아니라 마법 같은 이야기라 너무 비현실적으로 들릴 수도 있겠지만, 이 둘 사이의 경계가 당신의 생각처럼 칼로 자른 듯 뚜렷하지는 않다.

5강
마법

 우리 집의 딸아이 하나는 어릴 때 밤잠을 못 이루고 자꾸 침대에서 기어 나와 심심하다고 칭얼거렸다. 나중에 큰 다음에 딸은 그 밤 시간에 자유롭게 펼쳐졌던 상상의 세계를 다시 떠올렸다. 딸은 침대에 누워 머리맡 벽을 바라보며 마치 마법의 포털처럼 벽 안에 손을 넣어 장난감이나 쿠키, 혹은 재미있게 놀 만한 것을 꺼내는 모습을 상상했다고 한다.
 남편과 나는 학자이자 과학자이지만, 우리 가족은 해리 포터의 열렬한 팬이기도 하다. 그런 집안의 딸이 이런 마법의 벽을 상상한 것이 새삼스럽지는 않다. 과학소설 작가 아서 클라크의 유명한 말이 있다. "충분히 발전한 과학 기술은 마법과 구별할 수 없다." 누가 처음 한 말인지는 모르겠지만 이것을 살짝 바꾼 말이 나는 더 마음에 든다. "마법은 우리가 아직 발명하지 못한 기술일 뿐이다." 우리 딸의 상상은 환상적이고 특이했지만, 이것은 마법 없이도 실현할 수 있다. 로봇공학, 기계학습, 인공지능을 활용하면 〈해리 포터〉, 〈스타워즈〉 같은 영화나 그 밖의 멋진 이야기들에서 보았던 많은 것들을 실제로 구현할 수 있다.

로봇은 마법을 현실로 만드는 잠재력을 가지고 있다.

먼저, 무언가가 불가능하다고 고집을 부리는 생각의 필터를 치워버리거나 무시해야 한다. 그럼 인간의 창의력과 기술적 지식을 결합해서 세상을 새로운 시각에서 바라볼 수 있고, 언뜻 마법처럼 보이는 응용분야를 탐구해서 그것을 실제로 구현할 방법을 고민할 수 있다. 하늘을 나는 자동차, 마법 지팡이, 투명 망토, 변신술, 심지어 선물로 가득 찬 산타의 마법 자루까지도 우리가 현재 로봇공학, 기계학습, 인공지능에 대해 알고 있는 바를 활용하면 완전히 똑같지는 않더라도 어느 정도 비슷하게는 구현할 수 있다.

* * *

마법의 벽 얘기로 돌아가기 전에, 내가 제일 좋아하는 영화 장면 중 하나를 떠올려보자. 디즈니 애니메이션의 고전 〈판타지아〉에 나오는 단편영화 〈마법사의 제자 The Sorcerer's Apprentice〉다. 미키 마우스가 연기한 마법사의 제자는 우물에서 가마솥까지 꼬불꼬불 길게 이어진 계단을 따라 물을 나르라는 명령을 받았지만, 몇 번 하다가 금세 지쳐버린다. 미키는 마법사 스승님이 잠든 틈에 미리 배워두었던 마법을 이용하기로 마음먹는다. 그가 평범한 빗자루에 주문을 걸자, 빗자루는 생명력을 얻는다.

빗자루의 솔은 두 개의 다리로 변하고, 나무 손잡이에는 작은 팔과 손이 생겨난다. 이제 빗자루는 방 안을 돌아다니기 시작한다. 미키는 빗자루에 물통 두 개를 들고 거기에 물을 가득 채운 후에 가마솥에 붓는 동작을 시범하고, 새롭게 생명력을 얻은 빗자루는 그의 동작을 빠짐없이 따라 한다. 일단 미키가 이렇게 작업의 모델을 제시하자 빗자루는 그를 대신해서 작업을 시작한다.* 기본적으로 빗자루가 미키의 움직임을 관찰하고 이해해서 모방하는 과정이다. 젊은 제자는 이제 의자에 기대어 늘어지게 꿈나라로 빠져들지만, 나중에 깨어보니 마법의 빗자루가 여러 개로 늘어나 밤새도록 일을 한 바람에 가마솥에서 물이 넘쳐 마법사의 집이 완전히 물바다가 되어 있었다.

예상치 못했던 빗자루 군대가 등장하는 장면은 로봇과 인공지능이 등장하기 훨씬 전부터 이미 사람들이 로봇이 지배하는 세상에 대해 두려워했음을 암시한다. 이 단편영화는 1940년에 나온 것이기 때문이다. 하지만 미키가 잠든 사이 빗자루들이 밤새 일을 계속한 것은 정말로 걱정할 문제라기보다는 사소한 프로그래밍상의 오류에 더 가깝다. 현실 세계에서는 로봇공학자들이 작업 종료 시점을 명확히 정의한다. 아마도 물이 일정 수준에 도달하면 물통을 채우는 작업을 멈추거나, 센서의 피드백을 통해 해당 시점에서 시스템이 자동으로 꺼지도록 설정해놓

---

* 이 장면은 로봇 훈련 기법 중 하나인 '모방학습 imitation learning'을 아주 잘 보여주는 사례다. 이 기법에 대해서는 11강에서 자세히 얘기하겠지만, 기본적으로는 로봇이 인간이 작업하는 모습을 관찰하여 학습하는 전략을 말한다.

앉을 것이다. 한마디로 미키가 주문을 걸 때 어떤 제한 조건을 추가했어야 했다. 그러나 이 시끌벅적한 난장판 너머로 미키의 원래 의도와 작업 설정 방식을 보면 오늘날 로봇공학자들이 구상하고 있는 응용기술과 아주 유사하다는 것을 알 수 있다.

그렇다면 알고리즘과 로봇을 어떻게 결합해야 〈판타지아〉의 단편영화에 나온 '마법'을 구현할 수 있을까? 먼저 이미 언급했듯이 물리 세계의 거의 모든 무생물을 로봇으로 변환하는 것이 가능하다.[1] 빗자루, 의자, 탁상용 스탠드 조명도 모두 로봇으로 만들 수 있다는 이야기다. 우리는 흔히 로봇이라고 하면 인간의 형상을 모방한 시스템(인간형 로봇이나 로봇 팔 등)이나 상자에 바퀴가 달린 것을 떠올리지만 이것은 너무 틀에 박힌 생각이다. 바꿔 말하자면, 자연과 인공 환경에 존재하는 그 어떤 형태도 로봇으로 만들 수 있다.

낯설게 느껴질 수도 있지만 매우 중요한 개념이다. 우리 연구실에서는 컴퓨팅 디자인(마음과 칩이 설계 작업에 함께 참여하는)과 제작 기술을 활용해 어떤 형태의 물체라도 로봇으로 변환할 수 있음을 보여주는 프로젝트를 시작했다.[2] 먼저 우리는 '적층식 접기 additive folding'라는 방법을 사용한다. 이것은 물체의 사진을 찍은 후에 그 사진으로부터 몇 가지 알고리즘 단계를 거쳐 2D 설계 패턴을 생성하는 방법이다. 그리고 이 패턴을 레이저 절단기 같은 신속한 제작 방식을 이용해서 출력할 수 있다. 그리고 이 2D 패턴을 아코디언처럼 접으면, 사진 속 물체를 닮은 3D 복제물을 만들 수 있다(2D 패턴의 기하학을 계산하는 알고리즘 덕분에 이 패턴을 접으면 사진 속 물체와 비슷하게 생긴 3D 물체가 나온다). 그다음에는 여기에 모터와 케이블을 추가해 접힌 부분을 움직이며 물체의 움직임을 제어할 수 있다. 예를 들어 토끼 사진을 찍어 2D 디자인을 생성하고, 이를 출력한 후 모터와 케이블을 추가하면 목과 귀가 움직이는 로봇 토끼를 만들 수 있다. 이런 방식을 이용하면 미키의 빗자루도 얼마든지 로봇 버전으로 제작할 수 있다.

내 동료이자 친구인 건축가 척 호버만은 모양을 바꾸고 변신도 하는 건물을 만들어낸 인물이다. 어찌 보면 우리 연구실에서 하는 일은 그의 연구를 미래로 한 발짝 더 밀어내는 작업이라 할 수 있다. 우리는 적층식 접기 방식을 활용해 다양한 규모의 로봇을 제작할 수 있다. 또 다른 시연에서 우리는 루치아노 파바로티의 아리아에 맞춰 실제로 춤을 추는 시드니 오페라 하우스의 축소판 로봇을 만들기도 했다. 너무 비현실적인 얘기로 들릴 수도 있겠지만 개인적으로 나는 하루의 고된 일을 마치고 집에 돌아왔을 때, 로봇이 깨끗하게 청소해놓은 집이 내가 좋아하는 음악에 맞춰 부드럽게 몸을 흔드는 모습을 보면 마법처럼 느껴질 것 같다.

그러니까 빌딩조차도 로봇으로 만들 수 있다는 이야기다. 그다음에는 미키가 빗자루에 했던 것처럼 몸짓을 이용해 이 새 로봇 구조물에 과제 수행 방법을 가르칠 수 있다. 우리의 시나리오에서는 착용형 센서를 활용해서 사용자의 근육 활성에 대한 피드백을 수집한 다음, 사용자가 만들어내는 몸짓에서 나오는 센서값 스트림을 특정 동작이나 과제와 연결하는 기계학습을 이용한다. 이것을 좀 더 자세히 설명해보겠다.

우리 가족은 보스턴 교외의 집에 커다란 가마솥을 두고 살지는 않는다. 물론 우물도 없고 말이다. 하지만 가을이면 마당에 낙엽과 잡초가 한가득 쌓인다. 나는 텃밭이나 정원 가꾸기를 싫어하진 않지만, 소중한 주말 시간을 잔디밭에서 갈퀴질을 하고 잔가지를 치우며 보내고 싶진 않다. 그래서 힘에 관한 장에서 소개했던 기술 몇 가지에 로봇의 마법적인 요소를 더한 시스템을 상상해보았다. 애니메이션 단편영화에서 미키는 빗자루에 작업의 기본적인 동작을 시범한다. 그와 비슷하게 나도 연질 외골격 속옷을 착용한 상태로 마당에서 한 시간가량 작업하며 내 움직임과 행위를 기록할 수 있다(이 속옷에는 동작과 근육 활동을 모니터링하는 센서가 내장되어 있다). 여기에 비디오카메라가 장착된 안경을 추가로 착용해서 무슨 일이 일어나고 있는지 자세한 부분까지 시각적으로 기록할 수도 있다. 프로그램이 이 모든 것을 데이터로 저장하고, 내가 작업하는 동안 내 동작을 감지하고 기록해서 기계학습 모델을 훈련시킬 수 있다. 이 모델은 갈퀴질을 하고 잔가지들을 정리하려면 무엇을 해야 하는지, 그리고 이렇게 모은 것들을 어떻게 처리해야 하는지 배우게 될 것이다. 그다음에는 팔이 둘 달린 바퀴 로봇을 이용해서 뒤처리를 맡긴다.*

---

* 왜 바퀴냐고? 두 다리로 걷는 것은 매우 복잡한 과정이고 엄청난 컴퓨팅 능력과 에너지를 요구한다. 그냥 바퀴로 굴러가는 로봇을 개발하는 편이 훨씬 쉽다.

이 로봇은 처음에는 미키의 마법 빗자루처럼 내가 멀리서 몸짓으로 보내는 지시에 따라 마당 청소 작업을 끝낼 수 있을 것이다. 하지만 시간이 좀 지나면 로봇이 혼자서 하는 법을 배우게 될 것이고, 나는 그동안 친구나 가족과 시간을 보내거나 어린 시절에는 너무 힘들었던 하이킹을 즐기러 자연으로 나설 수도 있을 것이다. 이 로봇을 이웃과 나누어 쓸 수도 있을 것이다. 요즘 교외 지역에서는 제설기 같은 비싼 장비를 이웃과 함께 사용한다는데, 이렇게 로봇을 이웃과 공유하면 비용도 절감할 수 있고, 이 강력한 마법의 기계를 놀리는 일 없이 열심히 일을 시킬 수 있기 때문이다.

이런 두 팔 달린 로봇은 집 안팎에서 다양한 방법으로 활용할 수 있다. 자녀와 야구나 소프트볼을 하는데 부모인 당신이 자녀가 원하는 공을 제대로 던지지 못한다면, 이 로봇을 조금 손봐서 당신 대신 빠른 공을 던지게 만들 수 있을 것이다. 혹은 가사 도우미 로봇에게 빨래 개는 법을 가르칠 수도 있을 것이다.**
집 안을 꼼꼼히 둘러보면 분명 지능형 기계를 활용할 수 있는 다양한 분야가 눈에 들어올 것이다. 우리는 그냥 센서와 모터를 장착하고 컴퓨팅 능력을 추가한 다음 이 새로운 지능형 기계가 우리의 의도를 이해할 수 있게 훈련만 시키면 된다. 그럼 로봇

** 앞에서 얘기했듯이 이것은 기술적으로 가능한 일이다. 다만 필요한 연구를 모두 마치지 못했거나, 적정한 가격에 만들 수 있는 로봇의 몸체를 개발하지 못했을 뿐이다. 이런 점에서 집 안팎의 다양한 가사 일을 처리할 수 있는 보다 다재다능한 로봇을 만드는 일은 아주 흥미로운 가능성이 될 것이다. 로봇 로지의 제한된 버전이라 생각하면 된다.

은 우리와 힘을 합쳐 작업을 완수하고, 우리에게 적응하며 하나의 팀원처럼 행동할 것이다.

로봇에게 몸짓으로 명령을 내리는 법은 우리도 이미 알고 있다.[3] 나는 학생 한 명과 함께 팔찌와 암밴드를 이용해서 팔뚝의 움직임, 그리고 근육의 긴장도나 경직도를 전극을 통해 모니터링하는 몸짓 인터페이스 시스템 gestural interface system을 개발했다. 우리는 이런 접근방식을 테스트해보기 위해 특정 몸짓이 특정 명령이나 행동과 짝을 이루게 프로그래밍했고, 그런 뒤에 링이 매달려 있는 작은 장애물 코스에서 로봇 드론에 적용해보았다. 예를 들어, 손을 특정 방식으로 움직이면 로봇 드론이 앞으로 날아가고, 주먹을 꽉 쥐면 멈춘다. 손과 팔을 움직이면 이 몸짓이 동작으로 번역되어 로봇 드론이 마치 마법사의 지시를 받은 것처럼 장애물 코스를 이리저리 통과한다. 만약 연질 외골격 셔츠를 입고 있다면 암밴드나 팔찌가 따로 필요 없다. 셔츠 안에 있는 센서와 컴퓨팅 장치가 몸짓을 추적해서 명령으로 전환할 수 있다. 일종의 착용형 마법 지팡이라 할 것이다.

플로리다 유니버설 스튜디오에 있는 〈해리 포터의 마법 세계〉 테마파크에서는 방문객들이 전자식 마법 지팡이를 구매할 수 있다. 이 마법 지팡이는 교묘하게 디자인된 기술을 이용해서 영화와 책에 나오는 마법들을 재연해준다. 아이들이(어디 아이들뿐이겠는가?) 이야기에 등장하는 유명한 상점을 그대로 본뜬 가게에서 이 지팡이를 구입하면 공원 곳곳에 마련된 특정 지점에서 마법을 시험해볼 수 있다. 이런 장소를 찾아가 마법 지팡이를 휘두르며 주문을 외치면 근처에서 동작이 시작된다. 예를 들어 어떤 창문 근처에서 주문을 외치면 장난감 트롤들이 춤을 추기 시작한다.

가정과 직장에서 어떻게 하면 현실판 마법 지팡이를 사용해서 다양한 로봇에 지시를 내리고 제어할 수 있을까? 이 장치가 공간 속에서 자신이 어떻게 움직이고 있는지 추적하는 방법도 있다. 스마트폰에는 가속도계accelerometer라는 작은 센서가 달려 있어서 이것이 가능한데, 이 경우 특정 동작을 특정 명령과 짝지어줄 수 있다. 이 기술을 차용하면, 마법사처럼 마법 지팡이를 시범적으로 가리키는 동작이 하나의 명령으로 번역될 수 있다. 와이파이는 관심 대상 내부에서 동작을 전송하고 실행하는 데 사용된다. 이제 마법 지팡이로 허공에서 작은 원을 그리면 바닥 청소가 시작된다. 그리고 제대로 작동하는 빨래 개는 로봇이 나온다면 마법 지팡이를 한 바퀴 빙글 돌린 다음 손목을 한 번 튕겨주는 동작만으로 로봇을 작동시킬 수 있을 것이다.

* * *

딸이 꿈꾸었던 마법의 포털로 돌아가보자.

딸은 벽 속에 손을 넣어 원하는 것은 무엇이든 꺼내고 싶어 했다.

어떤 면에서 이것은 산타가 썰매에 싣고 전 세계를 돌아다니는 용량이 무한한 선물 자루와 비슷하다. 아이들이 원하는 선물은 무엇이든 들어 있는 일종의 밑바닥이 없는 구덩이인 셈이다. 어떻게 이런 마법 같은 시스템을 만들 수 있을까? 먼저 산타의 가방에 그 모든 선물이 들어간다는 것은 비현실적인 얘기니까 그 점은 빼고 생각해보자. 산타가 손을 자루 안으로 집어넣을 때마다 그 자리에서 바로 선물이 만들어지는 식이라면 어떨까?

얼마든지 모양을 바꿔 새로 구성할 수 있는 조각으로 가득 찬 상자를 상상해보자. 이 조각들은 스스로 움직이는 로봇 레고 모듈처럼 작동한다. 이것을 침실 벽이나 산타의 마법 자루 안에 내장할 수 있다. 우리 연구실에서는 이것을 '모래자루'에 비유한다.[4] 도구나 물건이 필요할 때 자루에 알리면 원하는 물건의 부품들이 안에서 스스로 배열되고, 그다음에는 손을 넣어 도구를, 내 딸의 경우라면 잠들기 전 지루한 저녁 시간을 보내는 데 필요한 장난감을 꺼낼 수 있다. 만약 이 마법 자루가 딸의 상상처럼 벽에 내장되어 있다면, 다 사용한 후에는 장난감을 그 공간에 다시 집어넣으면 그만이다. 그럼 그 물건은 해체될 테고, 벽은 다음 요청을 기다린다.

공학적 관점에서 보면 이것이 어떻게 작동할까?

이 가상의 자루 속에 담긴 모래 한 알 한 알을 로봇 입자라고 생각해보자.

개개의 로봇 입자는 다른 입자들과 이어질 수도, 끊어질 수도 있어야 한다. 그리고 각각의 입자는 지시를 따를 수 있어야 한다. 그래야 원하는 형태나 물체를 만드는 더욱 큰 계획 안에서 자신의 역할을 수행할 수 있을 테니까. 이 입자들은 앞에서 언급했던 계획을 따르는 동안에 서로 소통하고, 다른 입자한테 자신이 누구인지 밝힐 수 있어야 한다. 또한 전원 장치도 필요하다. 마지막으로 신속하게 작동할 수 있어야 한다. 내 딸은 벽이 장난감을 만드는 동안 몇 시간씩 기다릴 생각은 아니었을 것이다. 딸의 꿈속에서는 마치 마법처럼 즉각적으로 작동했다!

전 세계 여러 로봇공학 연구진에서 여러 해 동안 이런 개념을 연구해왔으며, 클레이트로닉스claytronics, 자체재구성 로봇self-reconfigurable robot, 프로그래밍 가능 물질programmable matter, 지능형 점토intelligent clay 등 다양한 용어로 불린다. 영화에서도 다양한 형태로 등장했다. 인기 애니메이션 〈빅 히어로 6〉에는 빠르게 변신할 수 있는 자체재구성 로봇의 무리를 자기 마음대로 조종하는 악당이 나온다(그는 우리 CSAIL과 아주 비슷한 대학 연구진의 책임자이지만, 우리 연구실에는 이런 악당이 한 명도 없노라고 장담할 수 있다. 우리는 연구자를 뽑을 때 철저한 검증 과정을 거친다). 오랫동안 내 뇌리에 박혀 있는 또 다른 작품은 〈바바파파〉라는 만화다. 이 만화에는 주어진 작업에 맞춰 가위, 악기, 차량 등 다양한 형태로 모습을 바꾸는 변신 가족이 등장한다. 대부분은 이 만화 속에서 말하고 움직이는 캐릭터들이 그저 덩어리로 보이겠지만, 내 눈에는 그들이 로봇으로 보인다.

우리 연구실의 자체재구성 로봇 프로젝트는 허구적 상상에서 나왔지만 사실은 자연계에서 더 많은 영감을 받았다. 자연의 모든 생명체는 세포로 구성되어 있고, 뱀과 개미처럼 복잡하고 다양한 생명체와 폐, 심장 같은 장기 모두 이런 세포로 만들어진다. 그래서 나는 다양한 로봇 생명체를 만들어낼 수 있는 로봇 세포가 있다면 어떨지 궁금해졌다. 이런 로봇은 주어진 작업을 완수하기에 적합한 최적의 형태를 취할 수 있을 것이다. 예를 들어 터널을 기어가기에 좋은 뱀 로봇이 되었다가, 공장 바닥에서 일하기 좋게 손이 세 개 달린 기계가 될 수도 있을 것이다. 더 나아가 로봇에 스스로 변신하는 능력도 부여할 수 있다. 예를 들어, 로봇이 선반에서 드라이버를 꺼내야 하는데 드라이버가 너무 높이 있는 경우를 생각해보자. 로봇이 자신의 세포를 재배열해서 아주 긴 팔을 만들 수 있다면 어떨까? 아니면 아예 자신의 손을 드라이버 모양으로 바꿀 수 있다면? 목표와 필요가 바뀜에 따라 로봇도 거기에 맞춰 변신할 수 있을 것이다.

나는 1990년대에 학생들과 함께 재구성 가능 로봇 만들기를 처음으로 시도해보았다. 그리고 이것이 두 가지의 단위 모듈, 즉 로봇 세포의 초기 설계로 이어졌다. 첫 번째 설계인 '몰레큘 Molecule(분자라는 의미—옮긴이)'은 한 변의 길이가 20센티미터 정도 되는 정육면체 큐브다. 대략 축구공의 지름 정도 크기다. 두 번째 설계인 '크리스탈 Crystal'은[5] 그 절반 정도의 크기이고, 두 배로 팽창하고 수축할 수 있는(혹은 성장하고 줄어들 수 있는) 능력을 지녔다. 결국 우리는 M-블록 M-Block[6]이라고 부르는 지능형 전자 큐브를 기반으로 한 새로운 시스템을 개발했다. 이것을 통해 우리는 지능형 모래자루라는 비전에 한층 더 가까워질 수 있었다. 'M'은 자석 magnet, 운동 motion, 마법 magic을 의미한다. 각각의 단위 모듈은 각얼음보다 살짝 크고, 회전하며 움직인다. 움직이는 부품들은 모두 각각의 M-블록 구조 안에 들어 있으며, 여섯 개의 면 각각에는 켜고 끌 수 있는 원형의 전자 영구 자석이 있다. 근처에 있는 큐브 두 개를 연결하고 싶으면 가까이에 있는 자석 스위치를 켜서 달라붙게 한다. 자석은 완벽하게 배열되지 않은 블록이라도 잡아당길 수 있을 정도로 강력하다. 현실 세계에서는 완벽하게 배열되어 있는 것이 없기 때문에 이것은 장점으로 작용한다. 두 M-블록의 연결을 끊어서 분리하고 싶을 때는 큐브의 전자두뇌가 자석을 비활성화한다. 이것이 무슨 마법이냐는 생각이 들겠지만 이 블록들이 점프하는 모습을 보면 마치 물체들이 마법의 주문으로 생명력을 얻은 것처럼 보인다.

M-블록을 움직이기 위해 우리는 소형의 내부 플라이휠을 사용하는 시스템을 설계했다. 플라이휠이 빠르게 회전할 때는 큐브가 제자리에 머무른다. 하지만 여기서 갑자기 브레이크를 걸면, 회전하다가 멈춘 플라이휠에 저장되어 있던 운동량 때문에 큐브가 앞으로 점프하며 뒤집힌다. 명령을 내려서 플라이휠의 회전 방향을 바꾸면 큐브를 다른 방향으로 뒤집을 수 있다. 우리는 이러한 기술들을 자석과 함께 사용해서 이 로봇 입자들이 점프하고, 뒤집히고, 회전하고, 방향을 바꾸고, 다른 입자의 위로 올라서고, 서로를 뛰어넘게 만들었다. 여기서 정말 이상한 효과가 나타났다. 언뜻 보아서는 움직일 수 없을 것 같은 평범한 큐브들이 팔, 바퀴, 회전 로터 같은 움직이는 부품도 없는데 스스로 뛰어다니니까 말이다. 연결되었다가 끊어지는 것도 마

찬가지로 경이로운 특성을 보여준다.

우리는 M-블록의 소형화를 위한 연구를 하고 있다. 또한 자체조립을 통해 새로운 형태를 만들어낼 수 있는 훨씬 큰 입자도 만들고 있다. 그리고 현실 세계에서 이런 유닛들을 가지고 무엇을 할 수 있을지도 탐구하고 있다. 이것을 실용적 마법이라 부를 수도 있겠지만, 이 시스템들이 변신할 수 있으려면 변신 가능한 몸만으로는 충분하지 않다. 어떻게 변신하는지 알려줄 수 있는 두뇌도 필요하다.

생물학적 세포의 로봇 버전이라 할 수 있는 이 소형 단위 모듈로 이루어진 로봇 몸체가 있다고 상상해보자. 뇌를 추가하면 이것을 프로그래밍이 가능한 지능형 물질로 만들 수 있다. 가만히 있으면 좀이 쑤시는 내 딸을 위해 즉석에서 장난감을 만드는 데 필요한 연결과 움직임을 뇌가 파악해야 한다. 우리는 효율적으로 형태를 만들거나, 한 형태를 다른 형태로 바꾸는 알고리즘을 개발하고 최적화하는 데서 큰 진전을 이뤘다. 예를 들어, 형태 A를 형태 B로 바꾸고 싶은 경우를 보자. 우리의 알고리즘은 형태 A와 형태 B에서 중심부가 얼마나 많이 겹치는지 파악한 뒤, 모든 것을 움직일 필요 없이 차이가 나는 부분만 움직이게 한다. 이렇게 하면 에너지 소비가 최소화되고, 변신 속도도 빨라진다.

자루 혹은 벽 속에 마련된 칸 속에 소형 로봇 입자들이 대량으로 들어 있다고 가정해보자. 우리의 '마법사'는 암밴드, 로봇 셔츠, 전자 마법 지팡이 등을 이용해서 변신 과정을 개시할 수 있다. 마법 지팡이로 해보자.

마법사는 특정 동작과 대응하는 몸짓으로 지팡이를 흔들거나 움직여서 명령을 내릴 수 있다. 그러면 해당 동작이 와이파이나 블루투스를 통해 지능형 로봇 모래 더미에 전달된다. 마법 지팡이의 움직임 속에는 로봇 입자 무리에 무엇을 해야 할지 알려주는 구체적인 계획 전체가 인코딩되어 있을 수도 있고, 지팡이가 이 로봇 무리에 포괄적인 명령만 전달하면 효율적으로 과제를 수행할 구체적인 방법은 입자들이 알아서 파악하게 만들 수도 있다.

우리는 로봇 입자들이 어디로 가야 하는지, 서로 어떤 순서로 행동해야 하는지, 그리고 조립 과정에서 어떤 입자가 빠져야 하는지 조정하는 알고리즘을 개발해서 이 아이디어를 우리가 개발한 시스템 중 하나로 테스트해보았다. 우리는 미케Miche라는 자체조각 시스템self-sculpting system을 만들어7 약 5센티미터 크기의 로봇 큐브들로 구성된 '전자 대리석electronic marble' 블록으로부터 모듈형 인공 강아지를 만들 수 있었다. 그다음에는 시스템을 소형화하여 한 변이 1센티미터인 큐브 형태의 새로운 로봇 모듈 페블Pebble을 만들었다. 이런 능력은 대규모 로봇 모듈 집단 혹은 군집을 제어하는 새로운 유형의 알고리즘을 통해 가능해졌다. 이 알고리즘을 통해 모듈들은 서로 조정하며 공통의 목표를 향해 나아갈 수 있다. 군집 알고리즘을 작동시키기는 쉽지 않다. 각각의 모듈은 세상을 국소적으로만 인식할 수 있고, 군집 안에서 이웃 모듈하고만 통신할 수 있는 반면, 시스템 전체의 결정은 전체적인 목표를 달성해야 하기 때문이다. 입자들은 숲을 보지 못하고 나무에만 초점이 맞춰져 있다. 이들에게는 숲 전체를 감지할 능력이 없다. 하지만 우리는 로봇 군집이 서로 간에 정보를 주고받으며 데이터를 공유하고 행동을 조정하면서 전체적인 결정에 도달하는 능력이 매우 뛰어나다는 것을 알게 됐다.

물론 사람도 이렇게 할 수 있지만, 훨씬 느리다. 예를 들어보겠다. 사람 집단이 자신들의 행동을 어떻게 조율하는지 이해하기 위해, 우리는 필로볼러스Pilobolus라는 무용단과 협력하여 〈우산 프로젝트Umbrella Project〉라는 참여형 퍼포먼스를 만들었다. 우리는 수백 개의 우산에 전자 장치와 LED 조명을 장착하여 몇백 명의 사용자들에게 나눠주고, 자신의 우산 색깔을 선택할 수 있게 했다. 각각의 우산은 사람들이 선택한 색으로 빛났고, 거대한 집합 이미지 속에서는 하나의 픽셀처럼 보였다. 우리는 크레인을 이용해 카메라를 사람들의 머리 위에 배치해서 촬영했고, 그 이미지를 대형 야외 스크린에 투사한 뒤 음악과 함께 퍼포먼스를 시작했다. 사람들에게는 전체적인 지시를 내렸다. 예를 들면, 색깔별로 무리를 이루라고 주문하는 식이었다. 우리는 이렇게 하면 사람들이 자기조직화self-organization(외부의 지시 없이 시스템 내부의 구성요소들이 상호작용을 통해 질서 있는 구조나 패턴을 스스로 형성하는 과정—옮긴이)를 하면서 집단적으로 아름다운 이미지를 만들어내리라 기대했다. 사람들은 이웃한 우산의 색에 반응해서 지시를 따르는 데는 아주 능숙했다.

하지만 스크린 위의 어느 점이 자신의 우산에 해당하는지 파악하는 데는 어려움을 겪었다. 이 과제를 사람들과 진행할 때는 시간도 오래 걸리고, 많은 의사소통 과정이 필요할 것이다. 하지만 대규모 로봇 군집에서는 이런 유형의 컴퓨팅이 거의 즉각적으로 이루어진다. 정보의 교환과 처리 속도가 훨씬 빠르기 때문이다.* 마음이 자기만의 장점을 갖고 있듯이, 칩도 장점을 갖고 있다.

여러 로봇 간의 복잡한 조율을 보여주는 또 다른 사례는 1990년대에 시작된 로봇 축구 대회 및 시연에서 찾아볼 수 있다. 내 친구인 컴퓨터과학자 겸 로봇공학자 마누엘라 벨로소[8]는 카네기멜런대학교에서 로봇들이 단순히 팀 단위로 협력하는 데서 그치지 않고 경쟁적인 방식으로도 협력하는 프로젝트를 이끌었다. 그 결과 조율 과정에 복잡성이 한층 커졌다. 대회에 참가한 로봇들은 다양했다. 어떤 팀의 선수는 소니 아이보Sony AIBO 로봇 강아지였고, 다른 팀은 맞춤 제작된 기계나 시뮬레이션에서 플레이하는 가상 에이전트를 기용했다. 이 대회는 흥미롭고 재미있는 관람 기회를 제공했지만, 작은 지능형 기계들이 수십억 인구가 사랑하는 축구를 변형시킨 게임을 플레이하는 모습을 지켜보는 유흥적 요소가 연구의 중요성을 깎아내리지

---

* 자신의 위치를 파악하는 데 어려움이 있기는 했지만, 사람들은 역동적 이미지의 집단적 창작 과정에 참여하면서 큰 즐거움을 느꼈다. 우리는 2012년에 우산 프로젝트를 시작해서 그 후로 전 세계 수천 명의 사람들과 공연을 진행했다. 그리고 코로나19 팬데믹 기간에는 이 공연을 사람들이 긍정적이면서 안전한 방식으로 함께할 수 있는 활동으로 활용하기도 했다.

는 않았다. 결국, 마누엘라와 다른 연구자들은 독립적인 로봇들이 공동의 목표를 향해 협력할 수 있음을 입증해보였다.

이것이 마법하고는 무슨 관련이 있을까? 로봇공학에서는 종종 하나의 응용분야를 염두에 두고 알고리즘이나 하드웨어를 개발한 다음, 이를 전혀 다른 분야에 맞추어 조정하거나 응용한다. 이 경우, 로봇 군집이나 축구팀을 위해 개발한 알고리즘과 제어 시스템을 가정용 로봇들을 제어하는 용도로 사용할 수 있다. 만약 가전제품이나 문, 손잡이 같은 간단한 물건들까지 로봇으로 변환한다면 마법 지팡이나 몸짓만으로 여러 가지 집안일을 지시할 수 있을 것이다. 긴 하루를 마치고 집으로 돌아와, 전자 마법 지팡이를 휘둘러 로봇들한테 집 안 정리나 저녁 식사 재료 준비를 시킨 후에 와인 한 잔과 함께 만족스럽게 그 광경을 지켜보는 것도 나쁘지 않을 것 같다.

* * *

솔직히 내 딸의 꿈을 실현해줄 수 있는 변신 로봇과 마찬가지로 이것 역시 먼 미래의 이야기다. 예를 들어 M-블록도 중요한 한계를 가지고 있다. 플라이휠의 회전이 너무 강하면 너무 멀리 움직여서 원했던 연결을 놓칠 수 있다. 최근에는 이 부품들을 더 부드럽고 말랑말랑한 버전으로 만든 젤로큐브JelloCube[9]를 개발 중이다. 이것은 다른 이동 메커니즘을 사용한다. M-블록의 크기를 줄이는 실험도 해보았다. 한 버전에서는 한 변의 크기를 1센티미터밖에 안 되는 크기로 줄여보았다. 하지만 안타깝게도 이 크기에서는 자석의 힘이 충분하지 못하다. 이런 모듈을 점점 더 작게 만들기 위해 연구를 진행 중이지만, 이 작은 크기 안에 필요한 컴퓨팅 장치, 작동기, 전력을 모두 담기는 불가능하다.

하지만 꼭 모래 알갱이 크기의 로봇 입자가 나올 때까지 기다려야 변신 로봇의 마법을 활용할 수 있는 것은 아니다. 크기를 키우면, 매우 현실적이고 흥미로운 응용이 가능하다. 예를 들어 자체재구성이 가능한 트렁크가 달린 자동차는 어떨까? 이것이 발명되면 혼잡한 도시에서 주차가 어려운 공간에 차를 주차하거나, 심지어 자율주차 기능으로 주차를 할 때 자동차의 뒷부분을 아코디언처럼 압축할 수 있다. 반대로 장을 보느라 짐이 많거나, 새 가구를 구입하러 갔을 때는 트렁크를 평소보다 더 크게 확장할 수 있다.

또 다른 사례가 이미 암스테르담에서 로봇 보트 Roboat의 형태로 등장했다.[10] 이는 내 친구 카를로 라티와 MIT 및 암스테르담 고등 도시 해결책 연구소의 여러 동료들이 함께한 협력 프로젝트다. 로봇 보트는 자율주행차가 도로를 주행하는 방식과 유사하게 물 위에서 작동한다. 우리는 보행자들의 교통 혼잡 문제를 해결해줄 자율주행 수상 택시의 함대를 구축하고 있는 셈이다.

각각의 로봇 보트는 길이 4미터, 너비 2미터의 직사각형 모양의 탈것이다. 리튬 이온 배터리가 네 개의 모터에 전원을 공급하며, 이 각각의 모터가 프로펠러를 회전시킨다. 카메라와 레이저 스캐너 등의 센서들은 로봇 보트가 주변을 인식하는 데 필요한 지각 능력을 제공한다. 이 로봇들의 두뇌는 자율주행차와 많은 면에서 비슷하지만, 더 복잡한 요소가 들어 있다. 자율주행차가 달리는 도로는 단단하고 평평하지만, 암스테르담 운하의 물은 조수에 따라 오르내린다. 그리고 물결이나 다른 수상 교통수단이 일으킨 파도에 의해 수면 자체가 변하기도 한다. 또한 배의 동역학(배가 얼마나 가라앉으며, 어떤 식으로 조종되는지)은 배에 실린 무게에 따라 달라진다. 그럼에도 몇 년에 걸쳐 개발하면서 여러 개의 시제품 검증을 거친 후에 우리는 안정적으로 운하를 자율주행하고, 안전하게 부두에 정박하며, 미리 정해진 위치에서 위치로 승객을 안전하게 수송할 수 있는 로봇 보트를 만들어냈다.

이 로봇 보트는 직사각형 모양이기 때문에 나란히 정렬하거나 연결할 수 있다. 그리고 이 보트에는 종이접기식 구조의 로봇 팔을 달았다. 이 팔은 뻗어서 부두에 걸 수도 있고, 또 다른 로봇 보트 옆에 연결할 수도 있다. 여기서 마법적인 요소가 등장한다. 이 팔 덕분에 이 보트들은 거대한 버전의 마법 모래 입자들처럼 스스로 조립될 수 있다. 각 로봇 보트는 로봇 입자나 기본구성 요소처럼 작용하며 이들이 모이면 서로 결합해서 완전히 다른 기능을 가진 새로운 형태로 변할 수 있다. 예를 들어 수상 플랫폼으로 변신해서 그 위에 사람들이 모여 시장을 열거나 콘서트를 개최할 수도 있다. 또 다른 가능성도 있다. 나를 다시 한번 어린 시절로 돌아가게 해주는 것이다.

중학생 시절, 나는 한 스포츠클럽의 탁구팀에 소속되어 있었다. 당시 공산주의 시기의 루마니아는 요즘처럼 차를 타고 어디든 갈 수 있는 상황이 아니어서 우리는 주로 걸어 다녔다. 클럽 시설은 집에서 직선거리로는 멀지 않았지만, 그곳에 가려면 일단 강을 따라 터벅터벅 내려가서 다리를 건너고, 다시 강을 따라 올라와야 했다. 나는 성격이 급하기도 했고, 하루에 두 번이나 그렇게 먼 거리를 걷고 싶지 않았다. 대신, 순식간에 강을 건널 수 있게 해줄 마법 같은 다리를 만들고 싶었다.

어느 겨울 늦은 오후, 강이 얼음으로 덮여 있었고 얼음층은 단단해 보였다. 클럽에서 집으로 빨리 돌아가고 싶었던 나는 얼음장처럼 추운 날씨에 먼 거리를 돌아가는 게 너무 싫어서 강 위를 걷기 시작했다. 그런데 강변을 얼마 안 남겨두고 얼음이 갈라지면서 차디찬 강물로 빠지고 말았다. 다행히 그곳은 무릎 정도밖에 오지 않는 얕은 곳이었다. 하지만 입고 있던 두꺼운 울 코트가 홀딱 젖어버렸고, 기온은 영하를 훨씬 밑돌고 있었다. 삼십 분 후에 집에 도착했더니 내 코트는 딱딱하게 얼어붙어 있었다.

다행히 나는 무사했고, 반쯤 얼어붙은 강을 혼자 건너가려 했던 것이 얼마나 어리석은 일인지 깨닫게 됐다. 몇 년 후에 암스테르담에서 로봇 보트 연구를 하다가 이 기억이 다시 떠올랐다. 강이 녹았을 때는 이 로봇 보트가 나룻배 역할을 할 수 있지만, 내가 어린 시절 꿈꾸었던 마법의 다리를 실현해줄 수도 있을 것이다. 로봇 보트 각각의 뱃머리를 접이식 로봇 팔을 이용해 다른 보트의 선미와 연결하고, 보트를 평평한 판으로 덮어 이웃 보트와 연결하면 물 위로 임시 다리를 만들 수 있을 테니까.

* * *

결국 나는 마법과 로봇공학의 결합에 대해 생각할 때면 늘 미키 마우스와 그의 빗자루가 떠오른다. 만약 로봇공학, 기계학습, 인공지능을 통해 집 안의 무생물들을 더 많이 깨울 수 있다면 무엇을 할 수 있을까? 전자 마법 지팡이를 들고 집 안을 거닐며 문을 여닫고, 빨래 개는 로봇을 작동시키거나 파티 준비를 위해 가구를 옮기는 모습을 상상해보자. 가구를 로봇으로 만들면 원룸 아파트가 시간대에 따라 침실에서 거실로, 거실에서 식사 공간으로 탈바꿈할 수도 있다. 소파와 의자 등이 당신의 필요에 맞추어 위치를 옮기거나, 형태를 바꾸거나, 숨거나, 재배치될 수 있을 것이다. 이미 몇몇 스타트업에서는 이런 비전을 현실로 구현하는 작업을 진행 중이다. 로봇 회사 범블비 스페이스Bumblebee Spaces에서는 가구를 천장에 보관해두었다가 필요할 때 불러내어 동일한 물리적 공간 안에서 거실, 침실, 식사 공간으로 다양하게 변신할 수 있는 시스템을 제작하고 있다. 그리고 이 마법의 원룸은 기분이 좋아질 정도로 깔끔할 것이다. 기술적으로 업그레이드된 버전의 메리 포핀스, 혹은 마법사 유모와 아이언맨을 결합한 듯한 작은 로봇 도우미들에게 지시만 하면 되니까 말이다.

이런 로봇을 아이들에게 재미와 영감을 주는 장난감으로도 활용할 수 있다. 초보 엄마 시절, 나는 아이가 한밤중에 깨면 다시 잠들게 유도해서 엄마의 소중한 수면 시간이 중간에 방해받지 않게 해줄 로봇 모빌을 구상하기 시작했다. 부모로서의 의무를 피하려는 것은 아니었다. 육아 초기에 수면 부족이 얼마나 심각한 문제인지 아는 엄마라면 그 필요성에 크게 공감할 것이다. 그럼에도 지금은 〈해리 포터〉 영화를 보며 느끼는 경이로움과 마법 같은 느낌을 자극할 수 있다고 생각하면 더욱 설렌다. M-블록은 너무 커서 우리 딸이 상상했던, 프로그래밍이 가능한 물질로 채워진 벽을 구현할 수 없지만 이것을 장난감으로 바꾸면 어떨까? 아이는 지능을 갖추어 프로그래밍이 가능하고 움직일 수도 있는 이 큐브를 가지고 놀면서 구조물을 만들어볼 수 있다. 이 게임은 멀리 떨어진 친구나 출장 중인 부모, 혹은 먼 곳에 사시는 할머니, 할아버지와 함께하는 상호작용 놀이가 될 수 있다. 아이가 블록을 한 수 움직이면, 멀리 있는 상대가 인터넷으로 연결된 동일한 세트나 가상 버전을 조작하여 다음 수를 선택하고, 그럼 그에 따라 블록이 점프하거나 구른다. 이것은 컴퓨터에 기반한 가상 세계에만 빠져 있는 아이들이 기술 기반 게임에서 느끼는 매력을 그대로 유지하면서 현실 세계로 돌아올 수 있게 해줄 훌륭한 길잡이가 될 것이다.

　이것도 다양한 가능성 중 몇 가지에 불과하다. 당신이라면 전자 마법 지팡이를 휘둘러 제어하고 싶은 것이 무엇인가? 로봇공학과 인공지능을 통해 어떤 물건에 생명력을 불어넣고 싶은

가? 로봇을 어떻게 활용하면 당신과 주변 사람들의 삶에 마법을 불어넣을 수 있을까? 수학적 모델, 알고리즘, 정교한 공학 설계, 그리고 혁신적인 신소재를 통해 마법처럼 보이는 것을 재창조할 수 있음을 깨닫는 순간, 우리가 이야기책에서 읽던 마법이 더 이상 불가능으로 느껴지지 않을 것이다.

6강
시각

　대부분의 사람은 회의실이나 교실로 들어갈 때 빈자리를 찾는 일에 대해 별로 고민하지 않는다. 하지만 앞이 보이지 않는 경우라면 이것이 얼마나 힘든 도전일지 상상해보자. 실내의 크기나 형태는 어떻게 파악해야 할까? 책상이나 의자와 같은 장애물을 또 어떻게 찾아내고 알아볼까? 이런 문제는 해결되었다고 치자. 그다음에는 빈자리를 찾아 그곳으로 이동해야 하는데 그 과정에서 다른 사람이나 물건에 부딪히지 않도록 조심해야 한다. 나만 움직이는 것이 아니라 다른 회의 참가자들도 함께 움직이고 있을 테니 상황은 더욱 복잡해진다.

　이것도 시각장애인이 평범한 일상에서 마주하는 도전 중 하나에 불과하다. 《우리가 볼 수 없는 모든 빛》이라는 소설에서 작가 앤서니 도어는 이렇게 적었다. "고작 눈만 감는다고 앞이 보이지 않는 것이 어떤 것인지 짐작할 수는 없다." 나에게 이 문장은 시각장애가 없는 사람이 시각장애에 대해 진정으로 이해하기는 거의 불가능하다는 의미로 다가온다. 흔히 시각장애인들은 다른 감각에서 유입되는 입력을 증폭하고 극대화하는 법을 배우기 때문에 나름의 초능력을 갖게 되는 경우가 많다. 예를 들면, 이들은 앞이 보이는 사람보다 훨씬 뛰어난 정확도로 넓은 범위의 소리를 들을 수 있다. 하지만 이들이 평범한 하루를 보내려고만 해도 얼마나 많은 장애물을 극복해야 할지는 감히 짐작이 안 된다. 하지만 우리의 이해가 부족하다는 것이 행동하지 않는 것에 대한 변명이 될 수 없다. 기술자들에게는 이러한 도전과제를 분석하고, 그 해법을 구상해서 현실화할 책임이 있다. 우리는 컴퓨터와 센서를 통해 마법을 현실로 만들 수 있는 세상에서 살고 있다. 그럼 보행용 지팡이보다는 훨씬 나은 것을 만들 수 있을 것이다.

  시각에 대한 생각을 달리하는 것도 앞으로 나아갈 수 있는 한 가지 방법이다. 앞을 보는 사람의 눈은 사실 빛을 수집하는 센서에 불과하다. 이 센서들이 정보를 뇌로 전달하면, 뇌는 외부 세계의 이미지를 만들어내고, 이를 통해 우리는 얼굴과 물체, 주변 환경의 다른 세부 사항들을 식별하고 이러한 공간을 탐색할 수 있다. 만약 이런 생물학적 센서를 변경하거나 업그레이드할 수 있다면 어떨까? 만약 기술을 통해 시각장애인을 돕는 데서 그치지 않고 모든 사람의 시각을 강화, 혹은 보완할 수 있다면? 만약 로봇공학과 인공지능을 사용해 새롭고 흥미로운 방식으로 세상을 보고, 심지어 보이지 않는 것도 보이게 할 수 있다면 어떨까?

* * *

이 세상에는 우리 망막이 처리할 수 있는 좁은 범위의 빛만 존재하는 것이 아니다. 온갖 다양한 파장의 빛으로 가득 차 있다. 로봇은 기존에는 볼 수 없었던 우리 공간 속의 새로운 풍경을 드러낼 수 있다. 새로운 연구를 통해 슈퍼맨 같은 투시력으로 벽을 투시하고, 모퉁이 너머도 볼 수 있는 길이 열릴 것이다. 그리고 장면과 움직임을 확대해서 맨눈으로는 볼 수 없었던 현상과 패턴을 감지할 수도 있을 것이다.

현미경은 오랫동안 전문 과학자와 아마추어 과학자들이 주변의 보이지 않는 작은 세계를 들여다볼 수 있게 해주었다. 이제 인공 눈에 지능이라는 또 하나의 층을 더하고, 너무 작아서 우리의 시야가 닿을 수 없었던 곳까지 시야를 확장해주는 도구들을 발전시키는 것에 대해 생각해볼 수 있다. 아버지는 평범한 병원 시술을 받다가 실수로 혈관이 파열되어 심각한 수술 후 합병증을 겪어야 했다. 만약 외과의사의 수술 도구나 다른 수술 장비에 지능이 추가되고, 외과의사의 정상적 시야 범위를 뛰어넘는 감지 능력이 장착되어 있었다면 이러한 사고를 피할 수 있었을 것이다. 이런 기능을 추가한다고 해서 외과의사의 역할이 줄어드는 것은 아니다. 오히려 수술 부위를 더 깊이 들여다볼 수 있기 때문에 능력이 향상된다. 스마트 로봇 도구는 문제가 발생하기 전에 무언가 잘못될 것 같다고 외과의사에게 미리 알려줄 수 있을 것이다.

우리는 모두 기술을 이용해서 이미지 속에 들어 있는 작은 특성들을 확대해 보는 것에 익숙하다. 코로나19 팬데믹 동안에는 나도 스마트폰 카메라를 이용해서 나의 자가진단 키트를 확대해 보는 경우가 많았다. 내 시력이 나쁘지는 않았지만 테스트 라인이 아주 흐릿할 때가 있다. 이 경우 카메라를 사용하면 양성을 의미하는 희미한 선을 놓치지 않을 수 있다. 로봇의 눈을 통해 세상을 보기 시작하면서 나는 우리 눈이 정말로 많은 것을 놓치고 있다는 사실을 배웠다. 로봇은 내가 코로나 검사 키트를 가지고 했던 것처럼 이미지를 확대할 수 있을 뿐만 아니라 움직임도 확대할 수 있다. 예를 들어, 내 동료 빌 프리먼이 이끄는 연구진은 사람의 맥박을 볼 수 있는 시스템을 개발했다.[1] 피가 얼굴을 돌 때 피부가 살짝 붉어지는데 이 변화를 사람의 눈으로 감지하기는 어렵다. 하지만 빌과 그의 연구진은 사람의 얼굴 동영상을 처리해서 비디오를 정지 이미지로 나눈 다음 특정 위치에서 픽셀의 변화를 추적하여 증폭하는 기술을 개발했다. 예를 들어, 혈류로 인한 얼굴의 빨개짐을 증폭할 수 있다. 그렇게 해서 만들어진 영상은 심장박동에 맞춰 얼굴이 붉어졌다가 흐려지는 모습을 보여준다. 그는 이 과정을 '움직임 증폭 motion magnification'이라고 부른다. 이 기술은 큰 움직임은 그대로 유지하면서 비디오 속의 모든 미세한 움직임을 강조해서 보이지 않던 움직임을 볼 수 있게 해준다.

이 기술을 구현하기 위해서는 동영상 연속 프레임 속에서 심장박동에 의해 일어나는 움직임 같은 미세한 움직임을 정확히 측정해야 한다. 이런 움직임이 포착된 이미지 속 픽셀은 그 현상을 더 큰 척도에서 보여줄 수 있도록 수정이 필요하다. 측정은 위치, 색깔, 움직임 등의 유사성을 바탕으로 픽셀을 무리 짓는 방식으로 이루어진다. 그다음에는 이 무리들을 시간의 경과에 따라 상호 연관시키는데, 그러면 비슷한 움직임들이 궤적으로 그룹화된다. 마지막으로 각각의 동영상 프레임을 수정해서 확대된 영역이 영상의 나머지 부분과 매끄럽게 섞이도록 해준다. 이 과정은 스테레오 음향 시스템에서 사용하는 이퀄라이징과 비슷하다. 다만 음향 주파수 대신 색깔과 같은 동영상의 특성에 초점을 맞춘다는 점이 다르다.

이 기술의 한 가지 응용분야는 아기들이 자는 동안에 수면 상태를 모니터링하는 것이다. 우리 아이들이 막 태어났을 때 나는 밤잠을 설치기 일쑤였다. 물론 초보 엄마들이라면 공통적으로 겪는 현상이다. 엄마 입장에서는 소중한 아기의 건강에 대한 걱정이 끊이지 않기 때문이다. 침대에 누워 있을 때도 엄마들은 옆방에서 아기가 건강하게 제대로 숨 쉬고 있는지 궁금해진다. 빌과 그의 연구진은 혈류 변화를 감지하는 방법뿐만 아니라, 아기의 미세한 신체 움직임을 증폭시켜 육안으로도 볼 수 있는 기술을 선보였다. 한 예로, 연구진은 아기가 숨을 쉴 때 가슴이 오르내리는 움직임을 확대해서 보여주는 기술을 사용했다. 잠자는 아기 곁에 가까이 붙어서 내려다보고 있는 경우에는 이런 기술이 필요하지 않다. 하지만 일반적인 베이비 모니터를 사용하는 경우라면 이런 기능만 탑재되어 있어도 엄마가 마음을 놓을 수 있다. 원격 모니터 화면에서 아기의 가슴 움직임이 확대되어 보이면, 아기가 건강하게 숨을 쉬고 있음을 확인한 뒤 다시 눈을 붙일 수 있을 것이다. 여기에 지능을 추가해 아기의 호흡 패턴이 비정상적으로 변할 경우 모니터가 신호를 보내거나 경고음을 울리도록 설정할 수도 있다.

* * *

우리 눈에 보이지 않는 빛은 어떨까? 우리 세상을 가득 채우고 있지만, 시각장애인뿐만 아니라 정상 시력인 사람도 시각의 한계로 인해 감지할 수 없는 모든 보이지 않는 신호들은? 내 동료이자 친구 디나 카타비는 와이파이 신호를 모니터링해서 벽 모퉁이를 돌아서, 심지어는 벽을 투시해서 볼 수 있는 기술을 개발했다.[2]

우리 집 와이파이 라우터는 끊임없이 전파의 장場을 방출하고 있다. 우리가 방 안을 걸어 다니면 마치 커다란 배가 바다 위로 지나가면서 파도에 변화를 주는 것처럼, 우리의 몸도 이 장을 교란하게 된다. 가시광선은 벽을 통과하지 못하지만, 전파와 와이파이 신호는 벽을 통과할 수 있다. 디나와 그녀의 연구진은 이 장을 모니터링해서 특정한 교란이 생겼을 때 그것을 일으킨 것이 무엇인지 기계학습을 활용해서 추정할 방법이 있음을 알아냈다. 이 기술을 이용하면 잠자는 아기의 호흡 패턴을 모니터링할 수 있고, 노인의 걸음걸이를 관찰해서 그가 넘어졌을 경우

멀리 떨어져 있는 가족이나 돌봄 제공자에게 알릴 수 있다. 이런 종류의 투시력은 공상과학이 아니다. 이미 요양원과 병원에서는 병약자와 노인을 원격으로 모니터링하기 위해 이런 시스템을 사용하고 있다.[3]

우리 연구실은 빌 프리먼과 안토니오 토랄바의 도움을 받아 보이지 않는 움직임을 감지하는 또 다른 방법, 구체적으로 말하면 모퉁이 너머를 볼 수 있는 방법을 개발했다.[4] 우리는 로봇 휠체어나 차량이 바닥의 그림자를 모니터링하여 모퉁이 너머에서 발생하는 보이지 않는 움직임을 감지하고, 움직임이 포착되면 휠체어나 차를 멈추거나 속도를 줄이도록 설계된 응용 프로그램을 만들었다. 예를 들어, 내가 한 복도에 서 있고 당신이 그와 연결된 옆 복도에서 움직이고 있다면 전통적인 방법으로는 당신을 볼 수 없을 것이다. 그러나 인공두뇌와 연결한 카메라인 컴퓨터 시각 시스템의 초점을 복도 교차 지점의 바닥에 맞추어 놓으면, 그곳에 드리운 그림자의 미세한 변화를 감지하여 시야 밖에 있는 당신의 움직임을 추론할 수 있다. 이 시스템으로 당신의 얼굴을 볼 수는 없겠지만, 당신이 거기에 있으며, 또 움직이고 있다는 사실은 알 수 있다.

우리는 연구실 아래 주차장에서 '모퉁이 너머 보기' 기술을 자율주행차에 적용해 테스트해봤다.[5] 이 주차장은 공간 활용의 개념을 완전히 새로 정의해야 할 정도로 많은 주차 공간을 지하층에 만들어놨다. 주차 공간이 필요한 직원들에게는 좋은 일이지만, 주차장 내 주행 시에 사고 위험도 크다. 코너가 매우 좁고

경사로가 너무 가팔라서 운전 중 다른 차량이나, 심지어 다른 로봇공학자를 칠 위험이 적지 않다. 우리는 그림자 감지 시스템을 자율주행차 하나에 장착해서 테스트해보았다. 그리고 그 감지 시스템을 차량 앞 모퉁이 너머에서 무언가 접근하고 있을 경우 이를 차량에 알리는 경고 시스템에 연결했다. 결과는 매우 성공적이었다. 적어도 실내에서는 그랬다. 하지만 햇빛 아래서는 더 큰 문제가 생겼다. 태양의 위치에 따라 밝기가 변하고 빛의 방향이 바뀌는 탓에 그림자 감지가 더욱 복잡해진 것이다. 우리는 이 문제를 해결할 방법을 찾고 있다.

여기서의 핵심 아이디어는 육안으로는 보이지 않는 움직임을 감지하는 이런 기술이 차량과 그 운전자를 위해 또 다른 '눈'의 역할을 할 수 있다는 점이다. 이 '눈'은 우리의 생물학적 카메라인 눈과 반$\neq$자율차량의 시각 센서의 능력을 모두 증강시킨다. 더군다나 움직임 증폭, 투시력, 그림자 감지와 같은 시스템들을 착용형 로봇 시스템에 구현할 수도 있다. 예를 들어 지능형 안경intelligent glasses은 보이지 않는 것을 볼 수 있는 증강 현실 시야를 제공할 수 있다. 이런 안경을 쓴 의사는 진료실에 들어서자마자 환자의 심장이 어떻게 뛰고 있는지를 바로 확인할 수 있다. 보안 요원이나 경찰은 어둠 속에서 모퉁이 너머를 볼 수 있을 것이다. 부모는 아기가 자는 모습을 확인하기 위해 몰래 방에 들어가다 아이를 깨울 위험을 감수할 필요가 없다. 스마트 렌즈나 모니터를 통해 멀리서 한 번 확인하는 것만으로도 아기가 건강하게 자고 있음을 확인하고 안심할 수 있을 것이다.

여기서의 공통 목표는 사람의 맨눈을 대체하는 것이 아니라 그 능력을 증강하고, 기존에는 볼 수 없었던 숨겨진 공간이나 미세한 영역까지 시야를 넓히는 것이다. 하지만 생물학적 눈이 제대로 작동하지 않는 사람들이라면 어떻게 해야 할까?

* * *

여러 연구진이 시각장애인을 돕는 보조 기술을 개발하기 위해 선구적인 연구를 진행하고 있다. 이 분야 전체가 기존의 보행용 지팡이를 개선하려는 노력을 이어가고 있다고 말할 수 있다. 마이크로소프트 리서치Microsoft Research에서는 카메라, 거리 센서, 스피커, 컴퓨팅 장치가 내장된 헤드밴드 시제품을 개발 중이다. 이 시제품을 사용하는 사람이 고개를 돌리면, 시스템의 카메라와 객체인식 소프트웨어가 가족, 친구, 동료 등 다른 사람들을 식별하고 그들의 존재와 위치를 사용자에게 알려준다. 열네 살에 사고로 시력을 잃은 일본의 컴퓨터과학자 아사카와 치에코[6]는 또 다른 연구에서 실내 공간 곳곳에 설치된 소형 내비게이션 신호소[7]를 활용한 솔루션을 개발했다. 이 신호소는 블루투스를 통해 스마트폰과 통신하며 사용자가 공간 내에서 자신의 위치를 파악할 수 있도록 정보를 제공한다. 이 기술을 이용하면 사용자는 지팡이를 사용하지 않고도 안전하게 움직일 수 있다. 아사카와는 또한 이렇게 미리 설치된 신호소 없이도 건물이나 공항 여기저기를 이동할 수 있도록 돕는 더 소형화된 내비게이션 시스템[8]을 개발 중이다.

우리 연구실에서는, 유명한 테너 안드레아 보첼리가 새로운 방식으로 세상을 **볼 수 있도록** 다른 접근방식을 시도했다. 우리는 자율주행 기술을 가벼운 착용형 시스템으로 바꾸면 어떨지 자문해보았다. 즉, 로봇 자동차 기술을 사람에게 사용하면 어떨까?

그 결과물로 탄생한 하드웨어는 두 부분으로 이루어졌다. 하나는 기계가 장착된 벨트, 다른 하나는 스마트 목걸이[9]다. 자동차에 사용하던 하나짜리 큰 회전식 레이저 스캐너 대신, 더 작은 초점 집중식(그래도 안전한) 레이저 여러 개를 개조해서 사용했다. 결국 지름이 1센티미터인 소형 단일 빔 레이저 7개가 벨트에 장착됐고, 그 결과 꽤 세련된 디자인이 나왔다. 이 레이저들은 하나로는 360도 시야가 나오지 않지만, 양쪽 골반에 하나씩, 중앙에 하나, 그리고 그 사이에 몇 개를 배치하고 각도를 조정해 일부는 약간 위를, 나머지는 아래를 향하게 했다. 이런 배치를 통해 거리를 측정하니 사용자의 앞쪽과 양옆에 있는 잠재적인 장애물에 대해 충분한 정보를 제공할 수 있었다. 벨트 내부에는 진동 모터와 작동에 필요한 전자 장치들이 포함되어 있었다. 또한 사용자가 움직일 때 장애물과 가까워지면 진동 모터가 작동하여 위험을 알려주는 촉각 피드백을 제공했다. 예를 들어 오른쪽 모터가 진동하면 그쪽에 장애물이 있다는 뜻이다. 또한, 목걸이처럼 착용할 수 있는 체인에 작은 카메라도 추가로 장착했다. 마지막으로, 이러한 스캐너와 카메라 등의 센서에서 나오는 데이터를 처리하고 분석할 수 있는 프로세서에 연결했다. 이 착용형 시제품은 주변 환경을 감지하고(감지), 들어오는 센서 데이터를 처리한 다음(생각), 경고나 알림을 제공하는 방식으로 작동했다(행동).

시제품으로 제작한 안전 내비게이션 시스템을 사용자에게 장착하고, 그가 걸을 때 레이저 센서와 카메라가 그 정보를 컴퓨터에 전달하면, 우리가 자동차를 위해 개발했던 경로 계획, 내비게이션, 장애물 회피 알고리즘이 넘겨받는다. 처음에 우리는 "왼쪽에 벽이 있습니다", "전방에 의자가 있습니다" 등의 방식으로 청각적 단서를 이용해서 사용자에게 알림을 보내는 방법을 생각했다. 하지만 시각장애가 있는 동료와 대화해보고 나서 시스템을 음소거하는 것이 더 바람직하다는 점을 알게 됐다. 그는 소리로 공간을 느끼고 주변에서 무슨 일이 일어나는지 듣고 싶기 때문에 알림 소리로 불필요하게 산만해지지 않았으면 좋겠다고 설명했다(이 대화는 시각장애인의 경험을 우리 같은 비장애인이 이해하기란 얼마나 힘든 일인지를 다시금 일깨워주는 유익한 교훈이다). 조금 더 연구를 진행한 후에 우리는 대안을 마련했다. 사용자의 청각 대신에 촉각 혹은 촉각학haptics(촉각의 느낌을 전자적으로 전송하는 과학과 기술)을 이용하기로 한 것이다. 그래서 벨트 안에 소형의 진동 모터를 몇 개 추가했다. 이 모터들은 감지-생각-행동 루프에서 '행동'을 수행한다.

레이저가 사용자의 오른쪽 벽에서 반사되어 나오면 컴퓨터가 모터에 진동하라는 신호를 보냈고, 그럼 사용자는 벽의 존재를 촉각으로 느낄 수 있었다. 사용자가 벽과 가까워져 레이저의 경로가 짧아지면 컴퓨터는 사람과 장애물 사이의 거리가 줄어들었다고 올바른 판단을 내리고 진동의 강도를 올렸다. 반대로 사용자가 벽에서 멀어지면 진동이 약해지거나 멈추었다.

단순한 수직 벽보다 복잡한 물체, 예를 들어 의자 같은 것을 다뤄야 할 때는 시스템이 프로그래밍이 가능한 점자 장치를 통해 정보를 전달했다. 이 장치의 핀이 움직이면서 그 대상과 대응하는 단어를 점자로 표시해준다. 우리는 일종의 최첨단 패션 버클처럼 벨트에 점자 장치를 추가했다. 카메라가 의자의 이미지를 포착하고, 컴퓨터 시스템의 객체인식 알고리즘이 이를 식별한 후에는 더 많은 소프트웨어를 거치며 이 정보를 처리해서 특정 거리 앞에 의자가 있다는 등의 메시지를 점자로 사용자에게 전달했다.

이 시스템을 이용한 실험과 그로부터 제시된 가능성은 정말 흥미진진했다. 먼저 우리는 MIT에 있는 우리 연구실에서 실험을 진행했다. 내 동료이자 시각장애인인 폴 파라바노가 용감하게 이 시스템 테스트에 자원해서 피드백을 제공해주기로 했다. 폴은 복도를 따라 걸어 다녀보기도 하고, 계단도 오르내리며 매우 유용한 피드백을 제공해주었다. 몇 가지를 추가로 조정한 후에 우리는 2015년 이탈리아 밀라노에서 열린 '글로벌 기술, 혁신, 문화 박람회'인 엑스포 2015에서 이 시스템을 더 많은 대중 앞에 선보였다. 우리는 단순한 미로를 제작한 다음에 시각장애인 또는 저시력 참가자들을 초대해서 원하는 사람에게 이 시스템을 사용해 미로를 통과해보도록 했다. 그리고 참가자들이 방향을 잡기 위해 벽을 만지는 횟수를 세어보았다. 결과가 어땠을까? 0번이었다. 실험에 참여한 사람들 모두 안심하기 위해, 혹은 방향을 잡기 위해 벽에 손을 대보는 일 없이 완벽하게 미로를 통과했다. 지팡이를 필요로 했던 사람도 없었다. 한 참가자는 이 경험이 너무 황홀해서 세 번이나 미로를 다시 체험했다. 그는 시제품을 돌려주고 싶지 않다며 아쉬워했고, 두오모 광장을 뛰어다니며 벤치를 찾아서 앉고 비둘기에게 먹이를 주고 싶다고 말했다.

우리의 시연 이후, 세계 최대 규모의 안내견 훈련 센터 중 하나인 '시각장애인을 안내하는 눈 Guiding Eyes for the Blind'의 회장이자 CEO인 토머스 패넥이 이 프로젝트에 대해 듣고 또 다른 응용분야를 상상해냈다. 그는 시각장애인임에도 불구하고 여러 차례 마라톤 결승선을 통과한 뛰어난 장거리 달리기 선수였다. 토머스는 우리가 안내견의 능력을 강화해서 나뭇가지나 전선처럼 개의 시야 범위를 벗어나 시각장애인의 눈높이에 있는 장애물을 피할 수 있도록 도와줄 수 있는지 물었다. 우리는 이 과제에 흥미를 느끼고 안내견의 목줄 손잡이에 장치를 설치하는 시스템을 개발했다. 이 장치는 위쪽을 보며 장애물을 탐지하고 진동 형태로 사용자에게 신호를 제공하는 방식으로 작동했다.

우리 연구진은 이 기술이 사람들에게 힘을 주고 더 나아가 기쁨까지 선사할 수 있다는 사실을 확인하며 짜릿함을 느꼈다. 이것은 또한 지적인 수준에서도 흥미진진한 일이었다. 우리가 개발한 자율주행차 기술을 이런 식으로 응용하는 것은 전혀 생각해보지 못했던 일이기 때문이었다. 자율주행차를 개발할 때만 해도 우리가 이 시스템을 축소하고 변형해서 사람을 보조하는 데 활용하게 될 줄은 상상하지 못했다. 하지만 이것은 드문 일이 아니다. 오늘날 로봇공학에서 이루어지고 있는 기술적 혁신이 센서와 컴퓨터 처리장치의 소형화와 결합되면서 기존에는 탐구되지 않았던 완전히 새로운 영역들이 끊임없이 열리고 있다. 특정 프로젝트나 과제를 위해 개발된 해결책을 새롭고 놀라운 방식으로 응용하거나 용도를 변경할 수 있다. 예를 들어, 우리가 개발 중인 새로운 형태의 로봇 손이 결국에는 대단히 효과적인 암 치료법의 비용을 낮추는 역할을 할 수도 있다. 내비게이션 시스템의 경우 시각장애인에게 시력을 제공한 것은 아니지만 그들이 일반적인 시각 대신 촉각이라는 렌즈를 통해 새로운 방식으로 실내를 경험할 수 있게 도와주었다.

우리는 이 프로젝트에 영감을 불어넣어 준 안드레아 보첼리와의 개인적인 테스트도 마련했다. 그는 열두 살 때 시력을 잃었다. 안드레아가 시스템을 테스트했을 때 처음에는 오른쪽, 왼쪽으로 움직이며 적응하는 과정에서 약간의 긴장감이 돌았다. 하지만 다른 실험 참가자들처럼 그도 금세 익숙해졌고, 너무나 편안해진 나머지 집 밖으로 뛰어나가 마당으로 향하더니, 길을 따라 달리기 시작했다. 그의 아내이자 매니저이고, 그의 사업체의 최고경영책임자이기도 한 베로니카 베르티는 이 시스템 때문에 자기는 실업자가 될 판이라며 농담했다.

* * *

오늘날 우리는 너무 작아서 보이지 않는 대상의 특징과 움직임을 증폭시키고, 보이지 않거나 놓치고 있던 것을 보이게 만드는 시각 시스템을 가지고 있다. 그렇다면, 가능한 한 많은 사람들이 이러한 기술의 혜택을 누릴 수 있게 하려면 어떻게 해야 할까? 사회적으로 우리는 투자를 이끌어낼 만큼 시장이 충분히 활성화되지 않았다는 이유로 이 분야가 정체되지 않도록 우선순위를 정할 방법을 찾아야 한다. 마음과 칩을 생산적으로 결합해서 각각의 장점을 최대한 발휘할 수 있게 해야 한다. 하지만 이 광대한 가능성의 영역에서 우리가 추구할 수 있는 응용분야, 추구해야 할 아이디어, 그리고 반드시 추구해야 할 기술이 존재한다는 점을 명심해야 한다. 우리는 단순히 재무제표가 아니라 우리의 마음을 따라 이 미래를 이끌어가야 하며, 최대한 많은 사람에게 도움이 되는 시스템을 발전시키기 위해 할 수 있는 모든 일을 다 해야 한다.

7강
정밀성

　1957년에 로봇공학의 선구자인 조지 데볼(바코드 발명가)과 조지프 엥겔버거(현대 로봇공학의 창시자로 알려진 인물)가 한 칵테일 파티에서 만났다. 두 사람은 모두 인기 과학소설가 아이작 아시모프에 관심이 많았다. 아시모프는 로봇공학의 유명한 3원칙을 고안한 인물이다.

　아시모프의 작품에는 인간처럼 뛰어난 능력을 가진 로봇이 등장하지만 엥겔버거와 데볼은 더 실용적인 것에 대해 얘기하기 시작했다. 데볼은 '프로그래밍된 물품 이송 장치Programmed Article Transfer device'라 부르는 기계 팔을 특허 낼 준비를 하고 있었다. 동일한 작업을 빠르고 반복적으로 수행할 수 있는 기계를 만들자는 것이 그의 아이디어였다. 엥겔버거는 데볼이 실제로 상상하고 있는 것은 로봇이라는 사실을 깨달았고, 두 사람은 데볼의 공상과학적 비전을 현실로 만들기 위해 협력하기로 했다. 엥겔버거는 이 프로젝트의 자금 확보를 도왔고, 회사를 설립했

으며, 1959년에는 제너럴 모터스의 조립라인에 최초의 시제품 유니메이트Unimate를 설치했다.[1]

유니메이트와 이후에 나온 업그레이드 모델들은 오늘날의 기준으로 보면 매우 단순했다. 유니메이트-1은 크고 안정적인 받침대에 부착한 로봇 팔이었다. 이 로봇 팔은 앞뒤, 위아래로 움직일 수 있었다. 끝부분에는 집게 등 다양한 도구를 장착할 수 있었고, 이 도구들은 공간 속에서 회전할 수 있었다. 이 초기 로봇은 그저 동일한 작업을 반복적으로 수행하도록 프로그래밍되어 있어서 오늘날의 기준으로 보면 지능형이라 말할 수 없었다. 하지만 그 목적은 충분히 달성했다. 유니메이트가 처음 맡은 임무는 다이캐스팅diecasting(융해된 금속을 금형에 고압으로 강제 주입시키는 주금 공정—옮긴이) 장치에서 뜨거운 부품을 안전하게 꺼내 냉각용 컨테이너에 떨어뜨려 식히는 것이었고, 이 작업을 아주 효과적으로 수행했다. 시간이 지나면서 유니메이트와 그 아이디어를 이어받은 후속 모델들은 더욱 다양한 작업을 맡게 되었다.

이 최초의 산업용 로봇이 성공할 수 있었던 데는 뛰어난 홍보가였던 엥겔버거의 공이 컸다. 1966년에 그는 유니메이트를 자니 카슨이 진행하던 〈투나잇 쇼〉에 출연시켰다. 이는 매우 대담한 한 수였다. 로봇공학자들은 많은 관중 앞에 나서기를 꺼리는 경우가 많다. 시연 중에 종종 문제가 발생하기 때문이다. 하지만 엥겔버거는 수백만 명의 사람들이 집에서 TV로 지켜보고 있음을 알면서도 전혀 주눅 들지 않았다. 그는 팀과 함께 일련의 시연을 설계했고, 쇼는 아무런 문제 없이 매끄럽게 진행됐다. 엥겔버거는 유니메이트에 버드와이저 캔을 집어 들어 맥주를 컵에 따르도록 프로그래밍했다. 유니메이트는 골프 퍼팅도 성공했고, 심지어 지휘봉을 휘두르며 쇼의 오케스트라를 지휘하기도 했다.

홍보라는 측면에서는 훌륭했지만, 이 시연은 오해의 소지가 있었다. 로봇은 미리 프로그래밍된 대본에 따라서만 작동할 수 있었기 때문이다. 예를 들어, 만약 진행자인 카슨이 맥주잔을 다른 곳으로 옮겨놓았다면 어땠을까? 유니메이트는 그런 변화를 감지하거나 그런 변화에 맞게 행동을 조정하지 못하고 〈투나잇 쇼〉 탁자 위에 그대로 맥주를 부었을 것이다. 마찬가지로 맥주 캔도 탁자 위에서 위치가 바뀌었다면, 로봇의 집게는 그런 변화를 읽지 못하고 적절히 반응하지 못한 채 십중팔구 캔을 넘어뜨렸을 것이다. 하지만 이런 시연이 공장 로봇이 거둔 실질적인 성공과 결합되자 대중은 그 가능성에 눈을 뜨게 됐다. 그리고 머지않아 산업용 로봇 분야가 번영하기 시작했다. 수백 대의 유니메이트 로봇이 다이캐스팅 공정에 투입되었고, 개조를 거쳐 용접 작업에도 활용됐다. 수십 년이 지나면서 점점 더 강력한 성능의 산업용 로봇이 개발되었고, 그 응용분야는 점점 확장해갔다.

오늘날 산업용 로봇은 자동차, 의료, 전자, 소비재 산업 등 다양한 분야의 조립라인에서 활약하고 있다. 유니메이트가 초기에 담당했던 '가져다 놓기 작업'은 여전히 이런 기계들의 주요 역할 중 하나로 남아 있다. 현대의 산업용 로봇은 놀라운 속도와 정확도로 움직이는 공학의 걸작이다. 예를 들어 엡손Epson의 인기 산업용 로봇은 작업을 1/3초 만에 완료하며, 동일한 위치로 반복해서 돌아가는 능력, 즉 반복정밀도repeatability의 오차는 단 5마이크로미터(사람 머리카락 두께의 1/15)에 불과하다. 초기에 로봇을 판매할 때는 이런 놀라운 정밀도가 별로 중요한 포인트가 아니었지만, 현재는 중요한 장점으로 자리 잡아 놀라운 방식으로 활용되고 있다. 로봇은 이미 수술이나 농업 같은 다양한 분야에서 정밀성을 크게 향상시키고 있다.

* * *

내가 박사 학위를 준비하며 로봇 집게를 유도하고 제어하는 알고리즘을 작성하던 시절, 당시 세계 최고의 기계식 손은 내 친구이자 공학자이며 발명가인 켄 솔즈베리[2]가 만든 것이었다. 그는 불과 여섯 살에 로봇 손가락을 만들었고, 그때 벌써 로봇 손 분야에 몸담은 지 수십 년이 되어 있었다. 수년간 켄과 그의 학생들은 선구적인 로봇 손을 여러 개 개발하며 촉각학 분야를 개척하는 데 기여했다. 1990년대 중반에 오랜 친구 한 명이 켄에게 캘리포니아로 와서 새로 세운 회사에서 그의 연구에 대해 강연해달라고 부탁했다. 그리고 머지않아 켄은 다빈치 수술 로봇의 핵심 시스템 중 일부[3]를 개발하기 시작했는데, 이 로봇은 현재 세계에서 가장 성공적인 로봇 중 하나로 꼽힌다.

다빈치 로봇은 마음과 칩이 협력해 더 높은 수준의 성공을 이룰 수 있음을 보여주는 훌륭한 사례다. 영화에서 보는 것과 달리 아직은 지능형 기계 혼자서 수술하지는 못한다. 영화 〈스타워즈 에피소드 3: 시스의 복수〉의 마지막 장면에서 화상으로 만신창이가 된 아나킨 스카이워커를 로봇 팀이 능숙하게 수술하는 장면이 나온다. 그러나 이런 수준의 자율성은 아직 구현되지 않았으며, 설사 그런 수준에 도달한다고 해도 수술처럼 중요한 일을 자율 기계에 맡길 일은 없을 것이다. 대신 현재 다빈치 및 그와 유사한 시스템에서는 고도로 훈련된 뛰어난 역량을 가진 외과의사들이 로봇을 또 하나의 도구로 사용하여 더 높은 정밀성과 더 작은 절개로 작업을 수행한다. 한 외과의사와 외과용 로봇의 역할에 대해 이야기를 나누어보았는데, 그는 로봇이 인간의 연장선으로서 복잡한 고위험 수술에서 가장 유용하게 활용되고 있다고 했다. 하지만 그는 저위험 고빈도 수술에서도 로봇이 매우 유용하다고 말했다. 로봇이 외과의사가 작업의 효율을 높이고 오류를 줄이는 데 큰 도움을 주기 때문이라는 것이다.

다빈치 로봇을 사용하는 외과의사는 환자와 가까운 수술실 안에 마련된 콘솔에 앉는다. 보통 받침대와 네 개의 로봇 팔로 구성된 수술 장치가 환자 위에 자리 잡고 있으며, 콘솔에 앉은 외과의사는 두 개의 손잡이형 집게를 조작해 겸자 등 로봇 팔 끝에 부착된 다양한 도구를 조종한다. 작은 내시경이 수술 부위를 3D 고해상도로 보여주기 때문에 외과의사는 10배 확대된 근접 화면으로 볼 수 있다. 이는 외과의사의 시야를 아주 작은 영역까지 확장해줄 수 있는 수단이다. 이 시스템은 외과의사가 조작하는 도구를 실시간으로 볼 수 있게 설계되었다. 그래서 외과의사는 마치 자신의 눈 바로 아래서 손으로 직접 도구를 잡고 조작하는 느낌을 받는다. 도구들 또한 정밀성을 높여줄 목적으로 설계되었다. 도구를 1센티미터 움직이려면 외과의사는 손잡이형 조작기를 10센티미터 움직여야 하며, 외과의사의 손에서 발생하는 떨림은 시스템이 걸러준다.[4]

인기 있는 또 다른 로봇 수술 시스템인 마조르 X 스텔스 에디션 Mazor X Stealth Edition은 내 외과의사 친구가 설명한 고위험 수술에 적합한 장비다. 이 로봇은 특정 유형의 척추측만증 수술을 보조하도록 설계되었다. 이 수술은 환자의 척추를 따라 열두 개의 나사를 서로 다른 척추뼈에 삽입하고, 이 나사들을 금속 막대로 연결해 환자의 척추를 곧게 펴는 수술이다. 외과의사들은 오래전부터 수작업으로도 이 수술을 성공적으로 수행해왔지만 여전히 고위험 수술로 간주된다. 나사가 하나라도 잘못 삽입되어 척수가 손상되면 환자의 몸이 마비될 수 있기 때문이다. 그래서 정밀성은 필수이며, 척추외과의사들은 이 로봇을 위험 감소를 위한 보조 도구로 기꺼이 받아들였다. 수술 전에 외과의사는 CT 스캔과 3D 시각화 소프트웨어를 활용해 각 나사를 어느 위치에 삽입할지 계획한다. 인공지능 기반 로봇이 이 나사들을 어떻게 정렬할지 제안하면, 외과의사는 자신의 우월한 인간적 지식과 판단력을 바탕으로 이를 적절히 조정한다. 외과의사가

각 나사의 위치를 결정해서 수술을 설계하고 계획하면, 로봇은 그 계획에 따라 정확하게 나사를 삽입한다.

인간이 전문성을 발휘해서 시나리오를 세우면, 로봇이 그 시나리오를 정밀하게 실행에 옮기는 것이다.

* * *

로봇 수술을 통해 정밀성을 높이는 아이디어를 더욱 공상과학소설 같은 새로운 영역으로 확장할 수 있다. 예를 들어 우리 연구실에서는 비타민처럼 삼킬 수 있는 소형 로봇을 실험해보았다. 감염이나 내부 상처 부위로 이동해 그 자리에서 치료를 수행한 뒤 소화기관을 통해 자연스럽게 배출되는 방식으로 작동하는 로봇이다. 우리는 이 로봇의 일부를 소시지 껍질[5]로 제작해 생분해가 가능하도록 만들었다. 개념 검증을 위해 표적으로 삼을 응용분야가 필요했는데, 내 학생 중 한 명이 미국 독성물질 중독관리센터 National Poison Control Center에서 보고한, 점점 더 흔해지고 있는 기이한 문제를 다뤄보자고 제안했다. 매년 미국에서 3500명 이상이 작은 단추형 배터리를 삼키며, 이 숫자는 계속 증가하고 있다. 당연한 얘기지만 대부분 아동과 관련된 사례들이다. 이 배터리를 제거하려면 수술이 필요하다.

어린아이가 지금 막 단추형 배터리를 삼켰다고 상상해보자. 한 시간 내에 배터리는 위 조직을 뚫고 들어가기 시작할 것이다. 이를 일반적인 수술 과정을 통해 제거하는 것은 대단히 침습적이고, 그에 따른 통증이 심하며 감염 위험도 높다. 이번에는 아이가 무리 없이 삼킬 수 있을 만큼 작은 얼음 캡슐에 담긴 소화 가능한 로봇을 떠올려보자. 일단 위에 들어가면 얼음이 녹고, 로봇이 접혀 있던 종이처럼 펼쳐진다. 외과의사가 마법 지팡이의 변형이라 할 수 있는 외부 자기장으로, 자석이 들어 있는 로봇 알약을 위벽을 따라 조종해 손상 부위로 정확히 이동시킨다.

이런 식으로 로봇을 사용하면 외과의사는 칼을 전혀 대지 않고도 아이의 위에 접근할 수 있다. 로봇은 자신의 작은 자석을 사용해 배터리를 잡은 후에 자연스럽게 몸 밖으로 배출된다. 이후 외과의사는 두 번째 로봇 캡슐을 상처 부위로 유도해 직접 표적 약물을 전달할 수 있다. 실험에서 이 두 번째 로봇은 아코디언 같은 형태로 설계되었다. 외부 자기장을 사용해 로봇을 앞으로 이동시키면, 로봇은 몸을 접고 펴는 동작을 반복하며 인공 위벽을 자벌레처럼 걸어갔다. 일단 목표 지점에 도달하면 로봇은 몸을 펼쳐 상처를 덮었다. 실제 의료 상황에서는 이 접이식 로봇에 감염 예방용 약물이 잔뜩 실려 있을 것이다. 로봇 자체는 생분해성 재료로 만들어져 있어서 시간이 지나면 자연스럽게 분해된다. 그리고 로봇을 조종하고 제어하는 데 사용했던 작은 자석은 소화관을 통해 몸 밖으로 배출된다. 절개는 전혀 필요하지 않으며, 약물은 정확히 감염 부위에 전달된다. 그리고 아이는 그날 바로 퇴원할 수 있다. 현재 이 로봇은 실험실용 시제품으로만 나와 있다. 하지만 5년이나 10년 후에 이런 종류의 로봇이 어디까지 발전해 있을지, 그리고 그 기술이 얼마나 큰 영향을 미칠지 모를 일이다. 의료 분야에서 또 하나의 예를 들어보자.

로봇 보조 수술에서 직면하는 복잡한 문제 중 하나는 인간이 산업용 부품이 아니라 살아 숨 쉬며 끊임없이 변화하는 생명체라는 점이다. 우리 몸이 완전히 정지된 상태로 있는 경우는 없다. 척추 수술 로봇의 경우만 봐도 이 시스템은 환자와 그의 척추, 그리고 로봇 자체를 이루는 구성요소들의 정확한 위치를 지속적으로 추적해야만 정밀성을 확보할 수 있다. 이를 위해서는 환자와 로봇의 상대적 위치를 일정하게 유지해주는 기술이 필요하다. 이는 우리 연구실에서 진행 중인 프로젝트와 유사한 점이 있지만, 우리의 연구는 암 치료법 개선에 중점을 두고 있다는 것이 다르다.

전통적인 방사선치료는 X선을 이용한다. 이 방법은 종양 치료에 매우 효과적이지만, 주변의 건강한 조직에도 손상을 주는 부작용을 일으킨다. 그래서 대안으로 나온 것 중 하나가 바로 양성자 방사선치료다. 이 치료법은 고에너지 입자를 가는 빔으로 암세포에 직접 쏘아 주변 조직에 가해지는 피해를 최소화한다. 하지만 안타깝게도 이런 빔을 생성하려면 입자 가속기, 그리고 양성자 스트림을 정확하게 조준해줄 100톤짜리 갠트리 gantry가 필요하다. 이 장비는 작은 건물 크기에 맞먹으며, 가격이 최대 1억 달러에 이른다. 그래서 전 세계적으로 양성자 방사선치료 센터가 많지 않다. 이는 매우 안타까운 현실이다. 암 환자 중 양성자 방사선치료로 혜택을 볼 수 있는 환자는 50퍼센트나 되지만,[6] 현재 실제로 양성자 치료를 받는 암 환자는 전체의 1퍼센트에 불과하다. 매사추세츠 종합병원의 토머스 보르트펠드와 수수 옌은 내게 로봇과 인공지능으로 이 시스템을 재설계해서 양성자 치료를 더 많은 사람들에게 제공할 방법이 있는지 물어왔다. 양성자 치료 시스템에서 가장 크고 가격이 비싼 구성요소는 빔을 종양에 정확히 조준하는 갠트리다. 우리는 이런 발상을 해보았다. 빔은 고정시켜놓고 대신 환자를 움직이면 어떨까?

로봇 의자는 기존 방사선치료에서도 테스트된 적이 있다. 우리가 제안한 시스템은, 특히 양성자 치료에 필요한 실시간 추적과 적응 능력을 갖춘 최초의 시스템이 될 것이다. 이 시스템은 두 부분으로 구성된다. 첫째는 환자의 허리, 어깨, 상완을 감싸서 몸을 정확한 위치에 고정시켜주는 로봇 연질 외골격이다.[7] 이 부분은 새로운 로봇을 발명할 필요 없이 FOAM 작동기의 변형을 사용했다. 그리고 이 연질 고정 시스템을 다시 일반적으로 비행 시뮬레이터에 사용하는 로봇 의자에 부착한다. 우리는 이 상업용 의자를 개조해서 정밀 환자 고정장치로 만든 다음, 빔에 대한 환자의 상대적 위치를 추적하는 시각 시스템에 연결했다. 연질 로봇으로 고정시켜놓아도 환자가 살짝 움직일 수 있지만, 이 시각 시스템을 연결한 덕분에 의자가 필요한 만큼 스스로 조정해서 양자 빔을 계속해서 정확한 위치에 쏠 수 있다. 초기 테스트에서 이 시스템은 몸이 구부정하게 늘어지는 등 환자의 자세 변화에 빠르게 반응하여 1밀리미터 이내의 정밀도로 재조정할 수 있었다. 임상에서 요구되는 정밀도를 충족하는 수준이다.⁸

* * *

　로봇 시스템에 의해 강화된 정밀성이 새로운 산업, 때로는 예상치 못했던 산업으로까지 확장되고 있다. 농업이 그 사례다. 여러 기업들이 인간이 조작하지 않아도 밭을 경작할 수 있는 자율 트랙터 또는 자율주행 트랙터를 개발 중이다.⁹ 이는 시간과 노동력이 제한되어 있는 농부들의 소중한 시간을 절약해줄 뿐 아니라, 기존에는 결코 도달할 수 없었던 수준의 정밀성도 제공한다. 이 트랙터들은 고랑과 이랑을 완벽하게 직선으로 낼 수 있다. 그리고 얼마나 많은 씨앗을 정확히 어디에 심었는지 추적한 뒤 시간에 따른 성장 변화를 모니터링할 수 있다. 존 디어 컴퍼니John Deere Company에서는 작물과 잡초를 자동으로 구분하는 정밀 농업 기술을 활용하고 있다. 밭에 씨앗을 심은 후에 기둥 위에 여러 대의 스테레오 카메라를 장착한 트랙터가 앞으로 나아가며 땅을 관찰한다. 그리고 트랙터의 스테레오 카메라가 실시간 이미지를 캡처한 후에 이 이미지를 미국 전역의 밭 사진 5000만 장이 담긴 데이터베이스와 비교한다. 이 시스템은 기계학습 알고리즘을 통해 잡초와 작물을 구분하고, 제초제를 정확히 필요한 곳에만 살포한다. 밭 전체를 항공 방제하는 방식과 비교했을 때, 이 로봇 보조 정밀 살포 기술은 사용되는 화학 물질의 양을 80퍼센트까지 줄여준다.

  가정이나 여가 활동에서 산업이나 의료 수준의 정밀도가 꼭 필요하지는 않다. 하지만 이 분야에서도 가치 있고 때로는 놀라운 응용분야를 상상해볼 수 있다. 나이가 들면서 겪게 되는 안타까운 부작용 중 하나는 젊었을 때 당연하게 여겼던 정밀한 조작 능력을 잃는 것이다. 대부분의 사람은 펜을 쥐고 다른 사람들이 알아볼 수 있게 이름을 쓰거나 친구, 동료, 사랑하는 이에게 짧은 쪽지를 쓸 수 있다. 하지만 뇌졸중이 생기거나 파킨슨병 같이 떨림을 유발하는 질병이 시작된 경우에는 이런 능력이 저하될 수 있다. 이런 경우 착용형 연질 로봇 소매를 착용하면 노인도 펜을 들어 손주에게 생일 축하 카드를 쓰거나, 샴페인 잔을 들어 함께 축배를 들 수 있을 것이다. 착용형 소매와 장갑은 떨림이 발생하면 그것을 감지하고, 그 떨림을 상쇄하는 힘을 적용함으로써 사용자의 손을 안정시킨다. 이 기술 덕분에 그 사람은 잃어버린 정밀성을 되찾을 수 있다.

* * *

  정밀성이라는 측면에서 오늘날의 로봇이 이룩한 성과는 유니메이트나 다른 초기 산업 시스템과 비교하면 믿기 어려울 정도다. 현재 로봇들은 '가져다 놓기 작업'을 하기에 충분한 수준에 도달했다. 이제 산업 전반에서 이런 지루하고 반복적인 과제로부터 사람들을 자유롭게 할 때가 됐다. 우리는 물체나 사람을 매우 정밀하게 위치시킬 수 있는 장치도 만들어냈다. 또한 노인도 손을 자유자재로 쓸 수 있게 해주고, 직장에서 새로운 기술을 배우는 데 도움을 주고, 고위험 수술을 하는 동안 믿음직한 조수로 일해줄 수 있는 외골격도 나왔다. 노인들의 세밀한 손가락 움직임을 도와주는 로봇 장갑을 소형화해서 아동을 위한 버전도 만들 수 있다. 예를 들어, 글자와 숫자 쓰기를 처음 배우는 어린이들은 로봇이 손과 손가락을 살짝 안정시켜서 안내해주면 쓰기 기술을 더욱 빨리 익힐 수 있고, 결국은 혼자서도 예쁘게 글씨를 쓸 수 있게 될 것이다.

정밀 로봇을 우리 세상에서 활용할 방법이 또 뭐가 있을까? 전 세계의 로봇공학 연구실에서 수많은 기발한 아이디어와 응용분야에 대한 연구가 진행 중이며, 젊은 발명가들의 머릿속에서도 분명 수많은 아이디어가 싹트고 있을 것이다. 지난 10년간 로봇공학과 인공지능 분야에서 이루어진 발전은 놀라울 정도다. 하지만 로봇은 그 뛰어난 능력에도 불구하고 마법은 아니다. 우리가 마법사의 제자처럼 마법 지팡이만 휘둘러서 옷, 탈 것, 가정용품에 당장 마법의 능력을 불어넣을 수는 없다. 우리는 로봇을 맨땅에서 제작해야 한다. 설계하고 조립해서 몸통과 두뇌를 테스트하고, 이 둘이 효율적으로 협력하도록 만들어서 인간에게 봉사할 수 있도록 해야 한다.

2부 현실

— 로봇은 어떻게 만들어질까

8강
로봇 만드는 법

학생 시절에 나는 로봇을 만들 계획이 없었다. 그저 학자인 부모님을 따라 더 이론적인 부분에 매진할 생각이었다. 우리 가족은 내가 고등학교를 마칠 즈음 미국으로 이민을 왔다. 아이오와대학교에서 학부생 시절에 나는 컴퓨터과학, 수학, 천문학에 집중했다. 그러나 학업이 끝날 무렵 직업적인 측면에서 내 삶의 방향을 바꾼 한 가지 사건이 있었다.

당시 컴퓨터과학자 존 호프크로프트는 대학에서 유명한 강사 중 한 명이었다. 그는 컴퓨터과학 분야에서 진정한 거인이었다. 존의 강연에 참석했던 나는, 강연 후에 그와 이야기할 기회를 얻었다. 대화를 나누다가 그는 학부생으로서 큰 목표를 마음에 품고 있던 내게 다소 당황스러운 말을 했다. 그는 고전적인 컴퓨터과학의 문제는 해결되었다고 아주 담담하게 말했다.*

---

* 학구적인 독자들을 위해 부연하자면, 존이 정말로 의미한 바는 컴퓨터과학자들이 이 분야의 학문적 방향성을 형성하고 결정하기 위한 방식으로 정식화된 많은 그래

이제는 더 이상 탐구할 만한 거대한 미스터리가 남아 있지 않다는 것이었다.

처음에는 이 말에 무척 실망했지만, 긍정적인 면이 보이기 시작했다. 존은 우리가 새로운 시대에 접어들고 있다고 믿었고, 컴퓨팅의 위대한 응용이 그 시대의 특징으로 자리 잡게 될 것이라고 설명했다. 바꿔 말하면, 이제는 이 모든 아이디어를 실세계에 적용할 시간이 왔다는 뜻이었다. 그리고 당시에 그가 가장 열정을 보인 응용분야는 로봇공학이었다. 그는 로봇공학이야말로 컴퓨터가 물리 세계와 상호작용할 수 있는 방법이라고 보았다. 그때까지 설계된 응용 프로그램은 정확하고 예측 가능한 컴퓨터 환경에서 작동하도록 만들어졌다. 하지만 현실 세계는 역동적이고, 연속적이며, 불확실성과 오류로 가득 차 있다. 따라서 기존의 컴퓨팅 기술을 그대로 적용해서는 작동할 수 없었다. 로봇을 이 혼란스러운 세상에서 작동시키려면 새로운 모델, 새로운 알고리즘, 완전히 새로운 방법론을 개발해야 했다.

이것은 매우 매우 어려운 일이 될 것이었다.

그렇게 생각하니 오히려 흥분을 가라앉힐 수 없었다.

나는 이 위대한 비전을 존과 함께 실현하기로 마음먹고 코넬 대학교 박사 과정에 지원했고, 그와의 공동 연구로 로봇을 현실로 만들기 위해 뉴욕 이타카로 향했다. 나는 로봇의 '손안 조작 in-hand manipulation', 즉 로봇이 물체를 집어서 손안에 쥐거나 손안

프 이론 문제들에 대해 이미 해결책을 개발했다는 것이다.

에서 돌려보는 방식을 분석하고 이를 구현하기 위한 알고리즘을 개발하는 일에 집중했다. 인간은 어릴 때부터 손을 사용해 다양한 물체를 잡고 조작하며, 이를 도구나 장난감으로 활용하는 법을 자연스럽게 익힌다. 실제 세계에서 작업할 수 있는 로봇을 개발하려면, 로봇 역시 이러한 능력을 갖추어야 한다. 그래서 나는 이런 과제의 계획과 관련된 여러 측면을 연구했다. 그러니까 로봇의 두뇌에 초점을 맞추어, 이 두뇌가 기계 손, 그리고 조작하려는 물체를 어떻게 제어하고 지휘할지 연구한 것이다.

내가 개발한 프로그램은 시뮬레이션에서는 훌륭하게 작동했다. 하지만 딱 한 가지 문제가 있었다. 사실 좀 큰 문제였다.

그 당시 우리가 가지고 있던 물리적 로봇들은 프로그램을 구현할 만큼 발전하지 못했다. 그러니까 내가 존재하지도 않는 기술에 사용할 프로그램을 만들고 있었다는 말이다.* 그래서 나는 로봇을 더 넓은 세상에 선보이는 꿈을 실현하려면 로봇의 두뇌에만 갇혀 있어서는 안 되겠다는 결론에 이르렀다. 로봇의 몸체도 만들어야 했다.

모든 지능형 기계는 물리적 구성요소와 처리용 구성요소, 즉 몸체와 두뇌를 갖고 있다. 몸체는 매우 다양한 형태를 가질 수

---

* 우리가 가지고 있던 로봇으로는 이론을 구현할 수 없었고, 알고리즘도 완벽하지 않았다. 하지만 그 알고리즘을 가구를 옮기는 데 활용할 수 있음을 깨달았다. 이동 로봇을 거대한 물체를 움직이는 손끝이라 생각하면 될 일이었다. 그래서 커피 잔을 움직이는 로봇 손가락 대신 소파를 옮기는 로봇을 설계했다.

있다. 이미 앞에서 로봇 물고기, 로봇 캡슐, 로봇 자동차, 로봇 바퀴벌레 등을 예로 들었다. 하지만 이들 모두 몇 가지 기본적인 특성을 공유한다. 로봇의 몸체는 일반적으로 사람의 눈, 귀, 피부처럼 세상으로부터 입력되는 정보를 수집하는 센서를 갖고 있다. 그다음에는 세상에서 행동을 실행할 수 있는 수단이 필요하다. 즉 스스로 움직이거나, 고정되어 있는 경우에는 세상에 있는 다른 물체를 움직일 수 있어야 한다. 예를 들어, 한 장소에 고정되어 있는 산업용 로봇 팔은 도구를 사용하고 물체를 이동시키면서 배정받은 작업을 수행할 수 있다. 단, 로봇은 몸체가 할 수 있는 일만 할 수 있다. 산업용 로봇 팔이 공장을 돌아다닐 수는 없다. 대부분의 로봇 활동은 세상 속에서 이동하거나, 세상 속에 있는 물체를 조작하거나, 또는 이 두 가지를 결합한 형태로 이루어진다.

로봇 몸체의 설계가 그 동작을 지시하는 데 사용할 두뇌나 프로그램의 종류를 결정한다. 예를 들어 자율주행차의 두뇌를 산업용 로봇 팔에 사용하려고 해서는 별로 효과를 보지 못할 것이다. 그리고 효과적인 로봇을 만들기 위해서는 몸체와 두뇌 모두 최적화되어야 한다. 만약 강력한 두뇌를 가지고 있지만 그 두뇌가 선택한 동작을 실천에 옮길 하드웨어가 없다면, 훌륭한 수학은 얻겠지만 실제 로봇은 얻을 수 없다.

조작 작업에 대한 연구에서 초기에 난관에 부딪힌 후에 나는 로봇공학의 두 가지 영역을 동시에 연구하기로 했다. 기계의 물리적 형태와 이를 안내할 두뇌를 동시에 개선하면서 원하는 기

(위) 프랭크 게리가 설계한 스타타 센터. 세계 로봇공학을 선도하는 MIT 컴퓨터과학 및 인공지능연구소 CSAIL가 입주해 있다. (아래) 리싱크 로보틱스의 산업용 협동로봇 백스터와 후속 모델 소이어. 뛰어난 집기 능력을 갖춘 이 로봇들은 사람들과 산업 현장에서 함께 작업할 수 있도록 개발되었다.

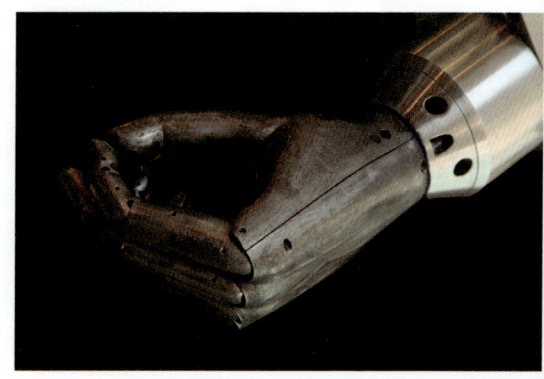

(위) 허블 우주 망원경을 정비하고 있는 우주 비행사(1993). 비행사의 몸체가 RMS(Remote Manipulator System)의 로봇 팔에 고정되어 있다. **(아래)** 1960년대 말 MIT 공학자 마빈 민스키가 고안한 로봇 팔.

화성을 탐사하는 로봇들. 화성 탐사용 자율주행차 퍼시비어런스 로버(**아래**)는 헬리콥터형 드론 인제뉴어티(**위**)와 팀을 이뤄 화성을 탐사한다. 인제뉴어티는 화성의 대기 위로 올라가 지상 로봇인 퍼시비어런스 로버가 볼 수 없는 곳까지 시각적 도달 범위를 넓혀준다.

(위) M-블록 지능형 전자 큐브. 전자두뇌의 명령에 따라 새로운 로봇으로 변신하거나 원하는 형태로 구조를 바꾼다. **(중간)** 오리가미(종이접기) 로봇. 크기는 1.5센티미터, 무게가 0.3그램에 불과하다. 이 로봇은 열에 노출되면 본체가 접히면서 마치 '살아난' 것처럼 걷기, 헤엄치기 등 다양한 운동 능력을 얻는다. **(아래)** 네덜란드 아인트호벤에서 열린 2013 로보컵 축구 경기.

(위) 실리콘 고무로 제작된 로봇 '소피'. 인공 지느러미를 이용해 산호초 사이를 매끄럽게 오르내린다.
(아래) 게코도마뱀의 파지 메커니즘을 이용한 등반 로봇 '스티키봇'.

(위) 2012년, 테슬라 차량 조립라인에서 프레임을 용접하고 있는 산업 로봇들. **(아래)** 보스턴 다이내믹스의 사족보행 로봇 '스팟'. 싱가포르의 현대자동차 생산 공장 내부를 순찰하고 있다.

(위) 발명가 리처드 브라우닝의 '제트 슈트' 시연 모습. 캘리포니아, 2018. **(중간)** 샌프란시스코에서 웨이모가 운영하는 자율주행차량 재규어 I-페이스. **(아래)** 암스테르담에서 시운전 중인 자율주행 보트인 로봇 보트 Roboat.

엑소바이오닉스의 보행 보조 로봇 '엑소EKSO'. 뇌졸중, 소아마비 등으로 하반신이 심하게 마비된 환자가 일어나 걸을 수 있도록 돕는다.

* 책에서 다룬 로봇들이 더 궁금하다면 다음의 QR코드를 참고하라.

MIT 컴퓨터과학 및
인공지능연구소

보스턴
다이내믹스

자체재구성 로봇
M-블록 2.0

자율주행
로봇 보트

심해 탐사로봇
'오션원'

산악 구조용
제트 슈트

능을 가진 기계의 몸체와 두뇌를 동시에 설계하는 것이다. 이를 '공동 설계co-design'라고 한다. 예전에도 그랬지만 지금도 이렇게 양쪽에 초점을 맞추는 것은 우리 분야에서 흔치 않은 방식이다. 하지만 독특하게도 나는 이런 연구를 할 준비가 되어 있는 사람이었다. 루마니아에서 보낸 학창 시절, 나는 수학을 잘했다. 당시 고등학생들은 매달 한 주씩 공장에서 일하는 것이 표준 관행이었다. 루마니아 정부는 이를 통해 우리가 기술을 배울 수 있고, 노동계급의 일원이 될 준비를 할 수 있다고 믿었다. 그래서 나는 한동안 기차 부품을 만드는 공장에서 일했다. 십 대였던 당시에는 이것이 다 무슨 소용인가 싶었다. 그러나 지금 되돌아보면, 그 경험이 어떻게 내 직업적인 여정에 기여했는지가 보인다. 나는 선반旋盤 같은 강력한 장비를 다루는 법을 배웠고, 금속 원자재를 가공해 나사를 만들었다. 학교에서 배우는 수학이 추상적으로 변할수록, 내가 진짜로 하고 싶은 일은 물리적 구성요소를 갖추고 있어 만드는 재미가 있는 일이라는 것을 깨달았다.

그럼 로봇을 만드는 데 필요한 것이 무엇인지 생각해보자.

먼저 이 지능형 기계를 정의해야 한다. 로봇이란 무엇인가? 여기서 다시 한번 표준 정의를 소개하겠다.

로봇이란 주변 환경으로부터 입력을 받아 그 정보를 처리한 후, 입력에 반응해서 물리적 행동을 취하는 프로그래밍이 가능한 기계 장치다.

바꿔 말하면, 로봇은 감지-생각-행동 주기를 실행할 수 있는 기계다. 만약 이 세 가지 중 하나의 기준만 충족해도 로봇이라 부를 수 있었다면, 내 책상 위의 종이누르개도 로봇이라 부를 수 있을 것이다. 종이누르개는 자체적인 무게로 종이 더미 아래쪽으로 힘을 가해서 종이를 고정시키고 있고, 이것도 행동에 해당하기 때문이다. 그렇다고 해서 종이누르개가 로봇은 아니다. 그냥 종이누르개에 불과하다.

여기서 종이누르개에 카메라와 처리장치, 그리고 기계식 다리를 추가한다면 얘기가 달라진다. 내가 이 데스크봇deskbot을 프로그래밍해서, 예를 들어 사무실 창문을 통해 들어오는 바람이 강해져 예상치 못하게 종이가 움직이는 경우에 카메라를 통해 이 변화를 감지하도록 할 수 있도록 설계했다고 해보자. 그럼 바람에 날린 종이가 정해진 최소 범위를 벗어나 움직이는 경우에는 이 데스크봇이 반응할 것이다. 즉, 로봇이 몸 안에 접혀 있던 기계식 다리를 펴고 일어나, 움직이는 종이 쪽으로 책상을 가로질러 걸어간다. 그리고 그 위에 앉아 종이를 제자리에 고정시킨다.

감지, 생각, 행동.

이제 종이누르개는 데스크봇이 되었다.

이 세 가지 기준 중 어느 하나라도 부족하다면 그것은 로봇이 아니다. 그렇지 않으면 할아버지의 시계나 침실의 자명종처럼 기계로 된 모든 것을 로봇이라 불러야 할 것이다. 이러한 장치들은 입력을 받아 행동을 만들어내지만, 주변 환경이나 세상을 감지하지는 않는다. 하지만 만약 자명종이 당신이 알람을 끄지 않았을 때 책상에서 뛰어내려 침대 위로 올라가 당신을 깨울 수 있는 능력을 가지고 있다면, 그 자명종은 로봇이라고 부를 수 있을 것이다.

 기술의 발전으로 로봇공학 분야는 더 창의적으로 변하고 있다. 오늘날 로봇공학자들은 딱딱한 플라스틱과 금속에 국한되지 않고 실리콘과 고무처럼 더 부드럽고 유연한 소재로 지능형 기계를 만들고 있다. (이러한 사고의 전환이 연질 로봇공학soft robotics이라는 분야를 탄생시켰다. 연질 로봇은 더 유연하고, 순응을 잘하며, 대체로 인간의 곁에 두기에도 더 안전하다.[1] 현대의 산업용 로봇은 일반적으로 사람에게 반응할 수 있을 정도로 지능이 뛰어나거나 유연하지 않기 때문에 안전상의 이유로 보호용 케이지 안에서 작동한다. 반면 연질 로봇은 집처럼 사람이 많은 공간이든, 산호초 주변의 물속 깊은 곳이든 다양한 환경에 적응할 수 있다.) 우리는 나무, 종이, 심지어 음식으로도 로봇을 만들 수 있다. 정밀성에 관한 장에서 다루었던 삼킬 수 있는 수술용 로봇 장치의 몸체는 소시지 껍질로 만들어졌다. 이런 재료를 선택한 이유는 그것이 똑똑해서도 아니고, 연구원 중에 가공육을 특별히 좋아하는 사람이 있어서도 아니었다. 소시지 껍질이 독성이 없고 생분해가 가능하다는 점에서 합리적인 선택이었기 때문이다.

 우리는 이러한 기계들의 형태도 새롭게 구상하고 있다. 요즘 로봇공학자들은 로봇 물고기와 로봇 문어를 설계하고 있다. 다리가 여러 개인 로봇과 뱀처럼 생긴 뱀 로봇도 있다. 우리는 스스로 펼쳐지는 오리가미 로봇과 시드니 오페라 하우스를 축소해서 만든 움직이는 버전의 로봇도 만들었다. 내 연구실에 있는 로봇 손 중에는 사람 손이 아니라 튤립처럼 생긴 것도 있다. 아, 그리고 튤립 얘기가 나와서 말인데, 우리는 성장하는 식물 로봇과 꽃 로봇도 만들기 시작했다. 이런 일은 내 연구실뿐만 아니라 전 세계에서 진행 중이며, 이와 같은 신형 로봇들은 새로운 재료를 활용하고 상상력을 확장하는 것에 점점 더 마음을 열고 있는 로봇공학계의 사고방식 전환이 만들어낸 산물이다.

* * *

기본으로 돌아가보자.

로봇의 몸체는 여러 구성요소로 이루어져 있다.

첫 번째는 뼈대다. 이것을 기계적 구성요소, 혹은 동물의 골격에 해당하는 로봇의 기본 구조라 생각할 수 있다. 다음에는 전자기계적 구성요소들을 추가해야 한다. 여기에는 센서, 모터, 그리고 작동기로 불리는 인공근육이 포함된다. 이 구성요소들을 로봇 뼈대의 여러 부분에 부착해서 로봇이 모터와 작동기를 통해 움직이고, 카메라와 다양한 센서를 통해 주변에서 무슨 일이 일어나고 있는지 인식할 수 있게 한다.

그다음으로 로봇의 두뇌에 해당하는 컴퓨터를 추가해야 한다. 이 컴퓨터는 데이터를 저장하고, 정보를 처리하며, 로봇이 더 큰 계획을 완수할 수 있도록 모든 모터와 작동기에 구체적인 명령을 전달한다. 예를 들어 로봇에게 걷기 명령을 내린다면, 로봇은 이 고차원적 요청을 수많은 작업과 하위 작업으로 나눠 각각의 모터와 작동기가 무엇을, 언제, 어떤 순서로 해야 할지 구체적으로 지시해야 한다.

우리 로봇에는 전자기계적 구성요소와 중앙 컴퓨터 사이에 특화된 전자장치와 소프트웨어로 이루어진 중간층도 반드시 있어야 한다. 이 층은 로봇의 두뇌가 센서로부터 데이터를 수집하고 모터와 인공근육에 명령을 전달할 수 있도록 돕는다. 이 층은 사람의 신경계를 인공적으로 변형한 버전이라 생각할 수 있다.

결론적으로, 로봇의 몸체는 다섯 가지 기본 구성요소로 이루어진다.

1. 뼈대
2. 전자기계적 구성요소(센서, 작동기, 케이블, 전원 장치 등)
3. 컴퓨팅 하드웨어(프로세서와 저장 장치 등)
4. 통신기판(전자기계적 구성요소와 컴퓨팅 하드웨어 간의 연결)
5. 두뇌(로봇의 기능에 필요한 알고리즘을 코딩하는 소프트웨어로 지각, 계획, 학습, 추론, 조정, 제어를 관리함)

이 다섯 가지 구성요소를 성공적으로 한데 이으면 로봇이 완성된다.*

　몸체의 형태(뼈대)와 그 몸체를 만들 재료를 결정한 후에는 그다음으로 층에 대해 생각해야 한다. 로봇이 자신의 환경을 인식하고 세상에 어떤 힘이나 동작을 가할 수 있게 해주는 센서와 작동기 말이다. 로봇공학자들이 뼈대에 대해 더 상상력 넘치고 창의적인 접근을 하게 됨에 따라 이러한 필수 전자기계적 구성 요소들을 새로 설계해야 할 필요성이 생겼다. 작동기와 센서가 몸체와 일관성을 유지해야 하기 때문이다. 몸체가 유연하다면, 센서도 유연해야 한다. 예를 들어, 로봇 자동차는 주변 환경을 이해하기 위해 레이저 스캐너를 사용한다. 만약 건설용 크레인을 로봇으로 전환하려 한다면, 크레인의 몸체가 크고 딱딱하며 튼튼하기 때문에 이러한 센서를 장착할 수 있을 것이다. 하지만 커피 잔 크기의 레이저 스캐너를 빗자루 손잡이만큼이나 가늘고 부드러운 뱀 로봇의 머리에 부착하기는 곤란하다. 뱀 로봇은

---

* 분명히 말하자면, 여기서 내가 설명하고 있는 것은 독립적, 자율적으로 작동하는 로봇이다. 로봇을 만들 때 감지 및 처리 기능을 분산시켜서 만들 수도 있다. 예를 들면, 두뇌 기능의 일부를 클라우드로 옮겨놓는 방식이다. 이런 방식은 현대 기술에서 흔히 볼 수 있다. 애플의 AI 비서 시리Siri가 강력한 통신 신호가 잡히지 않으면 제대로 작동하지 않는 이유도 이 때문이다. 이 프로그램은 스마트폰의 마이크로프로세서에만 의존하는 대신 클라우드 컴퓨팅의 힘, 속도, 확장성을 활용한다. 그러나 나는 이런 방식이 로봇에는 적합하지 않다고 본다. 자율주행차같이 안전 필수 응용 프로그램의 경우, 클라우드에 의존해서는 안 된다. 시속 100킬로미터로 고속도로를 달리는 자동차는 센서 데이터를 업로드할 시간도, 클라우드 기반 두뇌로부터 동적으로 변화하는 교통 상황에 어떻게 반응하라는 지시를 기다릴 틈도 없다. 그런 자동차는 클라우드가 명령을 내리기까지 2~3초를 기다릴 여유가 없다. 즉각적으로 반응해야 한다. 그래서 두뇌를 로봇의 내부에 둔다.

원래 좁은 공간 속에서 틈을 비집고 효과적으로 움직이라고 설계된 것인데, 이런 센서를 장착한다면 그런 움직임이 불가능해진다.

로봇공학계는 새로 개발되는 유연하고 독특한 형태의 로봇에 맞는 새로운 센서, 모터, 작동기를 설계하고 있다. 우리는 FOAM 기술처럼 전자기 대신 유압이나 유체 역학을 통해 힘을 발휘하는 인공근육을 개발했고, 더 유연한 센서도 만들고 있다. 내 동료 블라디미르 불로비치는 종이로 만든 가볍고 얇은 배터리를 개발 중이다. 이러한 전원 장치는 로봇의 몸체에 매끄럽게 통합시킬 수 있다. 그럼 로봇 전체가 에너지원이 될 수 있다. 즉, 로봇이 거추장스럽고 무거운 배터리를 따로 지니고 다닐 필요가 없어진다는 뜻이다. 다른 연구진에서도 로봇의 몸체에 부착해 전력을 공급할 수 있는 작고 유연한 태양광 전지를 개발하고 있다.

그렇다면 두뇌는 어떨까? 로봇의 몸체는 두뇌가 무엇을 언제 해야 할지를 지시해주지 않으면 그저 복잡한 조각품에 불과하다. 로봇은 과거의 경험에서 얻은 데이터를 저장해야 할 수도 있고, 몸체의 센서가 주변 환경에 대한 정보를 수집하고 있기 때문에 새로운 데이터가 끊임없이 내부로 흘러들어온다. 어떤 로봇은 그 모든 데이터를 보관하고, 어떤 로봇은 즉각적인 피드백만 처리한다. 카메라와 레이저 스캐너에서 들어오는 데이터만으로도 양이 엄청날 수 있다. 예를 들어, 1시간 분량의 스트리밍 동영상은 3GB의 데이터를 생성할 수 있다. 이는 1TB 하드

드라이브를 가진 로봇의 두뇌가 2주도 되지 않아 용량이 꽉 찰수 있다는 의미다. 따라서 로봇의 두뇌에는 저장만 전담하는 대용량 하드웨어가 필요하다. 물리적 두뇌는 또한 저장된 데이터와 실시간 스트리밍 데이터를 처리하고, 이를 이해해서 행동을 계획 및 예측하고, 예기치 못한 상황에 어떻게 대응할지를 추론하는 프로그램을 운영할 강력한 처리장치도 포함하고 있어야 한다. 로봇은 실제로 어떻게 계획하고, 예측하고, 추론할까? 로봇의 두뇌는 그냥 인공지능만이 아닌 그 이상의 것을 포함하고 있지만, 이 분야가 인공지능에서 시작된 것이기 때문에 거기서부터 이야기를 시작해보자.

* * *

인공지능의 핵심 아이디어는 앨런 튜링으로 거슬러 올라간다. 그는 인간과 너무 자연스럽게 소통해서 사람이 또 다른 사람과 대화하고 있다고 착각할 만한 기계를 상상했다. 튜링이 이 도전과제를 제안한 지 몇 년 후인 1956년, 선구적인 컴퓨터과학자 마빈 민스키와 그의 동료 학자들이 다트머스칼리지에서 워크숍을 열고 과학과 공학 분야에서의 가장 심오한 질문들에 대해 논의했다. 그들은 하이킹을 하고, 워크숍을 열고, 와인을 마시면서 기계가 인간처럼 움직이고, 인간처럼 세상을 보며, 게임을 하고, 의사소통하고, 심지어 학습까지 하는 특성을 갖추기 위해서는 무엇이 필요한지에 대해 이야기를 나눴다.

어떤 의미에서 보면 튜링은 우리에게 인간을 닮은 기계가 무엇까지 할 수 있는지 알려준 것이고, 민스키와 그 동료들은 지적인 논의, 그리고 1961년에 나온 후속 논문 〈인공지능을 향한 발걸음 Steps Toward Artificial Intelligence〉을 통해 그것을 어떻게 실현할 수 있는지 제안한 셈이다. 그 후로 주요 대학들은 인공지능 연구소를 설립했다. 연구는 한동안 느리지만 꾸준히 진행되다가 1980년대에 들어서 정체되었다. 이 시기를 '인공지능의 겨울 AI Winter'이라 부른다. 그러나 지난 10여 년 동안 인공지능은 엄청난 발전을 이루었다. 오늘날의 일반 스마트폰[2]은 1980년대의 자랑이었던 크레이-2 슈퍼컴퓨터보다도 훨씬 더 강력하다. 컴퓨터, 스마트 기기, 센서의 보급이 데이터의 성장을 엄청나게 촉진했고, 혁신적인 연구자들은 이 데이터를 분석해서 패턴을 찾고, 예측하고, 학습도 할 수 있는 수천 개의 알고리즘을 개발하고 개선해왔다. 하지만 우리가 민스키와 그의 동료들이 상상했던 수준의 인공지능 개발 목표를 달성했을까?

아니다.

오늘날 '인공지능'은 모든 것을 포괄하는 용어이자, 대기업들이 자사 제품과 서비스를 최신으로 보이게 하려고 붙이는 마케팅 유행어로 자리 잡았다. 이 분야의 창립자들은 그 숲속에서 나왔을 때 인간과 비슷한 능력을 지닌 기계를 개발하고자 했다. 그러나 그 후로 우리는 이러한 목표, 즉 '일반 인공지능'이 대단히 어려운 도전이며, 가까운 시일 내에 달성하기 어렵다는 사실을 이미 오래전에 깨달았다. 현재 활용되고 있는 기술은 '좁은 인공지능'이다. 이는 민스키와 그의 동료들이 꿈꿨던 비전에는 부합하지 못하지만, 그 능력은 놀라울 정도다. 인공지능 시스템은 체스에서 그랜드마스터를 이겼고, 세계 최고의 바둑 기사들도 물리쳤다. 그리고 인공지능은 아주 그럴듯한 이야기도 만들어내고, 제대로 작동하는 코드를 작성하며, 흥미롭고 때로는 아름다운 예술 작품을 생성하기도 한다. 인공지능의 한 버전은 유명한 퀴즈 프로그램 〈제퍼디〉에서 우승을 차지하기도 했다.

그러나 이러한 승리로 촉발된 논의에서 종종 간과되는 점이 있다. 이러한 인공지능들이 특정 작업에 매우 특화되어 있다는 사실이다. 바둑 챔피언 인공지능은 로봇 자동차를 조종할 수 없다. 하지만 기술 발전의 속도가 워낙 빠른 터라서 이런 혼란이 생기는 것은 충분히 이해할 수 있는 부분이다. 2022년 5월에 알파벳Alphabet의 자회사 딥마인드는 가토Gato라는 인공지능 모델을 소개했다. 이 모델은 600가지 이상의 다양한 작업을 수행할 수 있다. 이 정도면 확실히 일반 인공지능이라는 목표에 가까워진 것으로 보인다. 하지만 사실상 가토는 이미지의 캡션을 작성하고, 로봇 팔을 조작해 블록을 쌓고, 비디오 게임을 플레이하는 등 다양한 작업 방법을 스스로 알아낼 수 있는 하나의 인공지능 두뇌가 아니다. 그보다는 다양한 작업에 특화해서 잘 훈련되어 있는 모델들의 집합체라 할 수 있다. 가토는 놀라운 성과이기는 하지만 일반 지능은 아니다.

＊ ＊ ＊

　모든 것을 포괄하는 모호한 용어인 '인공지능'은 로봇의 두뇌 안에서 작동하지만 주로 고차원 의사결정과 추론을 중점적으로 담당한다. 로봇이 효율적으로 작동하기 위해서는 인공지능 프로그램을 지원하는 다른 수많은 처리 기능이 필요하다. 영화에서는 보통 로봇이 하나의 통합된 인공 뇌를 가진 존재로 묘사된다. 예를 들어 영화 〈어벤져스: 에이지 오브 울트론〉에서 악당 로봇의 인공지능은 막강한 능력을 지닌 구형의 덩어리로 디지털 기술을 이용해 표현되어 있다. 하지만 현실은 훨씬 더 복잡하고, 그만큼 더 흥미롭다.

　로봇의 두뇌는 상호 연결된 수십 개의 독립적인 알고리즘으로 구성되어 있으며, 이 각각의 알고리즘은 특정 작업을 위해 설계되고 최적화되어 있다.* 이런 알고리즘들이 서로 연결되는 방식을 뇌 아키텍처brain architecture라고 부른다. 예를 들어 우리에

---

* 이러한 행동 조직 방식은 인간의 뇌와 유사하다. 우리의 뇌는 특화된 과제를 학습하며, 이러한 정신적 기술은 컴퓨팅 모듈로 표상되고 저장되었다가 필요할 때 호출된다. 내 동료 조시 테넨바움과 그의 연구진은 이 주제에 대해 흥미로운 연구를 진행 중이다. 이들은 유사한 작업을 수행하려 할 때 인간과 기계 지능에서 나타나는 추론 방식을 비교하여, 이를 통해 인간 뇌의 작동 방식을 더 깊이 이해하는 동시에, 더 효율적인 인공지능 모델을 구축할 방법을 모색하고 있다. 내가 보기에 그가 진행 중인 연구 가운데 흥미로운 아이디어 중 하나는 로봇에게 '환각'이나 '꿈꾸기'의 능력을 부여해서 로봇이 이전에 경험해보지 못했던 시나리오에 대한 해결책을 상상할 수 있게 만드는 방법에 대한 연구다. 인간은 그런 시나리오와 마주쳐도 큰 어려움이 없지만, 로봇은 일반적으로 과거 경험이나 데이터세트에서 연관된 것을 찾아내야만 한다.

게는 계획 아키텍처와 다양한 유형의 학습 아키텍처가 있다. 슈퍼 히어로 영화에서 위협적으로 고동치던 그 구체는 잊어도 좋다. 로봇 두뇌의 소프트웨어는 고차원 인공지능 엔진부터 각각의 모터에 언제 무엇을 해야 할지를 지시하는 저차원 제어기에 이르기까지 다양한 개별 프로그램들이 거미줄처럼 연결된 구조다. 광범위하게 사용되는 계획 및 추론 시스템 중 하나는 스탠퍼드연구소 문제 해결기 Stanford Research Institute Problem Solver로, STRIPS라는 약어로 알려져 있다. STRIPS가 작업을 처리하는 방식은 다음과 같다.

- 초기 상태에서 시작한다: 초기 상태 initial state란 위치, 방향, 속도와 같은 변수들의 집합이다. 이러한 값을 완전히 알고 있으면 시간의 흐름에 따른 로봇의 움직임을 완벽하게 기술할 수 있다. 초기 상태는 로봇의 출발 위치를 나타내며, 목표 상태 goal state는 임무나 과제가 끝났을 때의 위치로서 위에서 정의한 매개변수가 목표로 삼는 값을 포함한다.
- 목표 상태, 또는 계획을 세우는 사람이 도달하려 하는 상황을 구체적으로 지정한다.
- 행동의 순서를 결정한다: 각 행동에는 다음과 같은 요소가 포함된다.
  - 전제조건 preconditions: 행동을 수행하기 전에 반드시 충족되어야 하는 조건. 이는 일반적으로 수리 논리 언어를 사용하여 논리식으로 표현되며, 이렇게 함으로써 어느

논리식이 참인지 확인하는 작업을 쉽게 프로그래밍할
수 있게 된다.
- 사후조건postconditions: 행동이 수행된 후에 충족해야 하
는 조건으로, 역시 논리식으로 표현된다.
• 순서상의 각 사후조건이 충족될 때마다 다음 행동으로 진
행한다.

예를 들어, 내가 집에서 사무실까지 데려다달라고 자율주행차에 요청한다고 해보자. 이것은 구체성이 매우 떨어지는 요청이다. 기계는 구체적인 지시가 필요하며, STRIPS 같은 계획 도구를 사용하면 로봇은 그 크고 추상적인 과제를 완료 가능한 일련의 더 작고 구체적인 과제로 나눌 수 있게 된다. 진보된 로봇의 두뇌는 단순한 프로그램에서 매우 정교한 추상적 추론 모듈에 이르기까지 계층hierarchy으로 나뉘는 제어기를 사용한다. 이 프로그램이나 모듈 중 어떤 것은 학습에 초점을 맞춘다. 또 어떤 것은 로봇의 결정을 돕도록 설계되어 있다. 그리고 어떤 것은 로봇이 세상 속에서 자신의 몸이 어디에 위치해 있는지를 추적하도록 돕는다. 이 마지막 예는 시시하고 별로 중요해 보이지 않을 수도 있지만, 로봇이 A 지점에서 B 지점으로 이동하는 방법을 알아내려면 먼저 환경 속에서 A의 위치가 어디인지 알아야 한다.

두뇌를 거대한 명령 및 제어 센터라고 생각해보자.
이 제어 센터는 특정 과제를 관리하는 여러 개의 모듈로 구성

되어 있다.

로봇이 무엇이든 유용한 일을 하려면 이 모듈들이 서로 협력해야 한다.

인간은 아무 생각 없이도 많은 행동과 연산을 수행하는 것처럼 보인다. 하지만 노벨상 수상자인 대니얼 카너먼은 그의 책 《생각에 관한 생각Thinking, Fast and Slow》에서 인간의 마음이 두 가지 의사결정 시스템을 가지고 있다는 가설을 세웠다. 시스템 1은 빠르고, 암묵적이며, 직관적이고, 부정확하다. 이 시스템은 걷기, 계단 오르기, 셔츠 단추 잠그기, 피아노 연주와 같은 일상적인 신체적 과제를 수행할 때 우리의 무의식적인 결정을 통제한다. 시스템 2는 느리고 신중하며, 코드 작성, 체스 두기, 옷장 정리 등 논리와 집중이 필요한 의사결정 과제에 주로 적용된다. 로봇 지능도 이와 비슷한 계층 구조를 가지고 있다. 하지만 인간에게 두 가지 시스템이 있다면, 로봇에게는 최소한 네 가지 시스템이 있다.

내가 연구실에서 중요한 손님을 만난다고 해보자. 손님이 커피를 마시고 싶다고 하고, 내가 로봇에게 요청해 그 손님에게 커피를 한잔 가져다주라고 했다고 상상해보자.

로봇이 이 과제를 계획하고 실행하는 동안 로봇의 두뇌를 이루는 네 개의 계층은 각기 다른 초점, 복잡성, 그리고 추상화 수준에서 작업을 분담한다. 그 과정은 대략 다음과 같다.

1. 인지 수준 제어기cognitive-level controller는 내가 한 추상적인 요청

("커피를 가져와")을 일련의 실현 가능한 과제로 변환한다. 이렇게 함으로써, 예를 들어 커피가 떨어졌을 경우 로봇이 무엇을 해야 할지를 결정하도록 돕는다. 그럼 커피를 더 주문해야 할지, 상점에 다녀와야 할지, 아니면 연구실 사람에게 도움을 요청해야 할지를 판단할 수 있다. 인지 수준 제어기는 높은 수준의 추상화와 의사결정을 다루며, 추론과 문제 해결 능력을 필요로 하는 행동을 수행한다.

2. **과제 수준 제어기** task-level controller는 그 목표를 달성하기 위해 로봇이 해야 할 일이 무엇인지 판단한다. 커피를 가져오기 위한 첫 번째 단계로 로봇은 방을 가로질러 가야 한다. 그럼 로봇에게는 이것을 수행하기 위한 이동 계획이 필요하다. 그리고 거기에 더해서 일단 그곳에 도착했을 때 컵과 커피포트를 움직이고 조작하는 방법에 대한 계획도 필요하다. 과제 수준 제어기는 특정 과제나 행동을 실행하는 데 초점을 맞춘 제어 시스템이다.

3. **고차원 제어기** high-level controller는 각각의 물리적 구성요소의 전체적인 움직임을 지시한다. 예를 들어 로봇이 삼각보행*을 하려면 무엇을 해야 하는지, 다리를 현재 위치에서 목표 위치로 이동시키려면 어떻게 해야 하는지를 결정한다. 고차원 제어기는 다른 다리와 몸체 전체의 움직임과 위치를 고려해가며 저차

---

* 삼각보행 tripod walking gait은 매우 안정적인 이동 방식으로, 여섯 개의 다리를 가진 로봇에서 항상 세 개의 다리(한쪽에 두 개, 반대쪽에 하나)는 지면에 닿아 있고 나머지 세 개의 다리가 앞으로 움직인다. 이렇게 움직인 다리가 지면에 닿으면 로봇은 앞으로 이동하며, 그다음에는 두 다리 집단이 서로 역할을 교대한다.

원 제어기를 조율하여 다리가 올바르게 움직이도록 한다.

　4. **저차원 제어기**low-level controller는 발목, 무릎, 집게 같은 각 관절의 모터에 정확히 무엇을, 언제, 얼마나 오래 해야 하는지를 지시한다.

　커피를 가져오는 로봇이 실험실을 가로질러 탕비실까지 가려면 로봇의 다양한 작은 하위 시스템들이 모두 서로 연결되어야 하고, 로봇의 센서로부터 입력을 받아 작동기로 출력을 전달하며 유기적으로 작동해야 한다. 우리 사람은 이런 과정이 뇌 안에서 자연스럽게 이루어지기 때문에 이 일이 직관적이고 쉽게 느껴진다. 하지만 이를 기계 지능에 구현하는 일은 훨씬 더 어렵다. 각각의 단계들이 모두 프로그래밍되어야 하기 때문이다.

　나는 이것을 학생들에게 설명할 때, 로봇이 환경 속에서 움직이는 데 무엇이 필요한지를 보여주는 활동을 활용한다. 좀 어색하긴 해도 직관적으로 이해할 수 있게 도와주는 활동이다. 당신도 가족이나 친구들과 함께 해보면 좋을 것이다. 여기에는 총 세 명이 참여하고, 그중 두 명은 앞이 안 보이게 안대를 쓴다. 안대를 쓴 첫 번째 사람은 인지 수준 제어기와 과제 수준 제어기를 나타내는 추론 모듈이다. 안대를 쓴 두 번째 사람은 고차원 및 저차원 제어기와 작동기를 대표하며, 실제 움직임을 담당한다. 이상적으로는 이 두 사람이 손을 맞잡고 있는 것이 좋다. 세 번째 사람은 '눈' 혹은 '감지'의 역할을 한다. 이제 이 세 사람이 협력해서 안대 쓰고 손을 잡고 있는 두 사람을 방의 반대편에 있는 문이나 다른 목표 지점까지 이동시킬 수 있는지 확인해보자. 안대를 쓰지 않은 사람은 자기 눈에 보이는 것, 즉 세 사람의 주변 세상에 무엇이 있는지 말해준다. 그럼 추론과 계획을 담당하는 참가자는 "짧은 걸음으로 세 발짝 걸어라", "45도 회전해라", "멈춰라" 등의 행동을 제안한다. 그럼 마지막 참가자는 그 지시에 따라 실제로 움직인다.

움직이는 두 사람이 가는 길에 장애물로 의자를 갖다 놓고, 어떻게 반응하는지 지켜보자. 이때 눈 역할을 하는 사람은 두 사람에게 멈추라고 할 수 없다. 감지 알고리즘은 추론하거나 명령을 생성하도록 설계되지 않았기 때문이다.

학생들과 함께 이 실험을 진행하면 웃음바다가 될 때가 많지만, 이 시연은 단순한 재미 이상의 것을 제공한다. 이 활동은 겉보기에 간단한 작업이라도 얼마나 복잡한 과정이 필요한지 감을 잡을 수 있는 좋은 방법이다. 로봇의 두뇌는 여러 수준에서 동시에 작동해야 하며, 그 와중에도 더 큰 목표를 향한 진척 상황을 지속적으로 인식해야 한다. 방 하나를 가로지르는 로봇을 만드는 데도 이렇게 복잡한 작업이 필요한데, 지금은 도시의 거리를 달리는 로봇이 나와 있다고 생각하면 참으로 놀랍기 그지없다. 하지만 자율주행차와 반半자율주행차는 실제로 존재하며, 로봇이 세상을 움직일 때 그 내부에서 어떤 일이 벌어지는지 탐구할 수 있는 훌륭한 사례를 제공한다.

9강
움직이는 두뇌

 싱가포르의 한 항구의 교차로에 평상형 트럭 하나가 멈춰 서 있다. 항구에는 거대한 컨테이너 더미가 깔끔하고 명확하게 정렬된 칸을 따라 빽빽하게 끝에서 끝까지 쌓여 있다. 광활한 항구에 수천 개의 컨테이너가 쌓여 있는 모습이 가히 컨테이너의 도시라 부를 만하다. 차들이 활발히 오가지만 막히지는 않는 4차선 민간도로가 정확한 격자 모양을 이루며 컨테이너 더미 사이를 가로지른다. 그 트럭이 통로 끝에서 기다리며 다른 차량 몇 대가 4차선 교차로를 지나갈 때까지 멈춰 서 있다. 그러고 나서 왼쪽으로 꺾어 두 개의 중간 차선 중 하나로 들어간 뒤, 천천히 왼쪽 가장자리 작업 차선으로 이동하며 속도를 줄인다. 그리고 거대한 크레인 아래에 멈춘다. 트럭은 앞으로 조금씩 움직이다가, 지정된 주차 위치에서 2센티미터 이내 거리에 도달했음을 센서가 알리자 정지한다. 크레인은 컨테이너를 평상형 트럭 위에 부드럽게 내려놓는다. 화물이 적재되고 크레인의 집게가 풀린 것을 감지하자 트럭은 주변 교통 상황을 스캔한 뒤 천천히 운전 차선으로 나와 항구의 다른 구역으로 컨테이너를 운반하기 시작한다.

이 트럭은 내가 친구 하이디 와일, 사만 아마라싱헤와 공동 설립한 벤티 테크놀로지스Venti Technologies라는 회사에서 개발한 것이다.[1] 이 로봇의 이름은 자율주행견인차autonomous prime mover이고 줄여서 aPM이라 부른다. 이 aPM은 물류를 효과적이고 효율적인 방식으로 이동시키며, 조만간 공급망 솔루션의 중요한 요소로 자리 잡을 수도 있다. 이러한 로봇은 현재 심각한 인력난을 겪고 있는 물류업계에서 인간과 기계가 작업을 분담해서 기존의 인력을 보완해주는 역할을 한다. 그럼 로봇들은 물류 작업의 조정과 반복적인 업무를 맡아 수행하고, 인간은 더 복잡한 작업에 집중할 수 있다.

aPM 같은 사례나 로보택시 스타트업 기업에 관한 전망, 혹은 허풍이 좀 있는 일부 기술 기업가들의 과장된 주장을 듣다 보면, 1~2년 후에는 모든 사람이 완전 자율주행차를 타고 다닐 것 같은 생각이 든다. 이미 도로 위에는 자율주행 택시가 등장했고, 독립적으로 움직이는 로봇들이 우리 주변에서 활동하는 모습도 쉽게 볼 수 있다. 약 2500만 대의 로봇 진공청소기 룸바가 집안을 누비고 있으며, 자율 배송 로봇이 대학 캠퍼스와 공항에서 운영되고 있다. 주변을 조금만 둘러보면 지능형 기계들이 활약하고 있는 모습을 어렵지 않게 발견할 수 있다.

이런 것들이 속임수나 환상은 분명 아니지만 자칫 사람들에게 오해를 불러올 수 있다. 도시에서 사람을 실어 나르는 것보다 항구에서 화물을 운반하는 쪽이 훨씬 쉽다. 특히 교통량이 적고, 일 년 내내 여름인 싱가포르 항구처럼 복잡하지도, 상호작용이 많지도 않은 환경에서는 느린 속도로 독립적으로 움직이는 로봇을 만들기 용이하다. 하지만 혼잡 시간대의 보스턴처럼 교통체증이 심한 곳이나 심한 눈보라의 한복판처럼 안전이 요구되는 험악한 조건 속에서 작동할 수 있는 완전 자율주행 로봇 차량을 만들려면 아직 갈 길이 멀다. 지난 몇십 년 동안 로봇공학 분야에서 많은 발전이 있었지만, 어떤 조건에서도 자유롭고, 신속하고, 안전하게 세상에서 움직일 수 있는 기계를 만드는 일은 여전히 어려운 도전으로 남아 있다. 이 어려움을 이해할 수 있도록 우리가 자율주행차를 한번 만들어보자.

* * *

여느 로봇과 마찬가지로 움직일 수 있는 몸체와 두뇌부터 시작해야 한다. 이번 경우에서 두뇌는 로봇의 추론 및 의사결정 시스템이다. 그리고 몸체는 자동차다. 내 사랑하는 아우디 TT를 예로 들어보자. 이 오픈카를 자율주행차로 바꾸려면 전자 시스템을 전면적으로 개조하고, 프로세서를 업그레이드하고, 사람이 직접 운전대를 돌리거나 페달을 밟는 대신 컴퓨터가 조향 및 가속, 제동을 제어하는 드라이브 바이 와이어 drive-by-wire 시스템으로 전환해야 한다.

이것은 현재 가능해진 기술이니까 구현했다고 쳐보자.

이 개조된 자동차가 로봇의 자격을 갖추려면 주변 세계로부터 입력되는 데이터를 수집하고, 바퀴를 회전시키는 등의 행동을 일으키는 힘을 행사할 수 있어야 한다. 인간은 운전 중에 눈, 귀, 촉각을 사용해 주변 환경에 대한 정보를 얻는다. 그리고 이렇게 관찰한 내용을 바탕으로 손과 발을 사용해 방향을 바꾸고, 가속하고, 제동한다. 로봇 자동차도 마찬가지로 세상에 대한 데이터를 수집하고, 이 데이터를 인공두뇌에서 처리한 뒤, 앞으로 나아가거나 왼쪽으로 회전하는 등 그에 합당한 출력이나 행동을 만들어내야 한다. 따라서 자동차는 카메라, 레이더, 라이다 Lidar(light detection and ranging의 약자로 레이더가 소리를 사용하듯 펄스형 레이저를 이용해서 거리를 감지하는 스캐너), GPS와 같은 센서가 필요하다.

운전을 배우던 시절, 나는 좌회전 차선에서 꼬리를 물고 이어지는 반대편 차량들 사이로 뚫고 들어갈 용기가 나지 않아 신호등이 무려 세 번이나 바뀔 때까지 기다린 적이 있었다. 경험이 풍부한 운전자였다면 교차로에서 신중하게 상황을 관찰하다가 틈새나 깜빡이 신호를 확인하고, 한 차량이 감속하는 모습을 관찰한 후 이를 좌회전하기에 딱 좋은 타이밍이라 판단했을 것이다. 그리고 이 운전자의 뇌는 팔, 손, 발로 운전대를 돌리고 가속 페달을 밟으라는 명령을 보냈을 것이다.

사람이 운전하는 상황에서는 대부분 눈을 통해 들어오는 시각 정보만으로도 충분한 데이터를 확보할 수 있다. 하지만 시각 정보만으로는 자율주행 로봇에게 운전을 맡기기에 충분하지 않다. 2016년 이후로 생산된 차량들은 대부분 성능 좋은 카메라가 장착되어 있다. 이 카메라는 주차나 후진을 도와주며, 일부 모델은 주변을 360도로 보여주는 기능도 제공한다. 하지만 그렇다고 해서 이 카메라들이 우리의 눈을 대신해주니까 차가 자율주행하는 동안 운전자는 운전대를 놓고 낮잠을 잘 수 있다는 의미는 아니다.

컴퓨터 프로그램이 렌즈가 포착한 빛을 항상 제대로 해석할 수 있는 것은 아니다. 세계에서 가장 똑똑한 과학자들이 수십 년간 컴퓨터 시각 시스템computer vision을 연구해왔지만, 이미지 인식이라는 측면에서는 아직 100퍼센트 정확도에 도달하지 못했다. 장면 속에 들어 있는 사물을 식별하는 프로그램인 객체인식 알고리즘은 수백만 장의 이미지가 들어 있는 이미지넷 ImageNet이라는 벤치마크를 기준으로 평가하는데, 가장 우수한 알고리즘이라도 정확도가 91퍼센트에 불과하다. 게다가 이 91퍼센트의 정확도[2]는 운전 중에 마주치는 역동적이고 변화무쌍한 객체가 아니라 정적인 객체를 측정한 결과일 뿐이다. 설령 도로 위에서 이와 동일한 성공률을 확보할 수 있다고 무리하게 가정한다고 해도, 이런 정확도로 과연 충분하다고 할 수 있을까?

학문적 테스트에서 91퍼센트는 훌륭한 점수라 할 수 있다. 혹은 앨범 사진을 자동 정리해주는 작업의 경우에도 이 정도면 무리가 없다. 하지만 자율주행차에게 있어서 9퍼센트의 오류율은 결코 허용될 수 없는 수치다. 만약 9퍼센트의 확률로 주변 환경을 제대로 감지하지 못하는 로보택시가 있다면 당신은 그 로보택시에 탑승하겠는가?

〈워싱턴 포스트〉가 미국 도로교통안전국NHTSA의 데이터를 분석한 결과, 2019년부터 2023년 사이 테슬라의 오토파일럿 시스템과 관련된 사고는 736건이었고 사망자는 17명에 달하는 것으로 나타났다. 테슬라의 오토파일럿 시스템은 고속도로 주행 중 차선을 유지하며 앞차를 따라가도록 설계되었으며, 완전 자율주행을 위한 시스템이 아니다. 운전자는 항상 운전대를 손으로 잡고 있어야 하며, 차량의 소프트웨어가 판단을 내리지 못할 경우 즉시 통제권을 넘겨받을 준비를 해야 한다. 테슬라와 관련된 첫 사망 사고는 흰색 트랙터 트레일러가 도로를 가로지를 때 오토파일럿이 흰색 트레일러를 멀리 떠 있는 구름과 구별하지 못해서 발생했다. 이 비극은 지각 시스템의 오류로 인해 발생한 것이었다.

이러한 차량들이 도로에서 점점 더 많이 운행됨에 따라, 이들의 행동과 오류에 대한 정보도 더 많이 필요해진다. 2021년 6월에 미국 도로교통안전국은 상시적 일반 지침[3]을 발표해서 자동차 제조사들에 자율주행차뿐만 아니라, 현재 도로에서 운행 중인 수십만 대의 차량에 탑재된 운전자 보조 시스템과 관련된 교통사고를 보고할 것을 요구했다. 이 정확도 통계는 주행거리 100만 마일(약 161만 킬로미터)당 사고 건수로 보고된다. 보고서에 따르면, 2021년 7월 20일부터 2022년 5월 21일까지 오토파일럿을 사용하는 테슬라 차량과 관련된 사고는 273건이었다. 테슬라 차량의 사고는 같은 기간에 보고된 총 392건의 사고에서 대부분을 차지했다.

내가 오토파일럿을 직접 경험해보니 고속도로에서는 아주 잘 작동하지만, 악천후가 발생하거나 차선이 비정상적인 경우에는 혼란스러워하는 모습을 보였다. 이는 차선이 새로 생기거나 합쳐지는 경우, 혹은 도로 표면에 표식이 제대로 되어 있지 않은 경우 등을 포함한다. 예를 들어, 공사를 하면서 차선을 새로 그은 경우에도 센서가 희미한 기존 차선과 새로 그린 차선을 모두 인식해서 혼란에 빠질 수 있다. 그리고 가끔 오토파일럿이 존재하지도 않는 장애물을 감지하고 갑작스럽게 반응하는 경우도 있었다. 이 기술은 매우 인상적이며 지속적으로 개선되고 있지만 여전히 운전자는 많은 주의를 기울일 필요가 있다. 그리고 이러한 상황이 당장 개선될 것 같지는 않다.

다시 내 차로 돌아가보자. 객체인식의 한계와 높은 오류율을 고려해서 자율주행 아우디에는 고해상도 카메라뿐만 아니라 추가적인 눈도 함께 제공해서 시야를 강화할 필요가 있다. 내 연구진과 다른 연구자들은 레이더와 초음파의 활용 가능성을 두고 광범위한 실험을 진행해왔다. 이들 기술은 각각 장단점을 가지고 있지만, 가장 널리 사용되며 효과적인 시각 센서로 입증된 것은 라이다이다. 자율주행차 위에 설치된 이 레이저 스캐너는 빠르게 회전하면서 모든 방향으로 펄스형 광파를 방출한다. 이 빛은 약 300미터, 즉 축구장 세 개 길이 정도의 범위 내에 있는 모든 물체의 모든 점에 부딪혀 반사된다.[4] 각 빛의 펄스가 센서로 돌아오는 데 걸리는 시간을 바탕으로 로봇의 두뇌는 해당 지점까지의 거리를 계산한다. 이와 같은 빛 기반 측정 방식은 매우 정확하기 때문에 자율주행차를 상용화하려는 기업들은 너도나도 모두 라이다를 감지용 장치로 사용하고 있다.

각각의 스캔은 100만 개가 넘는 데이터 포인트로 구성되며 로봇의 인공 두뇌는 이것들을 결합해서 자신이 움직이는 환경의 자세한 3차원 표상을 만들어낸다. 이 표상을 포인트 클라우드point cloud라고 부른다. 사람에 비유하자면 머리 뒤에도 눈이 달려서 사방으로 거의 완벽한 시야를 확보하는 셈이다. 하지만 레이저 스캐너에는 근본적인 약점이 있다. 바로 물이다. 레이저가 방출하는 빛은 빗방울이나 눈송이에 부딪혔을 때도 반사된다. 물웅덩이도 고인 물에서 빛을 반사하기 때문에 혼란을 일으킨다(이런 이유로 대부분의 자율주행차는 날씨가 건조한 애리조나 같은 곳에서 테스트된다. 그곳의 날씨는 상쾌할 정도로 건조하다).

결국, 완벽한 시각 센서는 없다. 각각의 센서에는 약간의 불확실성이 따르며, 세상을 조금씩 다른 방식으로 보여준다. 그러나 여러 센서를 함께 사용하면 놀랍도록 효과적일 수 있다. 철두철미한 접근방식을 취해서 내 아우디, 즉 로봇의 몸체에 레이저 스캐너와 카메라를 모두 장착했다고 가정해보자.

이제 이 차가 일반적인 교외 주택 진입로 끝에 자리 잡고 있다고 상상해보자. 로봇으로 재탄생한 이 차는 도로로 나설 준비를 하고 정면을 향하고 있다.

　잠깐, 그 장면을 머릿속에 담아두자. 아직 출발할 준비가 안 됐다.

　자동차가 자율주행하려면 보통 참조용으로 사용할 세상의 지도가 필요하다. 그렇지 않으면 로봇은 자기가 어디에 있는지, 어디로 가야 하는지 알 수 없다. 하지만 자율주행차의 지도는 우리가 앱에서 보는 디지털 도로 지도와는 다르다. 대신 이는 앞서 언급한 것처럼 3차원 포인트 클라우드 형태로 되어 있다. 이 지도는 인간의 눈으로는 이해하기 어렵지만 로봇은 이를 참고하고 이해할 수 있다. 이러한 지도를 고정밀 지도HD map라고 부른다. 고정밀 지도를 만들기 위해 구글 같은 회사에서는 라이다 스캐너를 장착한 차량을 준비하고 특정 도시의 모든 거리, 즉, 자율주행차가 갈 만한 곳은 모두 반복적으로 주행하면서 (물론 운전은 사람이 한다) 그 거리와 그 주변에 고정되어 있는 모든 물체를 놀라울 정도로 세밀하게 기록한다. 건물의 모든 모퉁이와 틈새, 가로등, 벤치, 우편함, 나무, 도로의 팬 곳, 거리의 연석과 윤곽 등 거리의 모든 세부 사항이 그 안에 담기는 것이다. 예를 들어 샌프란시스코에서 이런 종류의 고정밀 지도[5]를 만들면 데이터 용량이 약 4테라바이트에 이를 수 있다.[6] 이는 고성능 데스크톱 컴퓨터의 저장 용량과 맞먹는 수준이다(참고로 오픈스트리트맵OpenStreetMap 같이 지구의 지형을 나타내는 지도의 용량은 고정밀 지도의 0.01퍼센트인 40기가바이트 정도면 충분하다). 하지만 이것도 과도한 수준의 용량은 아니다.

로봇은 우리가 보는 것과 다르게 훨씬 세밀한 세상을 볼 수 있어야 한다.*

일단 이 고정밀 지도가 만들어지고 내 오픈카가 그것을 다운로드받으면, 자율주행차는 자신이 주행할 공간의 모습을 파악하게 된다. 만약 내가 특정 주소로 가고 싶다고 차에 명령하면 로봇으로 재탄생한 내 차는 카메라와 라이다를 사용해 주변을 스캔해서 사람, 자전거, 자동차 같은 예기치 못한 물체가 근처에 있는지 확인한다.

레이저 스캐너가 돌아가면서 100만 개가 넘는 데이터 포인트가 차량의 두뇌로 쉬지 않고 흘러들어온다. 그럼 알고리즘 세트가 이 데이터를 분석해서 그 내용을 이해한다. 우리는 이것을 1단계 **지각**이라고 부른다. 내 오픈카가 아직 움직이기 전이라는 것을 잊지 말자.

* * *

자율주행차의 두뇌는 수십 개의 독립된 알고리즘으로 이루어져 있으며, 각각 특정 역할을 수행하도록 설계되고 최적화되어 있다. 우리의 로봇 오픈카를 예로 들면, 지각에 특화된 알고리즘은 주변 환경과 활동을 이해한다. 한편 다른 알고리즘 세트는 입력되는 센서 데이터를 처리하고, 이를 저장된 고정밀 지도

---

* 참고로, 우리 연구진은 로봇이 저장된 지도를 사용하지 않고도 이동할 수 있는 방법을 개발 중인데, 이 내용은 다른 장에서 다루겠다. 지금 당장은 지도가 필요하다.

와 비교하여 로봇이 지도 속 세계에서 어디에 있는지를 파악한다. 이것을 **위치 추정**localization이라고 부른다.

동시에 차량은 감지 범위 내의 물체 중 어떤 것이 고정되어 있고, 어떤 것이 움직이고 있는지 판단해야 한다. 정보 수집 과정 중 물체와 장애물을 인식하는 역할은 완전히 다른 알고리즘 세트가 담당한다. 여기서는 카메라가 매우 유용하다. 관심 대상인 물체에 대해 정보를 한 겹 더 추가해주기 때문이다.

내 오픈카가 진입로에 서 있다고 해보자. 이때 한 이웃이 조깅하며 그 앞을 지나간다.

그리고 레이저 스캐너가 이 사람의 3차원 형상을 대략적으로 추적한다.[7] 하지만 카메라 데이터를 추가해 옷, 머리카락, 피부의 색상과 질감을 보여주면 로봇은 이것이 보행자라는 것을 더 쉽게 이해할 수 있을 것이다. 차가 아직 출발도 하지 않았는데 이야기가 약간 앞서 나가는 감이 없지 않지만, 라이다와 카메라 센서의 피드백을 결합하는 것이 얼마나 중요한지 보여주는 또 다른 예로 교통 신호등 감지를 들 수 있다. 차량이 신호등에 접근하면, 라이다는 기하학적 형태를 통해 신호등이 신호등임을 파악하고, 카메라는 신호등의 색을 판별한다. 이렇게 차량은 양쪽의 피드백을 사용해서 신호등이 빨간불인지 파란불인지 분간한다.

다시 진입로로 돌아오자.

로봇이 이웃, 자동차, 트럭, 반려동물 등 움직이는 장애물을 찾아 분류하는 작업을 진행하는 동안 카메라가 수집한 이미지는 알고리즘에 의해 여러 부분으로 분할된다. 이 알고리즘은 특정 카메라 이미지에서 동일한 객체에 속하는 픽셀이 어느 것인지 매우 정확하게 구분할 수 있다. 이 과정을 **분할**segmentation이라고 한다.

다음 단계인 **객체인식**과 라벨링labeling은 이렇게 세분화된 객체들 중 어떤 것이 자동차인지, 사람인지, 아니면 반려동물인지 등을 파악하는 것이다. 여기서는 크라우드소싱을 통해 폭넓게 조율된 기계학습 모델을 사용한다. 이 과정에 대해서는 11강에서 더 자세히 설명하겠지만, 간단히 말하자면 많은 사람에게 사진과 이미지를 보여주고 자동차, 사람, 고양이, 개, 공원 벤치 등 그 안에서 무엇이 보이는지 표시하게 하는 방법이다.* 사람들이 어떤 것은 자동차로, 또 어떤 것은 사람으로 표시하면, 이렇게 수집된 수십만 또는 수백만 개의 예제를 바탕으로 기계학습 모델은 인간이 자동차라고 라벨링한 선별 이미지들 사이에서 픽셀의 패턴이나 공통점을 파악한다. 그럼 결국 이 모델은 라벨링되지 않은 이미지에서도 과거 라벨링된 데이터에서 학습한 패턴을 기반으로 자동차를 식별할 수 있게 된다. 자동차가 이 모델을 이용하면 낯선 환경에서도 객체를 식별하고 라벨링할 수 있다. 하지만 이것을 더 고차원적이고 수준 높은 지능이 존재한다는 증거라고 오해해서는 안 된다. 기계학습 과정은 본질적으로 패턴 매칭에 불과하다. 객체인식 모델은 객체인식을

---

* 이 과정은 인공지능에 편향 문제를 일으킨다. 여기에 대해서는 다른 장에서 자세히 얘기하겠다.

잘할 뿐이며, 거기서 끝이다. 이 모델은 자동차가 무엇인지도 전혀 알지 못한다. 단지 일부 픽셀 패턴이 인간이 제공한 '자동차'라는 라벨과 상관관계가 있음을 알고 있을 뿐이다.

그럼 이제 진입로에서 나갈 준비가 되었을까? 아직은 아니다. 이제 우리 로봇이 자기가 세상 어디에 있고, 주변에서 무슨 일이 벌어지고 있는지 알게 됐으니 다음에는 어디로 가야 할지 결정해야 한다. 여기에는 **추론**, **계획**, 그리고 **제어**라는 세 단계가 포함되어 있으며, 이들은 서로 밀접하게 연결되어 있다.

우리가 스마트 자동차에 내가 가고 싶은 목적지를 알려주면 (자동차 스스로 목적지를 선택할 수는 없다), 시스템은 목적지로 가는 경로를 따라서 일련의 경유지를 계산한다. 여기서부터 지도의 활용이 조금 복잡해진다. 그냥 지도를 보면서 장애물을 모두 표시한 다음, 지도의 빈 공간을 따라 목적지로 향하는 선만 쭉 그려놓으면 될 것처럼 보인다(당장은 교통법규를 무시하자. 지금은 더 큰 문제부터 해결해야 한다). 하지만 이런 빈 공간을 관통하는 선을 따라가려면 차량도 그 선 위의 점처럼 작아야만 한다. 우리 차가 이 선보다 폭이 넓다면 주차된 차나 다른 장애물과 부딪히는 상황이 벌어질 수 있다.

선을 자동차 크기에 맞게 넓힐 수도 있겠지만 기하학 및 컴퓨팅이라는 관점에서 보면 얇은 선은 그대로 두고 장애물을 확장하는 쪽이 더 쉽다. 장애물의 크기를 키우면 차량이 움직일 수 있는 자유 공간이 줄어든다. 이렇게 하면 이동 가능한 경로의 수는 줄어들지만 로봇이 무언가에 부딪힐 가능성도 극적으로 줄어든다.

지금 당장 당신의 주변 공간을 생각해보라. 집 안의 방이든, 비행기 객실이든, 야외의 벤치 주변이든 상관없다. 이제 주변의 모든 물체가 표면 위의 모든 점에서 몇 미터씩 뻗어 나오는 일종의 '힘의 장 force field'을 가지고 있다고 상상해보라. 그럼 자유공간은 줄어들지만, 완전히 사라지는 것은 아니다. 여전히 움직일 여지는 남아 있다. 마찬가지로 자동차의 지도에서 장애물을 확장시켜도 이 힘의 장 혹은 그 뒤에 있는 물체에 부딪히지 않고 차량이 이동할 수 있는 경로는 여전히 존재한다. 이 독특한 가상 세계를 **구성공간** configuration space이라고 부른다.

구성공간의 틀을 잡은 후에는 일련의 경유지를 지정하고 그 사이를 연결하는 선을 그릴 수 있다. 결국 자동차가 이 선을 따라 경유지에서 경유지로 이동하면 어떤 장애물에도 부딪히지 않고 목적지에 도달하게 된다.

이런 접근방식이 좀 이상하거나 지나치게 복잡해 보일 수도 있다. 이미 상세한 부분까지 모두 나와 있는 아름다운 고정밀 지도가 있는데 이것을 왜 무시할까? 그 이유는 이 특이한 구성공간을 통해 경로를 추적할 방법을 비교적 쉽고 정확하게 결정할 수 있는 입증된 알고리즘이 이미 나와 있기 때문이다. 로봇공학자들도 인간이다. 쓸데없이 바퀴를 새로 발명하거나 새로운 알고리즘을 만드는 수고를 피할 수 있다면 피한다.

한편, 차량이 이동 중에 사람이나 다른 자동차 등 예상치 못한 새로운 장애물을 만나는 경우가 생길 수 있고, 이때는 경유지가 조정될 수 있다.

이제 오픈카는 주차장을 떠날 준비를 거의 마쳤다.

마지막 단계인 **제어**는 차량의 조향 시스템, 가속 시스템, 제동 시스템에 명령을 보내는 과정이다. 내 십 대 시절, 마침내 가속 페달을 밟고 운전대를 돌리며 좌회전을 성공적으로 수행해 아버지를 안심시키고 기쁘게 했던 적이 있는데, 이 경우의 로봇 버전이라 할 수 있다. (제어 이론은 매우 잘 발전된 학문 분야로, 차량의 구동장치 시스템, 즉 바퀴를 돌리고 회전시키는 모터에 힘과 토크를 어떻게 적용할지를 계산하는 수학을 주로 한다.)[*] 이번에도 역시 시스템이 각 바퀴와 조향을 제어할 수 있도록 차량을 업그레이드하려면 전자 시스템과 제어 시스템을 일부 수정해야 하지만, 이는 충분히 가능한 일이다.

이제 마침내 로봇이 움직인다. 내가 여기서 설명한 모든 과정은 순식간에 이루어진다. 여기에는 이 행동을 지배하는 하나의 강력한 인공지능 같은 것이 존재하지 않는다. 로봇이 지각, 추론, 계획, 제어의 주기를 빠르게 실행하는 동안에는 여러 알고리즘이 관여하며 차량은 이 주기를 지속적으로 반복한다. 이 감지-생각-행동 루프는 필수적이며, 아주 빠르게 이루어져야 한다. 만약 모퉁이에서 갑자기 트럭이 돌진해 나오거나, 주차된

---

[*] 보통 이 과정은 과제와 환경에 좌우되는 비용함수를 중심으로 최적화를 수행한다. 목적지에 신속히 도달하는 것은 이 비용함수 안에서 긍정적인 보상으로 간주되고, 이동 중에 무엇인가를 들이받는 것은 부정적인 보상으로 처리된다. 따라서 최적화는 신속하게 도착하는 것과 아무것도 들이받지 않는 것 사이에서 균형을 찾는 데 초점을 맞춘다.

차 사이에서 보행자가 튀어나온다면, 로봇은 이를 즉각적으로 감지하고, 추론하고, 반응 및 대응해야 한다. 그렇지 않으면 사고의 위험이 커진다. 차량의 반응 속도는 새로운 장애물을 얼마나 빨리 감지해서 차량의 경로를 수정하는 명령을 하달할 수 있는지에 달렸다. 차량의 속도가 느릴수록 새로운 상황에 대응하기는 더 쉽다. 공공 도로에서 운전하려면 순식간에 움직이는 능력 외에도, 차량이 도로통행 규칙을 알고 이를 준수할 수 있어야 한다. 이는 교통법규에 따라 교통 신호, 도로 표지판, 다른 차량 등에 대응하는 고차원의 계획 알고리즘을 통해 이루어진다.**

* * *

자율주행차가 엄청나게 복잡하긴 하지만 오늘날의 로봇들은 이를 모두 해낼 수 있다. 2023년 8월 11일, 자율주행차 회사인 웨이모Waymo와 크루즈Cruise는 샌프란시스코의 특별 지정 구역에서 1년 365일 24시간 유료 승차 서비스를 제공해도 좋다는 승인을 받았다. 초기 결과는 다소 엇갈려서 크루즈의 차량 중 하나가 굳지 않은 콘크리트에 갇히는 일이 발생하기도 했다. 하지만 나는 스마트폰으로 로보택시를 호출해서 로봇 차량을 타고 돌아다닐 수 있다는 사실이 여전히 놀랍게 느껴진다. 테슬라

** 도로 표지판과 신호를 포함한 국제 도로 규칙은 1968년 빈 도로교통협약에서 제정되었다.

의 오토파일럿은 한계는 있지만 여전히 놀라운 기술이다. 내 연구실에서도 단순한 환경에서 안전하게 작동할 수 있는 자율주행차를 개발했고, 2014년에는 대중이 체험해볼 수 있도록 공개했다. 우리는 싱가포르의 우리 연구실 근처에 있는 차이니즈 가든스라는 공원에서 차량을 시험해보았다. 이 시험에 참여한 사람들은 골프카트처럼 생긴 이 다인승 로봇이 보행자, 자전거, 도마뱀, 기타 장애물을 안전하게 피하며 공원 길을 따라 사람들을 태우고 이동하는 모습을 보며 놀라워했다. 특히 이 차량이 고령의 부모님이나 운전할 수 없는 사람들에게 열어줄 가능성에 대해 큰 기대감을 보였다.

싱가포르를 다시 방문했을 때, 한낮에 한 요양시설을 찾았다가 거주자들이 숨 막히게 무더운 노래방에서 노래를 즐기고 있는 모습을 보았다. 처음에는 그들이 흥겨운 시간을 보내고 있다고 생각했다. 하지만 시설 관리자에게 들은 이야기는 달랐다. 이분들도 친구를 만나고, 쇼핑하고, 사원을 방문하고, 산책을 가고 싶어 하지만, 그러려면 이동을 도와줄 도우미가 필요했다. 그러나 모든 사람의 요구를 충족시킬 만큼 인력이 충분하지 못해서 결국 이 찜통같은 노래방 안에 머물 수밖에 없다고 했다. 간단한 자율주행 골프카트만 있었어도 이 사람들은 이동성과 독립성을 확보할 수 있었을 것이다. 반응 속도의 저하, 시력이나 청력의 감퇴 등 일반적으로 노화와 함께 찾아오는 신체적 제한에도 불구하고, 자신이나 타인을 위험에 빠뜨리지 않고 안전하게 동네를 둘러보거나, 사원을 방문하거나, 친구들과 쇼핑을 즐길 수 있었을 것이다. 사람이 직접 개입하지 않아도 로봇들이 이들을 각자의 목적지까지 알아서 안전하게 데려다줄 수 있었을 것이다.

이런 수준의 응용은 가능하지만, 고령자들이 자율주행차를 타고 전국을 돌아다니며 멀리 떨어져 있던 가족이나 친구를 방문할 수 있는 수준까지는 아직 도달하지 못했다. 2016년에 국제자동차기술자협회 Society of Automotive Engineers에서는 수송 분야에서의 자율성 5단계를 처음 정의했고, 이후 지속적으로 이를 업데이트해왔다. 1단계와 2단계에서는 운전자가 능동적으로 차량을 제어한다. 다만 이 중 2단계, 즉 부분 자동화에서는 첨단 운전자 지원 시스템 ADAS 기술이 주차, 적응형 순항 제어 adaptive cruise control, 차선 이탈 경고, 앞 차와의 거리 유지 경고 등으로 운전자를 보조한다. 이러한 기능은 사실상 기존의 바퀴 잠김 방지 브레이크 시스템 ABS을 더 발전시킨 버전이라고 볼 수 있다. 차량이 사람의 승인을 기다리지 않고 운전자가 하는 일을 보조하기 시작하지만, 제어권은 여전히 운전자에게 있다.

조건부 자동화라고도 불리는 3단계로 오면, 적절한 조건 아래서는 차량이 주변 환경의 모니터링을 포함해서 주행 과정을 대부분 관리할 수 있다. 그러나 스스로 주행하기 어려운 상황에 직면하면 시스템은 운전자에게 개입을 요청한다. 이 경우 운전자가 대처할 수 있는 시간이 짧을 수 있기 때문에 운전자는 항상 주의를 기울이면서 언제라도 대응할 준비를 하고 있어야 한다. 아우디 A8의 인공지능 트래픽 잼 파일럿 traffic jam pilot이 좋은 예다. 이 시스템은 시속 60킬로미터 이하로 움직이는 교통체증 상황에서 가속, 조향, 제동을 모두 담당하도록 설계되었지만, 제조업체가 아직 규제 승인을 얻지 못해서 기술을 출시하지 못하고 있다.[8] 하지만 기술적으로는 가능하다! 4단계에서는 차량이 특정 환경에서 일정 시간을 인간의 개입 없이 자율주행 모드로 작동할 수 있으며 aPM이 그 사례다. 이것이 가능한 이유는 매우 통제되고 예측 가능한 환경에서 작동하기 때문이다. 5단계 자율성에 도달하려면 차량이 모든 환경에서 항상 완전 자율주행 모드로 작동할 수 있어야 한다. 이런 기술은 아직 나오지 않았고, 이런 수준에 도달하려면 더 나은 센서, 실시간으로 추론하고 결정을 내릴 수 있는 더 빠른 프로세서, 향상된 알고리즘 등이 필요하다. 아직 갈 길이 멀다.

수년이 지난 지금도 우리는 2014년에 마주했던 모든 장애물을 완전히 극복하지는 못했다. 교묘하게 연출된 영상에서는 마치 이것을 극복한 것처럼 광고하고 있지만 사실 아직까지 어느 누구도 극복하지 못했다. 요즘에는 많은 자동차가 테슬라의 오토파일럿과 비슷한 기능을 탑재하고 있어서 자율성 2단계 또는 3단계 수준의 운전자 보조 기능을 제공한다. 테슬라에서는 자사의 차량이 자율주행에 필요한 모든 하드웨어를 이미 갖추고 있으며, 앞으로 이 기능을 해제하는 데 필요한 것은 그저 소프트웨어 업그레이드와 규제 승인의 문제일 뿐이라고 선언했다. 하지만 나는 이런 주장이 의심스럽다. 자율주행차가 비나 눈 속에서 제대로 작동하지 못하는 문제는 소프트웨어의 약점이 아니라 하드웨어의 문제로 남아 있다. 시간이 지났지만, 자율주행차의 성공을 좌우하는 핵심적인 세 가지 질문은 그대로 남아 있다.

   1. '환경'이 얼마나 복잡한가? 환경의 복잡도는 사막의 텅 빈 직선 고속도로처럼 쉬운 상황부터 복잡한 도심 도로, 구불구불하고 얼음으로 미끄러운 산악 도로, 혹은 심하게 눈보라가 치는 도로처럼 어려운 상황까지 다양하다.

   2. '속도'가 얼마나 빠른가? 속도는 안전한 주행 속도(시속 약 50킬로미터)부터 고속(시속 약 100킬로미터 이상)까지 다양하다.

   3. 주변에 있는 물체나 행위 주체와의 '상호작용'이 얼마나 복잡한가? 상호작용의 복잡성은 텅 빈 도로부터 혼잡 시간대의 붐비는 도심까지 다양하다.

만약 이 요소들을 세 개의 독립된 축을 따라 그래프로 그려보면, 오늘날 자율주행차가 안전하고 효과적으로 작동하기 위해서는 세 축 모두, 혹은 두 축에서 원점 근처의 값이 나와야 한다. 즉, 느린 속도, 낮은 복잡도, 다른 차량과의 상호작용 최소화라는 조건이 필요하다. 예를 들어 폐쇄형의 소규모 지역, 대형 주차장 내부의 사유 도로, 학교 캠퍼스, 항구, 공장 부지, 또는 비가 거의 오지 않는 교외 지역 등이 이에 해당한다. 이러한 자율주행차는 안전한 속도로 움직이고, 주변 환경이 급격히 변하지 않는다면 물품을 배달하거나 사람을 이동시키는 데 활용될 수 있다. 또한 항구 주변, 혹은 샌프란시스코처럼 날씨가 온화하고 정밀한 지도가 만들어진 도시 등의 환경에서는 공공도로에서도 적용 가능하다.

연구계가 5단계 자율성이라는 목표를 완수하기 위해 나아가는 동안에는, 그 대안으로 지능을 점점 높이면서 운전자 지원 기능을 개발하는 방법이 있다. 나는 친구 세르탁 카라만과 우리 학생들, 그리고 도요타 연구소 연구진과 함께 가디언 자율성 guardian autonomy이라는 것을 개발하고 있다. 일종의 병렬 자율 시스템이라 생각하면 된다.[9] 이는 운전자가 차량의 제어권을 갖고 있는 상태에서 자율 소프트웨어가 인간 운전자와 나란히 작동하는 공유 운전 솔루션이다. 가디언 소프트웨어의 목표는 육안보다 시야가 더 넓은 지각 시스템과 칩 기반의 추론 엔진을 활용해 운전자의 실수를 막아주는 것이다. 예를 들어, 운전자가 급격한 커브길을 과속으로 접근하고 있다고 가정해보자. 그럼 병렬 자율 시스템은 차량 속도를 줄여 운전자를 돕는다. 하지만 이는 운전자를 과도하게 방해하거나 짜증을 유발하지 않는 수준으로 설계된다. 우리는 운전자가 의도한 행위에서 크게 벗어나지 않으면서도 차량을 도로 위에 안전하게 붙잡아두기 위해 개입하는 가디언 공유 제어 소프트웨어의 개발을 목표로 하고 있다. 운전자는 여전히 어려운 도로 상황을 스스로 판단하며 차량을 제어하지만, 가디언 시스템은 운전자의 지각을 강화해서 더 훌륭하고 안전한 운전자로 만들어줄 것이다. 만약 이 비전이 결실을 맺어 마음과 칩이 조화롭게 작동된다면, 미래에는 교통사고를 획기적으로 줄일 수 있을 것이다.

우리는 앞으로 나아가고 있다. 아주 엄청난 진전이다. 하지만 과연 파리의 개선문 로터리를 돌 수 있을까?* 혹은 상파울루의 교통지옥을 헤쳐나갈 수 있을까? 아직은 어렵다. 이런 곳의 환경은 한마디로 너무 복잡하다. 하지만 로봇공학계에는 오히려 자율주행차 연구에서 극복해야 할 장애물들이 다른 연구들에 비해 상대적으로 쉬운 편이라 보는 시각도 있다.

---

* 개선문으로 이어지는 직선도로는 샹젤리제를 포함해 열두 개이며, 각각의 도로는 최대 10차선으로 이루어져 있다. 이렇게 많은 차선이 로터리로 이어지지만, 로터리에는 따로 차선 표시가 없어서 차량들이 붐비는 도로는 무법천지다.

10강
촉각을 느끼는 두뇌

 개발된 로봇들이 대부분 크고 투박하고 시끄러웠던 시절인 나의 대학원 초년의 어느 날 밤, 동료 학생들과 나에게 한 가지 아이디어가 떠올랐다. 우리 모두가 존경하던 브루스 도널드 교수님의 생일이 그다음 날이었다. 그동안 교수님께 배운 것에 대한 감사의 표시로 케이크를 준비하고, 로봇을 프로그래밍해서 그 케이크를 자르게 하면 어떨까? 우리 중 그런 시스템을 만들어본 사람은 없었지만, 그것은 중요하지 않았다. 우리는 밤새 코드를 작성한 다음 산업용처럼 큰 로봇 팔에 조금은 무시무시하게 생긴 칼을 장착했다. 시간이 부족해서 칼을 제대로 고정할 장치를 만들 수 없었으므로 덕트 테이프를 반 롤이나 사용해서 칼의 손잡이를 로봇 팔에 단단히 묶었다.
 다음 날 케이크가 준비되었고, 로봇 팔이 케이크 근처로 이동했다. 우리는 교수님을 연구실로 초대했고, 교수님은 깜짝 놀란 모습이었다.

우리는 로봇 팔의 스위치를 켜고 프로그램을 실행한 다음, 재앙이 일어나는 광경을 놀라움 속에서 지켜보았다. 우리는 스펀지처럼 부드러운 케이크를 자를 것을 예상하고, 로봇을 거기에 맞춰 프로그래밍했다. 그런데 케이크를 사온 사람이 직사각형의 아이스크림 케이크를 사온 것이다. 이렇게 단단한 케이크는 예상하지 못했던 변수였고, 로봇이 폭주를 시작했다.

로봇 팔이 케이크를 치고 허공에서 칼을 흔들기 시작한 것이다. 한 학생이 급히 몸을 피했고, 케이크의 당의가 사방으로 튀었다.

그때 누군가가 조용히 앞으로 나와서 로봇 팔의 받침대에 있는 커다란 빨간색 멈춤 단추를 눌렀다. 케이크는 완전히 망가졌고, 교수님은 즐거워하며 이렇게 선언했다. "이로써 특이점이 왔군!" 그래도 다친 사람은 없었다.

여기서 얻을 수 있는 교훈이 몇 가지 있다. 첫째, 시스템을 종료시키는 빨간 버튼이나 뽑아서 끌 수 있는 플러그, 혹은 비상 정지 기능을 반드시 설계 과정에 포함해야 한다는 점이다(요즘에는 모든 로봇에 이런 기능이 탑재되어 있다). 나에게도 또 다른 교훈이 있었다. 실제 세계에서 물체를 만지고 움켜쥘 수 있는 로봇을 만드는 일이 얼마나 어려운지 깨달은 것이다. 로봇공학에서는 이것을 자율조작autonomous manipulation 혹은 손기술 조작dexterous manipulation이라는 하위 분야로 부른다. 로봇이 공장 케이지에서 벗어나 그 잠재력을 실현하려면 실제 세계의 물체 및 사람들과 안전하고 효과적으로 상호작용할 수 있어야 한다. 우리는 로봇이 전구 교체와 같은 세밀한 조작 과제를 수행할 수 있기를 바란다. 나는 로봇이 넘어진 사람에게 손을 내밀어 다시 일어서는 것을 도울 수 있을 만큼 안전하고 섬세해졌으면 좋겠다. 그리고 한발 더 나아가서 저녁 파티가 끝나면 식탁을 치워주는 로봇이 있어서 손님들은 청소 걱정 없이 커피나 가벼운 술을 즐길 수 있었으면 좋겠다.

여기에는 문제가 있다. 공학이나 프로그래밍이라는 측면에서 보면 식탁을 치우는 로봇을 만드느니 차라리 화성으로 날아가는 로봇을 만드는 편이 쉽다.

로봇 자동차가 돌아다니는 세상인데 어째서 그럴까? 자율주행차나 화성의 표면 위를 돌아다니는 로봇은 자유로운 공간에서 작동한다. 이런 기계들은 물리세계에서 물체나 살아 있는 생명체와 상호작용하지 않는다. 그들의 목표는 오히려 그런 상호작용을 **피하는** 것이다. 우리는 접촉을 피해가며 움직이는 로봇을 만드는 일에는 대단히 능숙하다.

하지만 물리세계와 접촉이 **필요한** 로봇은? 그건 완전 다른 문제다. 침대 옆 전등의 전구를 교체한다고 해보자. 사람에게는 이렇게 쉬운 일도 없다. 전등 갓 아래로 손을 넣어 전구를 손가락으로 부드러우면서도 단단하게 누른 상태에서 돌린다. 일단 전구가 빠지면 소켓에서 꺼내어 어디 안전한 곳에 놓아두고, 새 전구를 그 자리에 돌려서 끼워 넣으면 된다.

이번에는 로봇이 이 과제를 수행하려면 무엇이 필요한지 생각해보자. 전구를 교체할 때가 되었음은 로봇이 이미 알고 있다고 가정하자. 문제를 단순하게 만들기 위해 로봇이 침대 곁까지 어떻게 가야 하느냐는 문제도 생략하고, 로봇의 몸체에만 초점을 맞추자.

로봇의 몸체에는 공간의 여러 지점으로 이동할 수 있는 팔이 필요하다. 그리고 전등 주변 환경에 대한 정보를 제공하는 카메라나 기타 센서를 갖추어야 한다. 또한 전등 쪽으로 팔을 움직이다가 침대 옆 탁자에 놓여 있는 물컵을 쓰러뜨리면 곤란하니까, 로봇의 팔이 취할 수 있는 여러 가지 경로 중 하나를 선택해서 움직일 수 있는 의사 결정 능력이 필요하다. 그다음에는 팔 끝에 장착할 수 있는 일종의 손이나 집게가 필요하다. 이 손은 다양한 재료, 다양한 형태로 만들어진 물건을 집어들 수 있을 정도로 유연해야 한다. 그리고 물체를 움켜쥘 수 있어야 하지만 그 물체가 부러지지 않도록 힘을 감지하는 센서와 기타 피드백 시스템이 필요하다. 그리고 움직이는 도중에 예상치 못했던 장애물과 부딪혔을 때도 이를 인지할 수 있어야 한다. 로봇은 물체를 **어떻게** 잡고 있어야 하는지도 어느 정도 이해하고 있어야 한다. 내 로봇이 식탁을 치우다가, 와인 잔은 위로 세워서 잡아야 한다는 사실을 모르고, 절반 정도 차 있는 잔을 삐딱하게 잡아서 보르도 와인을 카펫 위에 쏟는 일은 없어야 한다.

어쨌거나 이런 문제들까지도 모두 해결했다고 가정해보자.

일단 로봇이 전등 근처에 오면 전등갓과 전구 사이의 공간을 잘 볼 수 있어야 한다. 그래야 전구를 잡을 수 있는 위치로 손을 이동시킬 경로를 계획할 수 있다. 만약 로봇이 전등을 쓰러뜨리지 않고 이 과제를 성공적으로 수행했다면, 이번에는 전구가 깨지지 않을 정도로 부드럽게, 또 쥐고 돌릴 수 있을 정도로는 강하게 잡는 법을 알아내야 한다. 이것은 로봇의 두뇌와 몸체 모두에 도전적인 과제다. 앞에서 설명했듯이, 두뇌는 더 큰 과제와 연관되어 있는 이런 단계들을 계획하고, 이를 고차원 제어에서 저차원 제어로 전환할 수 있어야 한다. 그리고 몸체에는 손이 필요한 위치로 들어갈 수 있도록 정교하고 가는 로봇 팔과, 전구를 잡기에 적당한 도구를 갖춘 로봇 손 혹은 말단 작동기end effector가 필요하다. 이것은 로봇에 있어 엄청나게 복잡한 과제다. 하지만 인간에게는 이렇게 쉬운 일도 없다! 심지어 두 살짜리 아이도 손기술이라는 측면에서는 현재 나와 있는 최고의 로봇보다 훨씬 더 뛰어나다.

 우리가 케이크 자르는 로봇을 만들려다 실패했을 때는 너무 서두르기도 했지만, 지금의 로봇공학자들이 가진 컴퓨팅 자원이나 기계 자원도 없었다. 하지만 이 분야는 이제 엄청나게 발전해서 케이크를 자를 수 있는 기계는 문제도 아니고, 심지어 케이크를 만들어서 구울 수 있는 로봇까지 개발하게 됐다. 베이크봇이라는 이름의 이 기계는 조작과 관련된 여러 가지 어려움과 가능성을 보여준다.[1] 게다가 이 기계는 내가 가장 좋아하는 간식거리 중 하나인 호주식 초콜릿 아프간 쿠키도 만들어준다.

 내 연구실에서 개발한 오리지널 베이크봇은 사람 형상을 한 PR2라는 인기 있는 연구용 로봇을 개조한 버전이었다. PR2는 두 개의 스테레오 카메라와 레이저 스캐너를 눈으로 사용하며,

힘을 감지할 수 있는 유연한 집게를 손으로 장착한 두 개의 팔, 그리고 평평한 표면을 이동할 수 있는 바퀴 달린 받침대를 가지고 있다. 하지만 만약 내가 베이크봇을 가정용으로 개조한다면, 아마도 더 얇고, 부드럽고, 유연한 몸체를 지닌 로봇으로 개발할 것이다. 어쩌면 앞치마도 하나 추가할지 모르겠다. 하지만 당장은 지금의 과제에 집중해보자.

내가 저녁 파티를 열고 디저트 준비하는 막중한 임무를 베이크봇에게 맡긴다고 상상해보자. 베이킹 과정은 요리법에서 시작한다.

요리법은 사람이 이해할 수 있는 언어로 적혀 있다. 로봇은 자연어를 잘 이해하지 못한다. 기계 지능은 텍스트를 읽고, 이전에 학습한 수많은 텍스트를 기반으로 다음에 올 단어나 구절을 예측할 수 있다. 그리고 영어를 프랑스어로 번역하는 일도 놀랄 만큼 정확하게 수행할 수 있다. 하지만 단어의 실제 **의미**를 이해하지는 못한다. 따라서 로봇은 인간이 작성한 요리법을 자신이 이해할 수 있는 형태로 먼저 변환해야 한다. 요리법에 적힌 각각의 동작을 로봇이 실제로 수행할 수 있는 일련의 행동으로 번역해야 하는 것이다. 인간에게는 요리 준비 과정이 비교적 단순하다. 예를 들어 적절한 재료를 믹싱볼에 넣고, 섞고, 더 많은 재료를 추가하고, 원하는 농도가 나올 때까지 다시 섞는다. 우리는 이런 과정을 진행할 때 각각의 단계를 **어떻게** 수행해야 하는지 깊이 고민할 필요가 없다. 대부분 몸이 알아서 한다. 하지만 로봇한테는 훨씬 자세한 지시가 필요하다.

필요한 재료를 요리 프로그램에서 흔히 볼 수 있는 방식처럼 모두 미리 준비해놓았다고 가정해보자. 한 그릇에는 버터, 또 다른 그릇에는 설탕, 또 다른 그릇에는 밀가루가 담겨 있다. 그리고 테이블에는 라이스 크리스피와 코코아가 들어 있는 그릇들, 빈 믹싱볼, 케이크 팬도 놓여 있다.

요리법의 첫 번째 단계는 버터와 설탕으로 크림을 만드는 것이다. 로봇은 테이블 위의 그릇들을 모두 살펴보고 그 안에 들어 있는 재료를 분석하여 각 재료가 어느 그릇에 있는지 구분해야 한다. 만약 설탕과 밀가루가 둘 다 흰색이라면 로봇은 색깔 말고 다른 기준을 사용해 두 재료의 차이를 구별해야 한다. 예를 들어 기계학습 엔진을 이용해 재료 입자의 성질 차이를 식별할 수도 있을 것이다. 이렇게 하면 로봇은 거친 결정체는 설탕이고, 고운 가루가 밀가루라는 것을 학습할 수 있다.

로봇이 두 재료의 차이를 구분하고, 버터와 설탕, 그리고 믹싱볼의 위치를 파악하고 나면 다음 단계로 넘어간다.

이제 베이크봇은 자신의 손 하나를 현재 위치에서 버터가 담긴 그릇 가장자리로 이동시키는 계획을 세워야 한다. 여기에는 역기구학inverse kinematics이라는 방법을 사용한다. 역기구학은 목표 상태에서 지금 상태까지 거꾸로 역산해서 그 목표 상태에 도달하기 위해 거쳐야 할 단계가 무엇인지 계산하는 방법이다. 기본적으로 로봇은 손과 손가락을 목표 그릇 근처의 특정 위치에 배치하고자 한다는 것을 알고 있으며, 그곳에 도달하는 데 필요한 행동과 움직임의 순서를 계산해야 한다. 이것은 고차원 제어기와 저차원 제어기를 동원해서 어깨, 팔꿈치, 손목의 모터들에 정확히 무엇을 해야 하는지 알려주는 것을 의미한다. 이 관절들은 저마다의 다양한 방식으로 회전하거나 움직일 수 있으므로, 베이크봇은 각 관절에 어떤 힘과 토크를 얼마 동안 어떤 순서로 적용해야 손을 그릇 가장자리로 이동시킬 수 있을지를 계산해야 한다. 그리고 이 과정에서 다른 물체나 자신의 신체와 부딪히지 않도록 해야 한다. 로봇공학 연구자들은 정기구학forward kinematics과 역기구학 모두에서 이러한 작업에 필요한 수학적 방법을 알고리즘 형태로 개발해왔다. 정기구학과 역기구학은 로봇 팔의 구조에 따라 달라지며 상당히 복잡하다. 하지만 기본적으로 우리는 이것을 수행하는 방법을 알고 있다.

　로봇이 이 초기 과제를 수행해 손을 그릇 가까이로 가져가면, 베이크봇은 그릇의 가장자리를 살짝 집어보며 그릇의 존재와 카메라의 정확성을 검증한다. 로봇의 머리에 있는 카메라가 로봇 손에 있는 물체가 실제로 버터가 담긴 그릇임을 확인하면 베이크봇이 그릇을 들어 올리기 시작한다.

　사실 이것은 아주 단순화해서 설명한 것이다. 실제로는 훨씬 더 어렵다. 조작 분야에서는 이를 '마지막 1센티미터 문제'라고 부른다. 우리는 로봇의 손을 목표한 물체에 가깝게 이동시키는 일은 아주 잘하지만, 마지막 단계는 매우 까다로울 수 있다. 로봇 팔의 기계장치를 정확히 제어하기 어려워서 손의 최종 위치에서 약간의 오차가 발생하기 때문이다. 로봇의 손과 로봇이 잡으려는 물체가 어긋나게 정렬되어 있으면 집기에 실패할 수 있다. 또한 물체를 잡기 위해 로봇 손가락을 어디에 위치시킬 것인지도 중요한 문제다. 산업용 로봇의 손은 일반적으로 두 개의 집게 모양으로 되어 있으며, 이를 이중 막대형 말단 작동기라고 부른다. 이들은 단단한 플라스틱이나 금속으로 만들어져 있다. 이러한 도구로 물체를 잡으려면, 사람이 두 손톱만으로 물체를 잡으려고 할 때 필요한 것과 비슷한 수준의 정밀함이 요구된다.*

이런 도전과제를 이 책과 관련지어 생각해보자. 지금 이 책을 종이책으로 읽고 있다면 왼쪽 상단의 모서리를 잡아보자. 그리고 앞 페이지로 넘겼다가 다시 지금의 페이지로 돌아와보자. 아주 쉽지 않은가? 대부분의 사람들에게 이 일은 간단해도 너무나 간단한 작업이다.

이번에는 당신이 방금 했던 일에 대해 잠시 생각해보자. 나도 직접 시도해보았다. 나는 먼저 팔, 어깨, 등의 다양한 근육을 동원해서 내 손을 적절한 위치로 이동시켜야 했다. 그다음에는 내 팔뚝의 근육들을 동원해서 손을 안쪽으로 회전시켜 손바닥이 종이와 평행이 되게 했다. 다음에는 내 엄지손가락을 낮추어 종이에 갖다 대고, 가벼운 압력을 가하면서 검지로 그 페이지를 다른 페이지로부터 떼어냈다. 그리고 종이의 상단 모서리를 집고 손목, 팔, 어깨의 근육들을 다시 동원해서 페이지를 뒤로 넘겼다.

---

* 그렇다면 로봇 손의 하드웨어와 소프트웨어를 제어와 불확실한 정렬에 훨씬 탄력적으로 대응할 수 있게 개발할 수 있을까? 나는 충분히 가능하다고 믿는다.

사람한테서는 자동으로 이루어지는 일이지만 로봇 입장에서는 엄청나게 복잡한 작업이다.

로봇이 손가락 세 개 달린 손으로 전구를 들고 있다고 해보자. 물체와 손 사이의 마찰력은 접촉 지점, 즉 각 기계 손가락 끝의 위치에 따라 달라진다. 손가락 두 개는 나사산이 있는 금속 캡에 닿아 있을 수 있고, 세 번째 손가락은 유리 전구 부분에 닿아 있을 수 있다. 전구 전체가 로봇의 손에서 미끄러지기 시작하면 각각의 손가락에서 이것을 서로 다르게 느낄 것이다. 손가락에 있는 힘 센서들이 로봇에게 손가락과 유리, 혹은 금속 나사산 사이의 접촉 지점에서 무슨 일이 일어나고 있는지 알려 줄 것이다. 하지만 전구 전체에 관해서는? 로봇은 이 대단히 구체적이고 국소적인 정보를 추상화해서 카메라나 다른 센서가 보고 있는 내용, 즉 전구가 손에서 미끄러지고 있다는 전체적인 상황과 연결할 수 있어야 한다.

로봇 손, 그리고 그것을 제어할 알고리즘을 설계하려면 거기에 관여하는 힘에 대해 깊이 이해하고 있어야 한다. 다빈치 수술 플랫폼에 관해 얘기하면서 언급했던 내 친구 켄 솔즈베리가 이 분야에서 그런 중요한 업적을 남길 수 있었던 이유 중 하나는 로봇 손이 물체와 접촉했을 때 작용하는 힘을 직관적으로 시각화할 수 있는 능력을 타고났기 때문이다. 로봇공학에 종사하는 사람들은 대부분 시뮬레이션을 프로그래밍해야 이런 힘을 시각화할 수 있지만, 켄은 그것을 상상만으로 할 수 있다.

로봇 손을 설계할 때는 손가락을 몇 개 달아줄 것인지도 결정해야 한다. 대부분의 물체는 손가락이 세 개만 있으면 잡는 데 문제가 없다는 것을 연구자들이 입증해보였기 때문에 로봇 손에는 손가락이 세 개만 달려 있는 경우가 많다. 최대한 단순하게 만들려고 하기 때문이다. 하지만 켄은 손가락이 네 개 있으면 흥미로운 능력이 생겨난다는 것을 지적했다. 손가락 세 개가 물체를 안정적으로 잡고 있는 동안 네 번째 손가락으로는 물체의 표면 위를 걷듯이 이동하며 손에 든 물체를 조작할 수 있다. 이런 과정을 통해 각도를 탐색하고, 질감과 단단함의 차이도 감지할 수 있다. 나는 사물의 손안 조작에 관한 박사 학위 논문을 쓸 때 이 아이디어를 탐구해보기로 하고 내가 손가락 추적finger tracking이라 부르는 알고리즘을 실행해보았다.

하지만 다시 내 가상의 저녁 파티로 돌아가보자.

주방에서 로봇이 그릇을 단단히 잡고 있다. 그릇이 미끄러지기 시작하면 로봇의 손가락에 있는 센서가 이 움직임을 감지하고, 데이터를 두뇌로 전송한다. 그러면 두뇌는 손에 있는 모터에 그릇이 미끄러지지 않도록 더 세게 잡으라고 지시를 내린다. 하지만 너무 세게 잡아서도 곤란하다. 손가락에 그릇이 찌그러지거나 깨지지 않을 정도의 힘으로만 잡게 한다.

베이크봇은 버터를 그릇에 붓고, 밀가루, 코코아 분말, 라이스 크리스피를 추가한다. 한 손으로 그릇 옆을 잡아 고정하고 다른 손으로는 주걱을 잡고 재료를 섞기 시작한다. 다음 단계는 반죽을 긁어내어 베이킹 트레이 위에 올려놓는 작업이다. 이것은 비교적 간단하다. 그다음으로 로봇은 쿠키가 담긴 트레이를 들어 올린 후에 균형을 잃지 않게 조심하면서 방을 가로질러 이동한 뒤에 예열된 오븐에 넣는다. 미리 설정해둔 시간이 지나면 베이크봇은 트레이를 오븐에서 꺼낸 뒤 내려놓고 식힌다. 마지막으로 쿠키가 트레이에서 큰 어려움 없이 꺼낼 수 있을 정도로 식으면, 베이크봇이 이 쿠키를 저녁 파티에 손님들에게 내어놓는다.

이것을 집에서 시도해보지는 않았지만 실험실에서 비슷한 실험을 진행했고, 쿠키는 맛있었다. 하지만 이렇게 비교적 단순한 조작 과제를 수행하는 로봇을 만드는 것치고는 엄청난 노력이 투입됐다. 쿠키를 준비하는 과정에는 단단한 그릇과 예측 가능한 형태를 가진 단단한 도구가 필요했다. 그리고 로봇에게 인식하는 법, 그리고 저어서 혼합하는 과정에서 일어나는 변화를 모니터링하는 법을 가르칠 수 있는 재료 목록이 필요했다. 빨래 개기 같은 다른 가사는 어떨까? 이 과제의 어려움은 기하급수적으로 커진다. 빨래 바구니 속에는 크기, 모양, 패턴이 제각각인 셔츠, 바지, 양말, 속옷 등이 가득하기 때문이다.

그래도 우리는 재활용품을 분류하는 로봇은 만들 수 있다. 우리 연구진이 제작한 로봇인 로사이클Rocycle은 컨베이어 벨트 앞에서 자기가 집어 든 종이, 금속, 플라스틱 물품들을 촉각, 시각 피드백, 추가 센서 구성요소를 통해 구분할 수 있다. 여기에 금속 센서를 추가해서 로봇의 몸체를 보강해주니 더 똑똑하고 능력 있는 로봇이 탄생했다. 로사이클이 한 물체가 종이인지 플라스틱인지 확신이 들지 않을 때는 부드럽게 눌러본 후에 얼마나 변형되었는지를 바탕으로 종이인지 플라스틱인지 판단한다. 플라스틱이 종이보다 더 단단해서 덜 눌리기 때문이다. 이 민감한 손 덕분에 로봇이 전체적으로 더 똑똑해진 셈이다.

여기서 다시 몸체와 두뇌 간의 정교한 상호작용에 관해 얘기해보자.

내가 로봇공학을 시작했을 때만 해도 모든 집게는 딱딱한 구조로 이루어져 있었고, 대부분 손가락이 두 개씩 달려 있었다. 이 로봇이 물체를 잡으려면, 그 기하학적 구조를 분석해서 물체를 단단히 잡기에 가장 적합한 두 지점을 계산해내야 했다. 하지만 이것이 이상적인 상황은 아니었다. 인공두뇌가 엄청난 연산 능력을 발휘해야 했기 때문이다.

손톱 끝만 이용해서 와인 잔을 들어 올린다고 상상해보라. 원칙적으로는 가능하겠지만, 와인이나 물을 담아 실험해보는 건 추천하지 않는다. 잔을 쥐는 것이 매우 불안정해서 손톱 끝과 잔 사이의 두 접점 중 한 곳에서라도 미끄러지면 십중팔구 쏟게 된다.

이번에는 엄지와 검지의 부드러운 손 끝부분을 이용해서 다시 시도해보라. 더 넓은 면적에 걸쳐 훨씬 다양한 범위의 힘과 회전력을 가할 수 있고, 더 중요한 점은 와인을 한 방울도 흘리지 않고 들어 올릴 수 있다는 것이다.

마찬가지로 딱딱한 집게를 부드러운 로봇 손가락으로 전환하면 그렇게 정밀하게 계산할 필요가 없어진다. 어떤 의미에서는 두뇌에 대한 요구가 줄어드는 셈인데, 훨씬 다양한 위치에서 훨씬 다양한 방식으로 쥘 수 있기 때문이다. 이 연질 센서에 접촉과 힘을 감지하는 센서를 추가하면 로봇이 물체를 효과적으로 쥐고 있는지, 혹은 물체가 손에서 미끄러지고 있는지에 대해 더 많은 정보를 얻을 수 있다. 그럼 이제 로봇은 촉각을 기반으로 작동할 수 있게 된다.

물론 로봇 손과 이를 제어하는 두뇌를 개발하기 위해서는 여전히 많은 연구가 필요하지만, 단순히 케이크를 자르는 수준은 이미 훨씬 넘어섰다. 현재의 속도로 기술이 진화를 이어간다면 로봇이 삶의 여러 측면에서 다양한 과제를 수행하게 되리라고 어렵지 않게 상상할 수 있다. 로봇은 병원이나 노인 돌봄, 또는 아동 돌봄 시설에서 더 유능한 조력자가 될 수 있을 것이다. 공장과 창고에서 더 어려운 작업을 도맡을 수 있고, 인간이 접근하기 어려운 환경에서 위험한 역할도 수행할 수 있을 것이다. 또한 깊은 바닷속부터 머나먼 우주에 이르기까지 우리의 탐험도 도울 수 있을 것이다. 하지만 로봇이 세상의 사물을 다루고, 그 세상 속에서 움직이며 그 잠재력을 발휘할 수 있으려면, 우리는 로봇에게 학습 능력을 부여해야 한다.

11강
로봇의 학습 방법

 나는 스키를 정말 좋아한다. 스키는 어릴 때 배웠는데, 지금은 업무에 바빠서 슬로프에 자주 갈 수 없지만, 스키를 탈 때마다 매번 턴을 하며 산을 타고 내려오는 그 기술을 다시 익힐 필요가 없다는 사실이 정말 고맙게 느껴진다. 마지막으로 스키를 탄 지 1년 넘게 지났어도 몇 번만 방향을 틀며 내려오다 보면 금방 다시 감각을 되찾을 수 있다.
 내가 특별한 사람이라 그런 것은 아니다. 일반적으로 사람은 이런 기술을 한 번만 배우면 된다. 우리는 뇌 속에 스키 타는 법에 대한 모델을 만들어 훈련시키고, 필요할 때마다 이 모델을 끄집어내어 활용한다. 만약 산 정상에서부터 아래까지 내려오는 동안 모든 턴을 일일이 계획해야 했다면 아마 나무늘보처럼 느렸을 것이다. 하지만 우린 그럴 필요 없이 그냥 스키를 시작하면 된다. 옛말에 "자전거 타는 법은 한 번 배우면 평생토록 잊지 않는다"라고 했는데 틀린 말이 아니다. 이런 기술은 한 번만 배워두면 가지고 있다가 필요할 때 다시 꺼내서 사용할 수 있다.

이 책에서 설명한 능력을 갖춘 로봇을 만들고 싶다면 단순히 해결책을 그 안에 설계해 넣거나 프로그래밍해주는 것만으로는 부족하다. 자신의 것이든, 다른 로봇의 것이든 데이터를 탐구하고, 과거의 경험을 연구해서 과거에 무슨 일이 일어났고, 미래에는 무슨 일이 일어날 가능성이 크며, 다음에는 무엇을 어떻게 해야 하는지 이해할 수 있어야 한다.* 로봇은 학습할 수 있어야 하며, 자신이 학습한 내용을 다른 로봇들과 공유할 수 있어야 한다.

학습은 높은 수준의 추론과 계획 과정을 단순화해서 로봇이 우리가 기대하는 속도로 작동할 수 있게 해준다(내 동료인 레슬리 카엘블링과 토머스 로자노페레스가 이 과제를 연구 중이다).[1] 로봇은 모든 움직임을 미리 세세하게 계획하는 대신 바로 계획 실행 단계로 들어갈 수 있다. 이는 대니얼 카너먼의 '빠르게 생각하기'의 컴퓨터과학 버전이라 할 수 있다. 그와 마찬가지로 나도 슬로프 정상에 서면 주변 환경을 쓱 한 번 평가한 후에 일단 스키를 타고 내려가기 시작한다. 그러다 예상치 못한 눈 더미나 얼음 구간을 만나도 예전의 경험을 바탕으로 적응할 수 있을 거라고 생각하는 것이다.

우리의 일상생활을 생각해보자. 우리는 아침에 집을 나설 때

---

* 학습은 하지 않고 동일한 과제를 계속 반복하는 산업용 로봇도 있다.

문손잡이를 돌리는 동작에 대해 굳이 고민하지 않는다. 그냥 한다. 하지만 과거의 경험을 활용하는 학습 능력이 없는 로봇이라면 앞 장의 전구 예시에서 다뤘듯이 관절을 움직이는 모터의 동작 하나하나까지 세세하게 계획하고 조정해야 할 것이다. 그렇다고 해서 인간이 계획하지 않는다는 말은 아니다. 사람도 다양한 추상적 수준에서 많은 계획을 세운다. 하지만 우리는 이전의 경험과 가용 데이터로부터 배운 것을 활용하여 계획과 행동을 더 빠르고 효율적으로 능숙하게 실행한다. 새 스마트폰으로 업그레이드했을 때 처음엔 당황할 수 있다. 익숙했던 버튼이 사라졌거나, 앱의 배열이 달라졌을 수도 있다. 하지만 기기를 이리저리 실험하고 다루다 보면 얼마 지나지 않아 이전 모델만큼 빠르고 효율적으로 사용할 수 있게 된다. 아기들은 손이 닿는 물건을 다루는 법을 배우는 데 몇 주, 몇 달이 걸린다. 하지만 몇 번 성공적으로 우유병을 잡고 그 보상으로 맛있는 우유를 맛보면 그 기술을 기억하게 된다. 그리고 이렇게 몇 차례 반복하다 보면 이후에는 생각할 필요도 없이 필요할 때마다 그 동작을 기억해서 실행할 수 있게 된다.

　보상은 학습에서 대단히 중요한 부분이고, 로봇 학습에서도 이 방법을 활용한다. 로봇한테 불은 위험하고, 물은 안전하다는 사실을 가르치고 싶다고 해보자. 그럼 우리는 컴퓨터 시뮬레이션을 만들어서 로봇이 가상공간에서 스스로 이런 구분을 학습하게 만들 수 있다. 시뮬레이션에서 로봇이 불 쪽으로 갈 때마다 프로그램이 마이너스 점수를 주고, 물 쪽으로 이동하면 플러스 점수를 준다. 만약 가능한 한 많은 점수를 얻는 것을 목표로 설정한다면 프로그램은 시간이 지나면서 자연스럽게 점수를 잃는 불은 피하고, 점수를 올려주는 물로 접근하는 방법을 배우게 된다. 이 과정을 여러 번 반복하면, 결국 로봇은 불은 나쁘고 물은 좋다는 사실을 학습하게 된다.

강화학습 reinforcement learning이라고 하는 이 시행착오식 접근법을 다양한 로봇 과제와 기술에 적용할 수 있다. 브라운대학교의 로봇공학자 스테파니 텔렉스와 그녀의 제자 중 한 명은 인간형 로봇 백스터가 다양한 물체를 들어 올리는 법을 스스로 배울 수 있도록 설정한 실험을 진행한 바 있다.[2] 펜을 집어 들어 떨어뜨리지 않고 쥐고 있는 등 안정적으로 잡고 있는 것은 긍정적인 결과로 간주하고, 물품을 떨어뜨리거나 집어 들지 못하는 것은 부정적인 결과로 간주하게 했다. 이 실험은 로봇공학자들이 직접 지켜보고 있을 필요가 없었다. 대신 로봇은 독립적으로 작동하며 다양한 물체를 집는 방법을 실험했고, 성공한 방법과 실패한 방법을 기록했다. 예를 들어, 로봇은 마늘다지기를 들어 올려본 후에 가벼운 물체에서 효과적이었던 방식이 비교적 무거운 주방 도구인 마늘다지기에는 그다지 효과적이지 않음을 배웠다. 로봇이 마늘다지기를 힘차게 흔들자 떨어졌고, 백스터는 세게 흔들어도 마늘다지기를 놓치지 않도록 쥐는 힘을 조정했다. 로봇이 스스로 더 강하고 좋은 쥐기 방식을 학습한 것이다. 시간이 지나면서 로봇은 이런 시행착오의 경험을 바탕으로 빨대 컵부터 소금통까지 다양한 물체를 들어 올리는 방법을 모델로 구축할 수 있었다.

당시 전 세계 실험실에 이러한 인간형 로봇이 약 300대 있었다. 스테파니는 만약 이 300대의 백스터 로봇이 오직 물체를 집는 방법을 학습하는 데만 전념하고, 서로의 지식과 경험을 공유할 수 있다면 2주도 채 되지 않아 백만 개의 다양한 물체를 집는 기술을 집단적으로 독학할 수 있을 것이라고 추정했다.[3] 반대로 우리가 로봇을 직접 훈련시켜야 한다고 가정해보자. 물체를 하나씩 로봇한테 가르치거나 프로그래밍해서 백만 개의 물체를 집는 기술을 학습시키려 한다면, 하루에 세 개의 새로운 물체를 학습시킨다고 가정해도 이 프로젝트를 마무리하는 데 대략 1000년이 걸릴 것이다.*

현실 세계에서 로봇을 학습시키는 것이 장점은 있지만, 로봇이 우리가 잠든 밤중에도 열심히 실험하면서 독립적으로 학습을 이어가더라도 그 과정은 여전히 상대적으로 느리다. 반면, 시뮬레이션에서 학습을 진행하면 속도를 크게 높일 수 있다. 내 동료 풀킷 아그라왈과 그의 학생들은 소형 로봇 치타한테 다양한 지형에서 걷고 달리는 법을 가르칠 때 시뮬레이션 훈련 프로그램을 만들어 사용했다. 여기서는 한 번에 한 마리의 가상 치타를 훈련시키는 대신에, 수천 개의 치타 훈련 인스턴스instance(가상 시뮬레이션에서 독립적으로 실행되는 각각의 학습 단위―옮긴이)를 병렬로 실행했다. 게다가 이 인스턴스들은 서로 정보

---

* 만약 로봇이 앞 장에서 언급한 것처럼 더 부드러운 손을 갖고 있었다면, 훨씬 다양한 물체를 더 빠르게 집는 법을 스스로 배울 수 있었을 것이다.

를 주고받으며 함께 학습하고, 성공과 실수를 공유했다.

가상 세계에는 자연과 물리학의 기본 법칙이 프로그래밍되어 있었다. 로봇 치타에는 명확한 목표가 주어졌다. 지형을 가능한 한 빠르게 주파하는 것이었다. 그런 다음 프로그램이 실험을 시작했다. 연구진은 로봇에게 달리는 법을 가르치지 않았다. 그저 '빠르게 달려라'라는 목표를 주고, 로봇을 가상 세계에 배치한 뒤 프로그램이 스스로 목표 달성 방법을 찾아내도록 했다. 처음에 치타는 자신의 다리를 예상치도 못했던 온갖 기이한 방식으로 움직였다. 가상 로봇이 5미터를 움직이다가 넘어지면, 다른 전략을 시도했다. 그런데 새로운 접근법으로는 고작 3미터밖에 가지 못했다면, 이전의 전략으로 돌아가 약간의 수정을 거쳐 6미터를 이동했다. 이런 식으로 서툴고 어설프게 4000번 시도하면서 수많은 실패를 거친 끝에 시스템은 움직임을 조율하고 균형을 유지하며 앞으로 나아가는 법을 배웠다. 가상의 치타가 스스로 달리는 방법을 터득한 것이다. 일단 프로그램을 시뮬레이션에서 훈련시킨 후에 풀킷과 그의 연구진은 정교하게 조정된 이 모델을 실제 로봇 기계의 두뇌에 이식하고 현실 세계에서 테스트해보았다. 그리고 마침내 이 소형 로봇 치타는 단순히 걷는 수준을 넘어섰고, 기존의 세계 기록을 깨고 다리가 달린 로봇 가운데 가장 빠른 로봇이 되었다.

강화학습은 놀라운 가능성을 열어준다. 내 학생들은 풀킷의 방법과 유사한 기술을 사용해 로봇 자동차에게 경주하는 법을 가르치고 있다. 오픈AI의 로봇 손은 시행착오와 추론을 결합해

루빅스 큐브 문제를 해결했다.* 이 시스템은 손가락의 모터와 손의 방향을 제어하는 방법을 학습해서 큐브를 떨어뜨리지 않으면서 각 조각의 구성을 바꾸며 퍼즐을 풀어냈다. 예를 들어, 로봇은 가상공간에서 시행착오를 통해 큐브를 손바닥에 쥐고 손가락으로 퍼즐의 맨 위층만 회전시키는 것이 좋은 기술임을 알아냈다. 이 방법을 통해 로봇은 쥐고 있는 큐브를 놓치지 않으면서 효과적으로 조작할 수 있었다.

  이 시뮬레이션 실험은 로봇이 예상하지 못했던 사건에도 대응할 수 있도록 훈련시켰다. 연구진은 시스템이 퍼즐을 여러 번 성공적으로 해결할 때마다 시뮬레이션 환경을 더 어렵게 만드는 방법을 개발했다. 예를 들어, 큐브의 크기를 바꾸거나 손가락과 큐브 사이의 마찰력을 조정하는 식이었다. 그래도 매번 시스템은 더 어려워진 시뮬레이션에서도 스스로 훈련해서 동일한 성과를 얻었다. 시뮬레이션에서 이런 무작위적인 변화와 조정을 충분히 익히며 적응한 뒤에 연구진은 이를 실제 로봇 손으로 옮겼다. 그리고 현실에서도 시뮬레이션에서와 마찬가지로 뛰어난 성과를 보여줬다. 그 모든 가상훈련 덕분에 실제 로봇 손은 이전에 겪어보지 못한 방식으로 연구진이 방해해도 퍼즐을 풀 수 있었다. 연구진은 로봇의 두 손가락을 묶거나, 로봇에 담요를 덮거나, 펜으로 찌르거나, 봉제 기린 장난감으로 로봇을

---

* 흥미롭게도 오픈AI는 이런 결과를 얻어내기 위해 열다섯 살 된 로봇 장치인 섀도 로봇 핸드Shadow Robot Hand를 수정해서 사용했다. 따라서 이 경우에는 내 박사과정 연구와 달리 몸체가 두뇌를 앞서갔다고 볼 수 있다.

툭 치는 식으로 방해 작전을 폈지만,[4] 로봇은 문제없이 퍼즐을 풀었다.

* * *

강화학습은 매우 성공적인 결과를 보여주었다. 하지만 많은 반복 과정을 거쳐야 하는데, 이 때문에 학습 프로그램을 운영하는 데 필요한 컴퓨팅과 전력 소비라는 측면 모두에서 자원 소모가 크다. 그리고 비용도 만만치 않게 들어간다. 게다가 강화학습은 예측 가능성이 떨어진다는 단점도 있다. 시뮬레이션을 통해 생성된 알고리즘이나 시스템이 작동하거나, 작동하는 것처럼 보일 수는 있다. 하지만 사람이 작동 방식을 프로그래밍해주거나 로봇에게 우리가 원하는 것을 어떻게 실행하라고 알려주지 않고 시스템 스스로 학습하도록 내버려둔 것이기 때문에 로봇이 특정 행동을 하는 *이유*를 우리는 정확히 알 수가 없다. 따라서 시스템이 항상 제대로 작동할 것인지, 혹은 예상치 못한 상황과 마주했을 때 어떤 행동을 할지 증명하기가 매우 어렵다. 그와 마찬가지로 문제가 발생했을 때 무엇이 잘못되었는지 설명하기도 어렵다.

잠시 로봇 자동차 이야기로 다시 돌아가보자. 자율주행차는 학습하고, 또 자신이 학습한 것을 서로 공유할 수 있어야 한다. 발생할 수 있는 모든 도로 상황에 적절히 반응하도록 일일이 프로그래밍할 수는 없기 때문이다. 로봇 자동차의 두뇌는 지각,

위치추정, 객체인식, 계획, 제어 등 다중 모듈로 구성되어 있다고 했다. 이 모든 것을 우리가 직접 프로그래밍하려 한다면, 각각의 모듈을 모든 가능한 도로 상황에 맞게 정교하게 조정해야 한다. 예를 들면 차선이 있는 도로와 없는 도로, 도시 도로, 시골 도로, 주간주행과 야간주행 같은 경우를 모두 고려해야 한다. 하지만 이것은 설사 발생 가능한 시나리오를 모두 알고 있다고 해도 어려운 일인데, 우리는 그 모든 것을 알지도 못하고 알 방법도 없다.

우리 연구팀은 자율주행차가 대규모 데이터세트에 의존하지 않고도 예상치 못한 상황에 대응할 수 있도록 현실 세계의 경험과 시뮬레이션을 혼합한 방식을 활용해 학습시켜왔다. 한 프로젝트에서는 보스턴 주변으로 몇 시간 동안 사람이 반半자율차량을 운전하며 관련된 데이터를 모두 기록하게 했다. 여기에는 차량 주변에서 발생하는 상황에 대한 센서 데이터, 그리고 다양한 상황에서 인간 운전자가 어떻게 반응했는지를 나타내는 데이터가 포함되었다. 그다음에는 인간 운전자의 행동이 센서가 감지한 환경의 다양한 요소들과 어떻게 연관되어 있는지 추적하는 프로그램을 만들었다. 예를 들어, 앞차가 속도를 줄이기 시작했을 때 운전자가 브레이크를 특정한 힘으로 밟으면 시스템은 이 부드럽고 조심스러운 브레이크 조작을 앞차의 감속과 연관지었다. 이런 방식으로 인간이 로봇에게 운전하는 법을 가르쳤다. 이런 기계학습 방법을 모방학습Imitation Learning이라고 한다.

이런 접근법의 한계는 수집된 데이터에 의해 학습이 제약을 받는다는 점이다. 예를 들어, 인간 운전자가 갑자기 멈추거나 다른 차를 피하기 위해 급히 방향을 틀어야 하는 상황을 겪지 않았다면, 그 운전 경험을 바탕으로 학습한 자율주행차가 그러한 상황에 직면했을 때 적절히 반응할 수 있을지 확신하기 어렵다. 그리고 우리는 결코 로봇이 현실 세계에서 시행착오를 통해 학습하기를 바라지 않는다. 이미 도로에 나와 있는 십 대 운전자들로도 충분히 위험하니까 말이다.

한 가지 방법은 로봇을 더 많이 주행시키는 것이다. 더 많은 차량에 더 많은 운전자를 태워서 이 연구에 투입할 수도 있다. 예를 들어 구글의 자율주행차 프로젝트에서 분사되어 나온 웨이모는 현실 세계에서 3200만 킬로미터 이상을 주행했다.[5] 하지만 대부분의 연구진은 이런 대규모의 프로젝트를 운영할 자원이 없다. 그래서 우리 연구팀은 VISTA라는 시뮬레이션 환경을 만들었다.* 이 환경을 이용하면 사람이 운전해서 수집한 비교적 작은 데이터세트를 변환할 수 있다. 각각의 운전 데이터를 시뮬레이션 안에서 조작해 극단적 사례, 즉 공격적인 운전자가 사고를 일으키는 등의 예측 불가능한 상황을 만들어낼 수 있다. 그럼 수백만 킬로미터에 달하는 방대한 데이터세트를 모으거나, 로봇 자동차가 부주의한 운전자와 마주칠 때까지 기다릴 필요가 없다. 대신 지루하기 짝이 없는 안전한 주행 데이터를 가

---

* VISTA는 현재 오픈소스로 제공되며 vista.csail.mit.edu에서 다운로드할 수 있다.

져와 그것을 예측 불가능한 혼란스러운 상황으로 바꿀 수 있다. 이렇게 하면 어려운 주행 상황을 얼마든지 다양하게 만들어낼 수 있고, 자율주행차가 비슷한 상황에 처했을 때 알맞게 대처하도록 훈련할 수 있다. 모든 시나리오에 맞추어 프로그래밍하는 것은 불가능하다. 모든 시나리오를 상상하기가 애초에 불가능하기 때문이다. 하지만 시뮬레이션에서 로봇을 매우 다양하고 극단적인 사례를 통해 훈련시키면, 로봇이 이전에 경험하지 못한 상황에 직면했을 때도 적절하게 대응할 준비를 할 수 있다. 이는 오픈AI의 로봇 손이 루빅스 큐브를 풀 때 장난감 기린의 방해를 무시했던 것이나, 잘 훈련된 객체인식 알고리즘이 한 번도 본 적 없는 장면에서도 나무를 인식하는 것과 비슷하다.

* * *

로봇공학에서 학습에 대한 접근법은 매우 다양하다. 지금까지는 몇 가지 예만 간단히 다뤘지만, 다음 장부터는 다른 다양한 유형들에 대해 자세히 설명하는 부분이 나올 것이다. 그러나 궁극적으로 오늘날의 많은 응용분야는 기계학습의 한 접근방식에서 파생되어 나온 심층학습 혹은 딥러닝deep learning이라는 기술을 사용하고 있다. 심층학습이 이처럼 널리 활용되는 강력한 도구인 만큼, 학습과 지각에 로봇을 활용한다는 맥락에서 이 개념을 더 깊이 탐구해볼 필요가 있다.

기계학습의 성공은 1970년대 초기 컴퓨터 시각 연구에서 비롯되었다. 당시 연구자들은 2차원 이미지에서 등장하는 특징feature을 자동으로 인식할 수 있는 시스템 개발에 힘쓰고 있었다. 초기에는 한 장의 사진, 즉 모자를 쓰고 미소 짓는 여성을 담은 흑백 사진 한 장으로 시스템을 평가하고 훈련했다. 이후 연구자들은 데이터세트를 확장해 자동차처럼 범주가 다른 이미지도 포함시켰다. 결국 페이페이 리와 그녀의 학생들이 이미지넷ImageNet이라는 방대한 데이터 컬렉션을 구축하기 시작했다. 이 이미지넷은 각 이미지에 들어 있는 다양한 객체를 알고리즘을 통해 분할한 다음,* 분할이 정확하게 이루어졌는지 확인해서 사람이 거기에 라벨을 붙이는 방식으로 만들어졌다. 사람들은 사진을 보면서 자동차, 사람, 고양이, 개, 공원 벤치 등 자기 눈에 보이는 객체를 표시했다(이런 방식은 인공지능에 편향 문제를 만들어낸다. 여기에 대해서는 바로 뒤에서 다루겠다). 이렇게 사람이 라벨을 붙인 이미지들이 저장되었고, 시간이 지나면서 이미지넷 저장소는 결국 1400만 장이 넘는 규모로 성장했다.** 이 방대한 데이터세트를 라벨링하는 데는 엄청난 인력

* 이미지에 담긴 객체를 인지하기 위해서는 먼저 그 큰 이미지 안에서 객체를 찾아야 한다. 이를 위한 첫 단계로, 이미지를 구성하는 방대한 픽셀 격자에서 가장자리와 모서리를 감지하는 알고리즘을 사용한다. 이 알고리즘은 서로 연관되어 보이는 경계를 모아 새로운 윤곽선을 만든 뒤, 이를 하나의 객체로 인식한다. 예를 들어, 어수선하게 어질러진 책상 사진에서 커피 잔의 윤곽선을 감지해 이를 객체로 구분하는 식이다. 이런 이미지 분할을 통해 장면의 복잡성을 줄일 수 있다. 이렇게 분할이 완료되고 나면 시스템은 윤곽이 잡히거나, 분할된 객체를 인식하는 데 집중할 수 있다.

** 어떤 알고리즘이 다른 알고리즘보다 우수하다는 것을 어떻게 알 수 있을까? 알고리즘의 상대적 성능을 측정할 수 있는 벤치마크 데이터세트를 사용한다.

이 필요했고, 각각의 이미지에는 누군가가 관심 객체마다 '자동차', '고양이' 같은 특정 단어를 대응시켜놓았다.

규모가 더 큰 라벨링 이미지 데이터세트를 활용하면, **심층신경망** deep neural network이라는 시스템을 훈련시켜 장면 속에서 객체를 인식하게 만들 수 있다. 그런 다음, 이미지넷 벤치마크를 사용해 훈련이 성공적이었는지 테스트할 수 있다. 예를 들어, 개라고 라벨링 되어 있는 수십만 장의 이미지를 제공하면, 신경망은 인간이 '개'라는 단어와 연관지어놓은 객체와 일치하는 패턴을 스스로 찾아낸다. 이 과정은 직관적인 작업이 아니다. 인간은 이미지를 하나의 전체로 인식하지만, 컴퓨터는 방대한 픽셀 격자를 보고 그 픽셀의 바닷속에서 패턴이나 특징을 찾아내려 한다.

기계는 인간과 학습 방식도 다르다. 기계학습 기술은 인공뉴런 artificial neuron이라 불리는 컴퓨팅 단위로 구성된다. 이 인공뉴런은 뉴런 간의 배선 혹은 연결을 정의하는 신경망 구조로 조직되어 인공신경망을 형성한다. 학습 과정은 데이터를 사용해 패턴을 식별하고, 이 패턴이 모델의 매개변수에 인코딩되는 방식으로 이루어진다. 그럼 모델은 이전에 보지 못했던 데이터를 처리할 때, 익숙하지 않은 데이터 속에서 익숙한 패턴을 찾아 판단을 내릴 수 있다.

기계학습 시스템은 데이터 유형에 따라 서로 연결된 다양한 처리 계층을 거치며 학습을 진행한다. 데이터는 이미지, 텍스트, 비디오 시퀀스, 센서 스트림 등으로 구성될 수 있다. 예를 들어, 기계학습 시스템이 객체를 인식하도록 만들고 싶다면 이미지로 데이터를 구성한다. 각각의 계층은 이미지의 서로 다른 특징(혹은 픽셀 하위 집합)을 매칭하려고 한다. 예를 들면 첫 번째 처리 계층에서는 시스템이 2×2 픽셀 사각형 여러 개를 비교할 수 있다. 이렇게 작은 패턴들을 매칭해서 평가하고 나면, 시스템은 이 출력을 다음 처리 계층의 입력으로 제공해서 다른 픽셀 패턴을 매칭하는데, 이것이 모서리나 가장자리와 같은 이미지 특징에 해당하는 경우가 많다. 이 과정을 어떻게 학습이라 부를 수 있을까? 신경망이 여러 계층을 거치며 점점 더 큰 관심 객체로 확대될수록, 시스템은 이러한 특징들을 편집해서 이들이 서로 어떻게 연관되는지 이해하기 시작한다. 결국 신경망은 이 작은 집중적 패턴들을 평가해서 이미지 속 객체의 정체를 추론한다. 예를 들면, 시스템이 이미지 속 대상이 92퍼센트의 확률로 개라고 판단하거나, 91퍼센트의 확률로 머그잔이라고 식별하는 식이다.

수십만 개의 라벨링된 이미지로 훈련받고 나면, 이제 시스템은 인간이 라벨을 붙이지 않은 이미지에서도 객체를 식별할 수 있게 된다. 신경망은 라벨링된 데이터에서 추출했던 동일한 패턴을 새로운 이미지에서도 찾아낼 수 있다. 이는 시스템이 각각의 항목이 어떻게 생겼는지에 대해 자체적인 모델을 구축했기 때문이다. 즉, 시스템이 개나 머그잔을 식별하는 방법을 학습한 것이다.

그렇다면 이런 학습 방식 혹은 접근법이 일반 인공지능을 구현한 것일까? 그렇지 않다. 기계학습과 인공지능 시스템은 특정 응용분야에서는 놀라운 성능을 보여주지만, 우리가 생각하는 수준만큼 똑똑하지는 않다. 특히 인간과 비교하면 더욱 그렇다. 우선 이들은 견고성robustness이 부족하다. 실수를 하고, 비교적 쉽게 속일 수 있다는 의미다.

내가 좋아하는 사례 중 하나는 객체인식 시스템에 개의 이미지를 보여주는 경우다. 처음에 이 프로그램은 98퍼센트의 확률로 이 이미지가 개라고 확신했다. 하지만 몇 개의 픽셀만 살짝 교란했더니 시스템이 결론을 바꾸었다. 이제는 이 이미지가 타조라고 판단한 것이다. 놀랍게도 시스템은 이번에도 여전히 98퍼센트의 확률로 확신했다.

이런 픽셀 교란 방식은 적대적 공격adversarial attack의 한 예다. 개가 타조와 닮지 않았다는 점은 내가 자신 있게 말할 수 있다. 인간이 이 이미지를 보고 실수하는 일은 절대로 없었을 것이다. 이러한 적대적 공격은 어떤 이미지(혹은 다른 유형의 데이터)에서도 생성할 수 있다. 재미를 넘어 우리를 불안하게 만드는 사례가 바로 도로의 정지 신호다. 이것은 이런 공격이 어째서 시스템에 심각한 결함이 있는지를 잘 보여주는 사례.

교란된 이미지와 원본 이미지의 차이는 거의 알아보기 어렵다. 하지만 적대적 공격에 들어 있는 미세한 변화가 기계학습 엔진을 완전히 속여버렸다.* 이것은 매우 중요한 약점이다. 자

---

* 이런 변화나 교란이 무작위적인 것은 아니다. 이런 적대적 공격은 신경망을 속여 오답을 내놓게 하려고 정교하게 선별된 노이즈를 삽입한다. 현재는 이를 막아내기 위

율주행차가 이런 공격에 당해서 판단력이 심각하게 손상되는 상황은 절대 일어나서는 안 된다. 로봇이 개와 타조를 혼동하는 경우에는 그냥 웃어넘기면 그만이다. 특히 로봇이 타조를 개로 착각해서 산책을 시키려 한다면 더 크게 웃을 수 있을 것이다. 하지만 정지 신호를 양보 신호로 착각하면 중대한 교통사고로 이어질 수 있다.

* * *

현재는 사람들이 기계학습에 열광하고 있지만, 그 열광 속에서 종종 잊히거나 간과되는 사실이 하나 있다. 기계학습에 대한 아이디어는 대부분 이미 수십 년 전에 고안된 것이라는 점이다. 신경망이 처음 소개되었을 때는 작동이 신통치 않았다. 하지만 이후 데이터를 수집하고 저장하는 능력이 발전하고, 프로세서 속도가 기하급수적으로 빨라짐에 따라 엄청난 차이가 생겼다. 간단히 말해, 심층신경망 같은 기계학습 엔진이 오늘날 매우 효과적인 이유는 대규모 모델을 표상하고, 방대한 데이터를 사용해 이를 훈련시키며, 계산을 빠르게 수행할 수 있는 능력을 갖췄기 때문이다.

그러나 이들은 한계가 있다. 이러한 모델은 보통 수십만 개의

한 노력이 이루어지고 있다.

인공뉴런과 수백만 개의 매개변수로 구성된다.* 네트워크가 너무 크기 때문에 내부 작동 방식을 분석해 그들이 어떻게 그런 예측이나 결론에 도달했는지 정확히 이해하기 어렵다. 따라서 이 시스템이 항상 올바른 답을 줄 것이라고 확신할 수도 없다. 몇 개의 픽셀만 교란했을 뿐인데 그 시각 시스템은 어째서 개를 타조로 잘못 인식했을까? 그 이유를 정확히 알 수 없는 것이 현실이다.

특정 상황에서 기계학습 및 인공지능 모델이 무엇을 할지 완벽한 확신을 가지고 예측할 수도 없다. 이 모델들은 너무 복잡하다. 내부에서 어떤 일이 일어나고 있는지 알아내기는 정말, 정말 어렵다. 이들은 단지 답을 제공할 뿐이다. 대부분의 경우 그 답은 정답처럼 보인다. 하지만 어째서, 그리고 어떻게 그런 답을 도출해냈는지는 설명하지 않으며, 네트워크가 너무 복잡해서 이를 역추적해 분석하기도 거의 불가능하다.

만약 기계학습 시스템에 휴가 사진을 인물, 장면, 활동별로 분류하고 라벨링하는 일을 맡기는 경우라면 틀린다 한들 그리 대수로운 일도 아니다. 하지만 운전이나 제조 업무처럼 안전이 중요한 작업을 수행하는 로봇의 경우라면 얘기가 달라진다. 우리는 자율주행차나 가정용 로봇 보조 장치가 위험하거나 설명할 수 없는 오류를 범하는 것을 절대 용납할 수 없다. 따라서 점

---

* GPT-3와 같은 대형 언어 모델은 1750억 개의 매개변수를 포함하고 있으며 (800GB의 저장 공간이 필요) 막대한 양의 데이터를 활용해야 훈련이 가능하다. 사실상 공개되어 있는 모든 텍스트 데이터를 사용해야 한다.

점 더 유능하고 똑똑해지는 로봇 및 지능형 시스템과 함께 작업할 수 있으려면, 이들이 특정한 결정을 내리거나 엉뚱한 실수를 하는 이유를 이해해야 한다. 그렇게 함으로써 일정 수준의 예측 가능성과 안전성, 그리고 성능을 보장받을 수 있고, 문제가 발생했을 때 로봇이 왜 잘못된 선택을 내리거나 잘못된 행동을 했는지 이해할 수 있다.

우리는 로봇의 인공두뇌를 들여다보고 그들의 결정을 이해할 수 있어야 한다. 기계학습을 연구하는 사람들도 이런 도전에 대응하고 있다. 이상적으로는 대규모 데이터세트와 천문학적인 처리 능력에 덜 의존하면서 이러한 기준을 충족하는 학습 방식을 개발하는 것이 목표다. 지난 10년간 방대한 데이터를 활용하면서 이 분야는 크게 발전했다. 하지만 이런 방향으로 계속 밀고 나갈 수는 없다. 너무 막대한 비용이 들기 때문이다. 오픈AI가 개발한 GPT-3와 그 파생 모델인 챗GPT는 지금까지 개발된 자연어 처리 모듈 중 가장 성공적인 사례 중 하나다. 이것은 아름답고, 강력하다. 그러나 오픈AI의 최고경영책임자 샘 올트먼은 GPT-4를 훈련시키는 데 1억 달러가 넘게 들었다고 밝혔다.[6] 모든 모델을 이런 방식으로 구축할 수 있는 형편은 안 된다.

우리는 이러한 시스템에 생기는 편향 문제도 적극적으로 해결해야 한다. 기계학습 모델의 질은 학습에 사용된 데이터의 질을 따라간다. 즉, 모델은 주어진 예제들만 가지고 학습하기 때문에 데이터가 편향되었거나, 부적절하거나, 제한적이라면, 그 결과로 만들어진 모델도 편향되고, 부적절하며, 제한적일 수밖에 없다. 역사적 데이터를 바탕으로 훈련받은 모델은 그 데이터에 담긴 오랜 사회적 편견을 지속적으로 재생산할 가능성이 있다. 예를 들어, 과거의 은행 대출 데이터세트를 들여다볼 수 있는 기계학습 시스템은, 백인으로 확인된 사람들에게 더 높은 비율로 대출이 승인된 기록을 보고, 백인이 더 좋은 대출 후보라고 판단할 수 있다. 새로운 문제도 아니지만,[7] 전통적으로 대출 결정을 내리는 데 사용되었던 신용 시스템 자체가 슬프게도 이미 편향되어 있기 때문인데, 인종적 편견이 반영된 데이터로 학습한 기계학습 모델은 그 편견을 고스란히 유지할 가능성이 크다. 인공지능과 기계학습에서 편향을 줄이기 위해서는 데이터 자체의 질을 개선하고 더 다양한 데이터세트를 구축해야 한다. 그러나 일부 연구에 따르면 이렇게 할 경우 모델의 성능이 저하될 수 있다고 한다.[8] 이런 모델들이 세상에 긍정적인 영향을 미치기 원한다면 효과적으로 작동해야 한다. 다행히도, 불완전한 데이터로 학습된 경우에도 모델의 성능을 최적화하면서 편향을 줄이고 공정하고 평등한 결과가 도출될 가능성을 높일 방법들이 있는 것으로 보인다.

로봇이나 인공지능 시스템의 두뇌가 하나의 균일한 실체가 아니라고 한 것을 기억할 것이다. 이는 다양한 기능을 가진 모듈과 알고리즘이 한데 묶여 있는 구조이기 때문이다. 따라서 편향이나 단점을 수정하는 모듈도 개발할 수 있다. 매사추세츠대학교 애머스트 캠퍼스와 스탠퍼드대학교의 연구진은 특정 기계학습 모델이나 인공지능 모델의 사용자들이 해당 솔루션에서 피하고자 하는 행위를 직접 설명할 수 있도록 하는 시스템을 개발했다. 이들은 인종적 편향, 성별 편향, 그리고 기타 바람직하지 않은 특성을 피하도록 시스템을 조정할 수 있는 새로운 알고리즘을 개발하고 있다.[9] 우리 연구실에서도 이와 관련된 작업을 진행한 바 있다.

* * *

연구자들은 기계학습의 단점을 해결하기 위해 활발히 연구하고 있다. 대표적인 단점으로는 취약성, 지나치게 거대한 모델 크기, 높은 연산 요구량, 설명 가능성 부족, 그리고 편향 등이 있다. 나는 이 문제들에 대해 빈기술대학교의 컴퓨터과학자 라두 그로수와 우리 학생들과 함께 깊이 고민해왔고, 거기서 표준 기계학습 모델을 완전히 재설계하는 아이디어가 나왔다.[10] 우리는 예쁜꼬마선충 C. elegans이라는 소형 동물의 뇌 활성 지도를 작성한 생물학자들의 연구에서 영감을 받았고, 이것이 결국에는 **유동성 신경망** liquid network [11]이라는 설명 가능한 작고 새로운 모델로 이어졌다.

먼저, 이 작은 벌레를 살펴보자. 오랜 세월 과학 연구에서 스타로 군림해온 예쁜꼬마선충은 뇌에 들어 있는 뉴런의 수가 302개[12]에 불과하다. 인간의 뇌에는 860억 개의 뉴런이 들어 있고, 일반적인 심층신경망에는 수십만에서 수백만 개의 인공뉴런이 들어 있다. 하지만 예쁜꼬마선충은 이렇게 단순한 뇌를 가지고 있음에도 여전히 먹이를 찾고, 번식도 하면서 세상을 잘도 돌아다닌다. 이들은 뉴런 302개만으로도 아주 잘 먹고 잘 살아가고 있다!

선충의 뇌를 살펴본 생물학자들은 연구를 통해 이 302개의 뉴런들이 각자 꽤 복잡한 수학 작업을 하고 있음을 알게 됐다. 이들은 사실상 미분방정식을 계산하고 있었다. 제대로 읽은 게 맞다. 예쁜꼬마선충의 뉴런들이 기초 미적분학을 계산한다! 반면, 표준 심층신경망 모델에 들어있는 뉴런은 상대적으로 단순한 연산만을 수행한다. 이 뉴런들은 서로 다른 값의 입력을 받아들여 더한 다음, 그 합을 바탕으로 단순한 출력을 생성한다. 그래서 계산한 값이 특정 임계값 이하이면 0을 출력하고, 그렇지 않으면 1을 출력하는 방식이다. 수학적으로 간단한 방식이기는 하지만, 각각의 모델에는 이런 인공뉴런이 엄청나게 많이 들어있다. 대형 모델의 경우, 인공뉴런들 사이의 이런 연결이 수백만 개에 이를 수도 있다. 이것은 엄청난 컴퓨팅 능력이다! 그런데 항상 이렇게 많은 연결이 필요한 것은 아니다. 그래서 이런 시스템에는 중복과 비효율성이 상당히 많이 존재한다.

사실 지나치게 단순화된 설명이기는 하지만, 대략적인 개념은 전달되었기를 바란다. 표준 인공신경망에 들어 있는 뉴런들은 기초적인 산수를 한다. 일반적인 인공뉴런은 덧셈을 할 줄 알고, 그 계산에 따라 적절한 출력을 생성한다. 하지만 이것이 미적분이 아님은 분명하다. 그래서 우리는 미적분을 할 줄 아는 인공뉴런을 가진 인공두뇌를 설계해서 생물학자들이 예쁜꼬마선충의 뇌에서 발견한 것과 같은 유형의 함수를 계산할 수 있게 만들어보면 어떨까 생각했다.

그렇게 하면 뉴런의 수는 줄지만, 각각의 뉴런이 하는 일은 더 많아질 것이다.

라두와 내가 이끄는 연구진은 이런 아이디어를 바탕으로 새로운 유형의 인공두뇌를 설계했고, 그 결과는 대단히 고무적이었다. 우리 학생 라민 하사니, 마티아스 레크너, 알렉산더 아미니가 개발해서 내놓은 해결책인 유동성 신경망에는 신경망에 들어있는 각각의 뉴런에 미분방정식이 포함되어 있다. 이 방정식은 가변성, 즉 '유동성liquid' 시간 상수를 가지고 있으며, 이 상수는 자신이 받는 입력에 따라 조정이 가능하다. 그 결과 유동성 네트워크 전체는 뉴런 수준에서 역동적으로 적응하며 자신이 경험하는 바를 처리할 수 있다. 그리고 우리는 인공뉴런이 실제로 고차원적인 미적분 계산을 할 필요가 없다는 것을 알게 됐다. 덕분에 신경망이 클 필요가 없었고, 컴퓨팅 요구량도 상당히 줄어들었다.* 숫자는 적지만 더 막강한 뉴런으로 전환하고 나니 새로운 능력도 생겼다. 유동성 신경망은 학습 후에도 입력값에 따라 매개변수를 조정할 수 있기 때문에 새로운 환경에 적응할 수 있고, 인과성을 드러낼 수 있다. 이는 주어진 과제

---

* 원래는 뉴런 연산을 상미분방정식ODE(어떤 값이 시간 같은 변수에 따라 어떻게 변하는지를 나타내는 식―옮긴이)으로 정의했기 때문에 컴퓨팅 요구량이 많았지만, 이후 이를 더 단순화하여 정확도가 충분히 높고, 상미분방정식 풀이가 필요하지 않은 닫힌 형태의 근사치를 유도할 수 있었다.

의 맥락에 의존하는 대신 그 과제를 마무리하는 것에 초점을 맞춘다는 의미다. 직관적으로 설명하자면, 자동차를 운전하는 유동성 신경망은 직선도로를 움직일 때는 환경의 상황을 구체적으로 파악하기 위한 표본 수집을 별로 하지 않고, 구불구불한 도로를 움직일 때는 표본을 대단히 자주 수집한다는 얘기다. 로봇의 두뇌는 대부분 이런 식으로 작동하지 않는다.

운전을 배울 때 우리는 도로라는 표면이 존재하며, 이 도로에는 차선이 있고, 우리는 그 차선 안에 머물러야 하며, 차선이 없는 경우에는 곧게 뻗거나 좌우로 굽이지는 도로를 그대로 따라가야 한다는 것을 이해한다. 훌륭한 운전자라면 나무, 덤불, 저 멀리 서 있는 건물 등은 무시할 것이다.

우리의 유동성 신경망은 이런 능력을 가지고 있지만, 심층신경망을 바탕으로 만들어진 오늘날의 로봇 두뇌는 꼭 이런 식으로 작동하는 것은 아니다. 그 차이를 보여주기 위해 우리는 심층학습 모델을 사용하는 주행과 유동성 신경망을 이용하는 주행을 비교해보았다. 비교에 사용된 심층신경망 모델은 10만 개가 넘는 뉴런을 지녔던 반면, 유동성 신경망은 겨우 19개밖에 없었다. 하지만 이 인공두뇌는 사람이 운전하는 모습을 보고 차량 운전 방법을 학습할 수 있었다. 본질적으로 유동성 신경망은 조향 제어를 도로의 곡선과 연관짓는 법, 그리고 장애물을 피하는 법을 스스로 학습할 수 있었다. 더 나아가 우리는 유동성 신경망이 수평선과 도로의 양 측면에 초점을 맞추어 운전하고 있음을 확인할 수 있었다. 반면 심층학습 모델은 주의가 흩어져서 나무, 덤불, 하늘, 도로 등을 다 바라보며 산만한 운전자처럼 운전하고 있었다.

유동성 신경망의 단순함에서 생기는 또 다른 장점은 그 시스템이 왜 그런 행동을 하는지 파악할 수 있다는 점이다. 뉴런이 19개밖에 안 되기 때문에 신경망이 어떻게 그런 선택을 내렸는지 사람이 이해할 수 있는 형태로 설명하고, 각각의 행동 유형에서 각각의 뉴런이 어떤 역할을 하는지 밝혀줄 의사결정 트리를 추출할 수 있다(의사결정 트리는 나무 모양의 그래프를 이용해서 의사결정과 그 결과를 표상하여 의사결정을 뒷받침해주는 도구다). 이 방식은 블랙박스를 활짝 열어 네트워크가 세상을 어떻게 바라보고 추론하는지 보여준다. 또한 시스템이 덤불과 같은 환경의 맥락을 무시하고 도로에만 초점을 맞추었던 것이 인과적으로 작동하는 함수였음을 수학적으로 증명할 수도 있다.

내가 이 사례를 언급한 이유는, 미래의 로봇과 지능형 시스템에 힘을 보태줄 두뇌를 설계하고 구축하는 더 나은 방법이 존재할 수 있음을 보여주기 위해서다. 꼭 블랙박스처럼 작동하는 시스템에 의존할 필요가 없다. 단순하고, 설명 가능하며, 더 예측 가능한 행동과 의사결정을 제공하는 방식으로도 동일한 결과를 얻을 수 있다. 기존의 길이 점점 더 잘 다져지고 있지만, 그 길에서 과감히 빠져나오면 더 나은 결과를 만들어낼 수 있다. 사실 최선의 미래를 만들고 싶다면 우리가 더 잘해야 한다. 하지만 내가 너무 앞서 나가고 있나 보다. 여기서 더 나아가기 전에 우리가 해결해야 할 몇 가지 기술적 도전과제가 있다. 이를 혁신가, 발명가, 공학자가 기술적으로 해결해야 할 일들의 목록이라 생각해보자. 하지만 먼저 막간을 이용해 쉬었다 가자.

쉬어 가기
도움이 될 만한 기술적 정보

　기계학습에는 여러 가지 다양한 접근방식이 존재한다. 기계는 데이터를 이용해서 패턴을 찾아내며, 이 패턴은 데이터세트의 일부 속성을 설명하거나(예를 들면, 이미지넷의 객체인식 과제), 과거에 있었던 일을 바탕으로 미래에 일어날 일을 예측할 때(예를 들면, 걷는 법을 학습하는 과정에서 보행로봇 치타가 넘어질 수 있음을 예측하기) 쓰인다. 또한 현재 일어나고 있는 일에 반응해서 무엇을 해야 할지 결정하는 데 사용되기도 한다. 예를 들면, 주행 과제에서 조향하는 법을 결정하거나, 프롬프트prompt(특정 작업을 시작하도록 신경망이나 시스템을 유도하는 자극이나 신호—옮긴이)에 반응해서 적절한 텍스트나 코드를 생성하는 경우가 그렇다. 아래는 주요 접근방식에 관해 요약한 내용이다.

* * *

기계학습: 기계학습은 인공지능의 하위 분야로, 명시적으로 프로그래밍해주지 않아도 경험으로부터 자동으로 학습하고 개선할 수 있는 능력을 시스템에 제공한다. 기계학습 시스템은 데이터를 통해 학습하고, 패턴을 식별하며, 인간의 개입을 최소화하면서 결정이나 예측을 내릴 수 있다. 기계학습은 데이터로부터 반복적으로 학습하는 알고리즘을 사용해서 모델 구축을 자동화하는 데이터 분석을 이용한다. 그 결과로 컴퓨터는 어디를 찾아보아야 한다고 명시적으로 프로그래밍해주지 않아도 숨겨진 통찰을 찾아낼 수 있게 된다. 이런 통찰 혹은 패턴을 이용하면 보이지 않는 데이터나 미래의 데이터를 예측할 수 있다. 기계학습 알고리즘은, 명시적인 프로그래밍 없이도 미래에 접할 데이터에 대해 예측이나 판단을 할 수 있도록, 훈련 데이터training data라는 표본 데이터를 기반으로 모델을 구축한다. 훈련 데이터는 아주 방대한 데이터세트로 이루어져 있다. 이를 통해 객체인식 모델은 수백만 개의 나무 이미지를 스캔하고 난 후에는 실제 세계에서 한 번도 본 적 없는 나무를 봐도 식별할 수 있다. 그러나 기계학습의 대상은 이미지 분석에만 국한되지 않는다. 기계학습은 온갖 종류의 데이터세트에서 패턴을 발견하는 데 사용될 수 있다. 우리 스마트폰의 음성 인식 시스템도 기계학습에 의해 작동한다. 거래 빈도가 잦은 기업들은 기계학습으로 데이터를 분석하고 적절히 활용해서 이익을 창출할 수 있는 패턴이 있는

지 찾아낸다. 기업은 내부 고객 데이터와 판매 데이터를 분석해서 새로운 프로그램이나 판매 전략을 개시할 수 있는 추세를 찾아내는 데 기계학습 도구를 활용한다. 결국, 기계학습의 목표는 데이터가 너무 방대해서 인간이 감지할 수 없는 패턴을 찾아내는 것이다. 로봇은 기계학습을 통해 두뇌의 모든 측면, 즉 지각, 계획, 제어, 조정 능력을 개선할 수 있다. 기계학습에는 지도학습supervised learning, 비지도학습unsupervised learning, 반지도학습semi-supervised learning, 강화학습 등 여러 유형이 있으며, 각각의 유형은 다른 목적에 사용되고, 서로 다른 종류의 데이터를 대상으로 작동하여 다양한 결과를 도출한다.

지도학습: 지도학습은 사람이 라벨링한 데이터세트로 모델(이런 모델의 흔한 사례가 신경망이다)을 훈련시켜 데이터를 분류하거나 결과를 정확히 예측하도록 만드는 방식이라 정의된다. 모델에는 라벨링된 훈련 데이터가 제공되며, 훈련 데이터에 들어있는 각각의 사례는 입력 벡터, 그리고 그에 대응하는 출력 값, 즉 라벨로 구성되어 있다. 지도학습 알고리즘의 목표는 주어진 입력에 대해 올바른 출력을 예측하는 함수를 학습하는 것이다. 이는 교사가 학습 과정을 감독하는 것이라 생각할 수 있다. 지도학습 모델은 크게 회귀regression와 분류classification라는 두 가지 유형으로 나뉜다. 예를 들어 분류의 경우 많은 사람이 라벨링한 이미지로 객체인식 모델을 훈련시키면, 모델은 특정 픽셀 배열을 '개'나 '머그잔' 등 사람이 제공한 단어와 연관짓는 법

을 학습한다. 성공적인 모델을 충분히 많은 이미지로 훈련시키면 사람이 라벨링하지 않은 이미지에서도 개나 머그잔을 식별할 수 있게 된다. 즉, 이미지를 통해 객체를 인식하는 법을 학습한 것이다. 하지만 모델은 물병이나 개가 실제로 무엇인지 알지 못하며, 어떤 것이 마시는 대상이고 어떤 것이 산책할 때 데리고 나갈 대상인지도 모른다.

심층학습: 심층학습, 즉 딥러닝은 뇌에서 영감을 받은 알고리즘인 인공신경망에 초점을 맞춘 기계학습의 하위 분야이다. 이 신경망은 일반적으로 여러 층으로 구성되어 있으며, 신경망의 층이 많을수록 더 복잡한 특징을 인식할 수 있기 때문에 '심층'이라는 이름이 붙었다. 신경망은 인공뉴런이라는 컴퓨팅 단위로 구성되며, 뉴런 간의 배선 혹은 연결을 정의하는 네트워크 구조로 조직된다. 뉴런의 연산 과정은 가중치를 적용한 입력값들의 합을 계산하고, 이를 활성화 함수로 처리하는 방식으로 이루어진다. 가장 널리 사용되는 활성화 함수는 시그모이드 함수 sigmoid function로, 이는 본질적으로 입력값이 특정 임계값보다 작으면 0을 출력하고, 크면 1을 출력하는 계단 함수 step function다. 인공심층신경망은 입력층, 보통 여러 개로 이루어진 은닉층, 출력층으로 구성된다.

신경망 아키텍처는 순방향 신경망, 합성곱 신경망, 순환신경망, 장단기 메모리 신경망LSTM, 생성형 적대적 신경망GAN, 자동인코더, 변분 자동인코더VAE 등 여러 가지 구조가 있다(이런 것들은 다소 기술적인 내용이니 이런 신경망에 대해 더 알고 싶다면 기계학습 입문서를 참고하기 바란다). 본질적으로, 이러한 모든 신경망 구조는 뉴런, 뉴런 간 연결(시냅스), 시냅스에 할당된 가중치, 편향, 활성화 함수로 구성된다. 이들 구조는 뉴런의 수, 층의 수, 뉴런 간 연결 방식에서 차이가 난다. 각각의 뉴런에서 이루어지는 기본적 연산 과정은 이전 층에서 나온 출력값을 받아서 해당 시냅스 가중치와 곱하고, 그 결과에 편향을 더한 뒤, 그 값을 활성화 함수에 통과시키는 방식으로 이루어진다. 심층학습은 수백만 개의 라벨링된 예제를 포함한 데이터를 사용해 인공신경망의 각 노드에 대응하는 가중치를 결정한다. 이렇게 학습된 신경망은 새로운 입력에 노출되었을 때 그 입력을 올바르게 분류할 수 있다. 심층학습은 컴퓨터 시각, 음성 인식, 자연어 처리, 기계 번역, 생물정보학, 약물 설계, 의료 영상 분석, 기후과학, 재료과학, 보드게임 등 다양한 문제에 적용되어왔다. 심층학습은 지도학습에만 국한되지 않으며, 비지도학습 과제에도 적용할 수 있다.

비지도학습: 비지도학습은 알고리즘이 명시적인 지침이나 라벨링된 예제 없이 데이터의 패턴과 구조를 학습하는 일종의 기계학습이다. 비지도학습의 목표는 데이터에서 패턴을 식별하고, 내재된 구조를 발견하며, 유의미한 통찰을 추출하는 것이다. 응용분야 중에는 라벨링된 입력 데이터와 그에 대응하는 출력이 없는 것이 많다. 이런 상황에서는 대규모 데이터세트를 입

력으로 제공하고, 시스템이 데이터 내에서 패턴이나 연관된 개념을 스스로 식별할 수 있는지 테스트한다. 예를 들어, 자동차와 동물이 모두 포함된 이미지를 시스템에 제공하지만 둘 중 어느 것이 어떤 이미지에 들어 있는지 지적해주지 않았다면, 군집화 기반 비지도학습 clustering-based unsupervised learning을 활용해 시스템이 이를 스스로 분류할 수 있는지 확인할 수 있다. 이 데이터 세트에 두 가지 범주가 포함되어 있다는 사실을 정확히 가려낼 수 있는지 관찰하는 것이다. 비지도학습은 인간이 아직 분석하지 않은 데이터로부터 어떤 특징을 추출하고 싶을 때 매우 유용한 접근법이다.

반¥지도학습: 반지도학습은 지도학습과 비지도학습의 요소를 결합하여 라벨링된 데이터와 비라벨링된 데이터를 모두 활용해 모델을 훈련하는 방식이다. 라벨링된 데이터는 학습 과정을 안내하는 역할을 하고, 비라벨링된 데이터는 패턴을 발견하고 일반화, 즉 모델을 다른 작업에 적용할 수 있는 능력을 개선하는 데 도움을 준다. 이 접근법은 라벨링된 데이터를 얻는 데 비용이 많이 들거나 데이터가 제한적인 경우에 유용하다.

자기지도학습: 비지도학습의 한 형태로, 라벨링되지 않은 훈련 데이터에서 스스로 라벨을 생성하는 방식이다. 이 알고리즘은 구조는 갖춰져 있지만 라벨링은 안 된 데이터를 사용해 과제를 수행하도록 훈련되며, 무엇을 찾아야 하는지 명시적으로 지시

를 받는 대신 데이터에서 패턴과 규칙성을 찾아 데이터에서 과제에 유용한 정보를 추출하는 것을 목표로 한다. 비지도학습은 데이터를 라벨링하거나 주석을 달지 않으면서 데이터 내에서 패턴, 구조, 혹은 관계를 발견하는 것을 목표로 하는 반면, 자기지도학습은 인간이 부여할 만한 라벨을 스스로 생성하는 것을 목표로 한다. 예를 들어, 로봇은 자신의 행동이 세상에 미치는 영향을 관찰하면서 비정형 데이터를 입력으로 사용해 데이터 라벨을 자동으로 만들어낼 수 있다. 이렇게 생성된 라벨은 이후의 반복 과정에서 참값ground truth으로 사용된다. 이 접근법의 장점은 연구자가 감독하거나 개입할 필요가 없다는 것이다. 그냥 로봇이 스스로 학습하도록 놔두면 된다.

강화학습: 강화학습은 주체agent가 환경과의 상호작용 속에서 보상을 극대화하거나 처벌을 최소화하면서 결정을 내리거나 행동을 취하는 법을 학습하는 방식이다. 이는 시행착오를 체계화한 학습 방법이라 할 수 있다. 예를 들어, 로봇이 작동할 수 있는 실제 또는 시뮬레이션 공간을 만들고 보상 함수와 목표를 설정할 수 있다. 로봇이 다양한 행동을 시도하면, 시스템은 그 행동이 실패했는지 목표를 향해 진전했는지 모니터링한다. 목표에 다가서는 행동은 긍정적인 보상을 받고, 실패한 행동은 부정적인 보상을 받는다. 로봇은 시행착오를 많이 겪을수록 긍정적인 보상을 얻는 행동에 더 끌리게 되고, 부정적인 보상을 받는 행동은 회피하게 된다. 예를 들어, 자율주행차를 훈련시킬

때는 인간 공학자를 운전석에 앉히거나 로봇의 행동과 결정을 모니터링하면서 로봇이 긍정적인 선택을 했는지 부정적인 선택을 했는지 표시할 수 있다. 이를 통해 공학자는 로봇에게 올바른 운전 습관을 강화시킨다. 이것을 인간 피드백을 활용한 강화학습이라고 한다.

모방학습: 모방학습은 학습 알고리즘이 인간 전문가나 다른 능숙한 주체의 행동을 모방하려고 하는 기계학습의 한 유형이다. 이 학습 알고리즘은 보상을 사용하는 대신, 전문가가 시범을 보이며 사실상 소프트웨어에 작업 수행 방법을 가르치는 방식이다. 이름에서 알 수 있듯이 로봇은 특정 작업을 수행하는 주체(주로 사람)의 행동을 관찰하고 이를 모방하면서 과제를 학습한다. 예를 들어, 수조작 작업의 경우 낯선 물건을 집는 것을 직접 시범하며 로봇이 지켜보게 하거나, 로봇의 집게를 원하는 위치로 물리적으로 조작해주면서 로봇이 그 움직임을 추적하게 할 수 있다. 그런 다음에는 로봇이 이 작업을 스스로 모방하여 수행한다.[1] 자율주행차 회사인 웨이모는 자사의 시스템을 '세계에서 가장 경험이 많은 운전자'라고 부른다. 웨이모의 로봇 차량이 실제의 물리적 환경과 시뮬레이션 환경에서 320억 킬로미터 이상을 주행했기 때문이다.[2] 하지만 이 접근법에도 한계가 있다. 이렇게 학습된 차량이 반드시 인간처럼 운전한다는 보장은 없기 때문이다. 이를 보완하기 위해 웨이모는 모방학습 기반 자율주행 기술을 개발한 회사를 인수해[3] 자사의 솔루션을 강화했

다. 인간의 운전 방식을 더 자세히 연구하면 자율주행차가 인간 운전자처럼 행동하게 만들 수 있다.

생성형 인공지능: 기존 데이터의 패턴을 따르는 유사한 콘텐츠나 데이터를 새로 생성할 수 있는 일련의 기술을 말한다. 단순히 예측하거나 데이터를 분류하는 대신, 생성형 인공지능 모델은 자신이 학습한 데이터와 유사한 이미지, 텍스트, 오디오, 심지어 비디오와 같은 새로운 정보의 생성을 목표로 한다. 자율주행의 종단간학습 end-to-end learning(복잡한 문제의 해결을 위해 전 과정을 하나의 학습 가능 모델로 통합하여 처리하는 기계학습 접근법—옮긴이) 훈련을 위해 극단적 주행 상황을 생성하는 VISTA 시뮬레이터가 생성 모델의 한 사례다. 생성형 모델을 훈련시키는 데는 보통 방대한 양의 데이터가 사용된다. 최근에 내 학생인 알렉산더 아미니와 아바 솔레이마니로부터 멋진 선물을 받았다. 인공지능이 고전 회화 스타일로 생성한 나의 초상화였다. 이 초상화를 얻기 위해 그들은 텍스트 설명과 함께 58억 개의 이미지를 바탕으로 확률적 확산 모델을 사용하여 모델을 훈련시켰다. 새로운 이미지를 생성하기 위해 무작위 노이즈로 이루어진 데이터를 신경망에 통과시켰는데, 이 신경망의 임무는 한 번에 한 단계씩 반복적으로 "노이즈 제거"를 수행하는 것이었다.[4] 데이터는 신경망을 통과할 때마다 점점 더 노이즈가 아니라 이미지처럼 보였다. 이러한 반복 과정은 여러 단계에 걸쳐 진행되었다. 각 단계에서는 전체 노이즈의 작은 부분만 제거

하지만 노이즈 제거 단계를 아주 여러 차례 거치면 고품질의 결과를 얻을 수 있다. 58억 개의 텍스트-이미지 데이터로 모델을 약 두 달 동안 훈련시켰다. 데이터세트로 훈련한 후 모델에게 새로운 인간 초상화를 생성하라는 프롬프트를 제시하면 사실적이지만 무작위의 인물을 생성했다. 이것을 나의 맞춤형으로 제작하기 위해 알렉산더와 아바는 '다니엘라 루스'라는 텍스트 설명을 조건으로 하여 내 사진 10장으로 모델을 미세 조정하는 2차 훈련 방식을 사용했다. 이 2차 훈련에는 약 한 시간이 소요됐다. 거기서 나온 최종 결과물이 바로 이 책의 인쇄본 책 재킷 커버에 나온 나의 초상화다.

    이런 일반적인 접근 방식은 달리DALL-E와 같은 대규모 텍스트-이미지 변환 모델의 기반이 된다. 달리는 텍스트 명령의 설명에 따라 다양한 스타일의 디지털 아트를 빠르게 생성할 수 있는 생성형 인공지능 엔진이다. 또한, 챗GPT의 소프트웨어적 토대인 GPT-3 같은 대형 언어 모델은 수십억에서 수천억 개의 매개변수를 갖는 심층신경망이며, 다음에 나올 단어를 예측하는 등의 특정 과제를 수행하는 동안에 거대한 텍스트 데이터세트를 거치는 방식으로 훈련된다. 생성형 모델은 이미지뿐만 아니라 오디오, 코드, 시뮬레이션, 비디오 등 다양한 유형의 데이터를 생성하는 데 사용할 수 있다.

12강
기술자들의 할 일 목록

    사람들은 종종 나에게 특별한 로봇을 만들어줄 수 있는지 묻는다. 내 사촌인 종양학자 안카 그로수 박사는 시간의 변화에 따른 종양의 변화를 모니터링할 수 있는 로봇 임플란트를 만들어줄 수 있는지 물어왔다. 그녀는 환자들의 몸이 자신이 처방한 치료에 긍정적으로 반응하는지, 부정적으로 반응하는지를 알려줄 수 있는 로봇을 원했다. 내가 그런 로봇을 만들 수 있을까?

    아직은 아니다.

    내 친구 로저 페인이 사랑하는 고래들과 나란히 수중에서 유영할 수 있게 해줄 로봇 캡슐은 어떨까? 내가 그런 로봇을 만들어 과학자들의 모험을 도울 수 있을까?

    이것 역시 아직은 아니다.

    사람들이 요청한 로봇만 다루려고 해도 목록이 끝없이 이어진다. 내가 개인적으로 작성한 희망목록도 그 못지않게 환상적이고 길이는 더 길다. 나는 싱가포르에 가서 이산화탄소를 흡수하기 위해 녹지로 덮어놓은 건물을 볼 때마다 케임브리지 오피스타워를 기어 다니며 이산화탄소를 신선한 산소로 바꿔주는 인공 광합성 로봇을 만들 수 없을까, 하는 생각이 든다. 해변에서 있을 때는 플라스틱 오염이라는 끔찍한 문제가 떠오르면서 우리의 소중한 바다에서 불순물들을 걸러내는 수중 로봇 함대를 설계하고 배치할 수 없을까, 하는 생각이 든다. 특히 수질을 정화하는 로봇 굴oyster을 만들 수 없을까, 하고 궁리한다.

로저의 로봇 캡슐이든, 벽을 타고 오르는 광합성 로봇이든 이런 공상과학 같은 프로젝트 중에는 놀랍게도 실현 가능성이 있는 것이 많다. 다만 다양한 수준의 자원, 인력, 시간이 필요할 뿐이다. 하지만 새로운 지능형 로봇에 대한 여러 가지 다양한 아이디어를 살펴보면 몇 가지 반복되는 주제나 도전과제가 있다. 아래에 정리한 목록은 처음에는 부담스럽게 느껴질 수 있다. 하지만 나는 이런 장애물들을 보며 낙담할 이유가 없다고 생각한다. 나는 오히려 이것을 흥미진진한 기회로 여기며, 독자 여러분도 그렇게 느끼기를 바란다. 특별히 순서를 정하지 않고 몇 가지를 정리해보았다. 젊은 발명가들과 열정적인 공학자들을 위한 일종의 '할 일 목록'이라 할 수 있겠다. 우선 손부터 시작해보자.

더 똑똑하고 예민한 손이 필요하다

실험실에서 나와 동료들은 로봇 손을 우리가 잡고자 하는 물체 가까이까지 이동시키는 것은 아주 잘한다. 하지만 마지막 단계에서 문제가 발생할 수 있는데, 로봇 팔 기계장치를 항상 필요한 수준의 정밀도로 움직일 수 있는 것은 아니기 때문이다(필요한 수준의 정밀도로 작동할 수 있는 수술용 로봇이나 산업용 로봇은 상업용이나 가정용으로 배치하기엔 너무 비싸다). 그래서 손의 최종 위치에 약간의 오차가 생길 수 있다. 손과 잡으려는 물체가 제대로 정렬되어 있지 않으면 물체를 잡는 데 실패할 수 있다. 이런 불확실성을 처리할 수 있으면서 손의 제어나 물체의 위치에 그렇게 크게 좌우되지 않는 기술을 만들 수는 없을까?

우리의 재활용 로봇 로사이클Rocycle은 종이, 플라스틱, 금속을 구분할 수 있다. 이 로봇처럼 예민한 손을 갖고 있으면 사실상 로봇이 전체적으로 더 똑똑해진다. 로봇의 손가락이 꼭 사람의 손가락처럼 생길 필요는 없다. 실제로, 우리 연구실에서 개발한 가장 유능한 로봇 조작기 중 하나는 꽃처럼 생겼다. 그 실리콘 포장재 안에는 견고하면서도 유연하고 매우 적응력이 뛰어난 종이접기식 골격이 들어 있다. 이 튤립 모양 집게가 병을 잡으려고 할 때는 병뚜껑 위로 내려와 뚜껑을 덮은 다음, 부착되어 있는 진공 장치로 공기를 모두 빨아들인다. 그러면 튤립과 내부의 골격이 무너지며 뚜껑을 단단히 움켜쥔다. 이 로봇 손은 물체를 정확히 분석하거나, 잡는 방법을 최적화하기 위해 상세히 계획할 필요가 없다. 이 집게는 그냥 내려가서 물체를 잡기만 하면 된다. 잡고 있는 동안에는 힘 센서가 물체를 너무 세게 쥐지 않도록 감시해준다. 우리는 이 집게를 사용해 감자칩 한 개부터 우유 상자까지 다양한 물체를 집어보았다. 이것은 손잡이가 있는 가전제품이나 물건도 손쉽게 잡을 수 있으며, 테이블에 평평하게 놓인 주걱 같은 물체도 무리 없이 잡을 수 있다. 이 글을 쓰는 시점에서 몇몇 스타트업 기업이 흡착식 집게를 개발 중이며, 아마존은 여섯 개의 원통형 흡착 장치가 무리지어 배열되어 있는 손을 가진 새로운 창고 로봇 스패로Sparrow를 도입했다. 모든 로봇이 튤립 모양의 집게를 가지게 되리라 예상하지는 않는다. 이 집게는 물건을 집고 내려놓는 데 안성맞춤이어서 창고나 조립라인에서 사용하기에는 좋지만, 반죽을 개는 능력은 신통하지 못해서 빵집에서는 쓸모가 없을 것이다. 이번에도 역시나 로봇의 몸체는 물리적으로 허용된 일만 할 수 있다.

로봇 손의 개발과 이를 제어하는 두뇌 개발 모두에서 여전히 많은 과제가 남아 있지만 우리는 이미 많은 성과를 냈다. 아마존의 스패로는 수백만 가지의 서로 다른 포장물을 집을 수 있다고 한다. 창고는 단지 시작일 뿐이다. 현재의 속도로 이러한 기술이 발전을 거듭한다면, 로봇이 우리 삶의 다양한 영역에서 매우 광범위한 작업을 수행하게 될 날이 올 것이라고 확신한다.

더 부드럽고 안전한 로봇이 필요하다

물론 손에만 초점을 맞추고 있을 수는 없다. 로봇 전체가 더 유연하고 적응력이 있어야 한다. 기존의 로봇 시스템은 인간이 함께 있기가 쉽지 않다. 너무 무겁고, 크고, 위험하기 때문이다. 산업용 조작기는 놀라운 작업을 수행할 수 있는 공학의 걸작이지만, 사람들과 분리되어 종종 케이지 안에서 작동한다. 정해진

동작을 수행하도록 미리 프로그래밍되어 있어서 사람이 그 중간에 막아서더라도 정해진 동작을 바꿀 수 없기 때문이다.

하지만 점차적으로 인간과 함께 작업할 수 있는 산업용 로봇이 등장하고 있다. 이러한 추세를 이끄는 선구자들 중에 리싱크 로보틱스Rethink Robotics를 설립한 로드니 브룩스와 그 연구진이 있다. 이들의 로봇 백스터Baxter는 사람들과 협력하도록 특별히 설계되었다. 기술이나 프로그래밍 지식이 없는 노동자들도 백스터나 그 후속 모델인 소이어Sawyer를 훈련시켜 로봇이 사람을 돕거나 특정 과제를 스스로 수행하게 만들 수 있었다. 비록 회사 측에서는 경제적 이유로 2018년에 운영을 중단했지만, 핵심 아이디어는 성공을 거두었다. 리싱크는 인간과 로봇이 나란히 작업하는 개념의 실현 가능성을 보여주었다. 현재는 산업 및 공장 환경에서 협동로봇의 사례를 많이 찾아볼 수 있으며, 이 개념은 이들 영역을 넘어 확산되고 있다. 딜리전트 로보틱스Diligent Robotics의 로봇 목시Moxi는 병원에서 간호사들을 도와 병실로 필요한 물품을 배달한다. 비슷한 이름의 목시Moxie는 서던캘리포니아대학교의 내 친구 마야 매터릭 교수가 개발한 로봇으로, 자폐 스펙트럼이 있는 어린이들과 상호작용하며 그들이 사회적 기술을 개발하고 테스트할 수 있도록 돕는다.

이런 로봇들은 미래에 더 많이 필요해질 더 안전하고, 더 부드럽고, 물리적으로 더 똑똑한 로봇의 사례다. 인간은 피부라는 놀라운 감각 기관으로 덮여 있어서 시야에 들어오지 않는 물체와 접촉할 때도 이를 감지할 수 있다. 우리의 피부는 매우 민감

해서 접촉만으로도 그 물체에 대한 정보를 이끌어낼 수 있다. 인공피부는 매우 활발하게 연구가 진행되고 있지만 매우 복잡한 분야라서 로봇이 언제쯤 고밀도의 유연한 센서로 덮이게 될지 정확히 예측할 수는 없지만, 이것이 사람들과 안전하게 상호작용할 수 있는 기계를 개발하는 데는 분명히 도움이 될 것이다.

덜 '로봇' 같은 로봇이 필요하다

로봇 특유의 딱딱 끊어지는 투박한 움직임을 표현하는 로봇 댄스는 지능형 기계가 갖고 있는 더 큰 문제점을 잘 보여준다. 우리는 자연에 존재하는 생명체처럼 더 민첩하게 움직이는 로봇을 개발할 필요가 있다. 나는 무용수처럼 리듬에 맞춰 품위 있게 움직이며, 주방에서 전문 요리사처럼 칼을 다루고, 영양처럼 우아하게 달리는 로봇이 더 많이 나왔으면 좋겠다. 보스턴 다이내믹스Boston Dynamics의 마크 레이버트와 그의 연구진이 개발한 환상적인 댄싱 로봇처럼 말이다. 그리고 사람을 더 잘 이해하는 로봇도 필요하다.

무슨 말인지 설명해보겠다.

현재는 로봇을 사용하려면 그들이 어떻게 작동하는지 기본적으로 이해하고 있어야 한다. 그리고 그들을 어떻게 프로그래밍해야 하는지도 알고 있어야 있다. 하지만 사람이 기계에 적응하는 것이 아니라 기계가 사람에게 적응하는 세상을 상상해보자. 사람이 큰 부품을 다루기 어려워 낑낑대고 있으면 공장 로봇이 다가와서 돕는다. 그리고 노인이 집안일을 하다가 힘에 부쳐 하는 모습을 보면 가정용 로봇이 다가와서 돕는다. 로봇을 더 부드럽고 잘 순응하게 만드는 것이 도움이 되겠지만, 로봇에 이런 직관을 갖춰주려면 능력이 훨씬 뛰어난 두뇌를 개발해야 한다. 그래야 로봇이 사람의 활동을 확실하게 인식하고 언제, 어떻게 행동해야 도움이 될지 판단할 수 있다.

그와 비슷한 맥락에서, 로봇이 행동을 실행하는 방식을 개선할 방법도 고려할 수 있다. 오늘날 제한적인 자율 기능을 가진 자동차는 차선에서 이탈하면 이를 감지하고 독립적으로 작동해서 차량을 차선의 중심으로 급하게 되돌리려 한다. 이처럼 차량은 사람이 아니라 기계처럼 행동해서 가능한 한 빠르게 제 위치로 돌아가려 한다. 이런 경우 사람이었다면 부드럽게 천천히 핸들을 돌렸을 것이다. 이런 면에서 일부 자율주행차량은 더 부드럽게 작동하며, 이는 소프트웨어만 조정하면 비교적 쉽게 개선할 수 있는 부분이다. 하지만 이 사례를 통해 그 안에 담긴 더 큰 추세를 확인할 수 있다. 비슷한 상황에서 로봇이 인간처럼 동작하지 않는 경우가 많다는 것이다.

이것이 오히려 이롭게 작용할 수도 있다. 체스나 바둑 같은 전략적 게임에서 인간과 맞붙은 인공지능 시스템이 승리를 향해 가는 과정에서 놀라운 결정을 내리는 경우가 종종 있다. 그럼 사람은 이런 선택을 분석해서 새로운 전략을 발견할 수 있다. 하지만 우리는 그 외의 상황에서는 로봇이 사람과 좀 더 비슷하게 행동하기를 원한다. 차량 운전이 그런 경우다.

우리 연구진은 인간 운전자로부터 운전법을 학습하는 제어기로 자율주행차량의 두뇌를 강화하고, 빈 도로교통협약에 정의된 도로주행 규칙에 따라 작동하는 추론 엔진을 추가할 수 있음을 입증했다. 이렇게 하면 사람처럼 운전하는 문제를 해결해줄 수 있을 것 같아 보인다. 하지만 차를 운전해본 사람이라면 누구나 알겠지만 모든 운전자가 이 규칙을 준수하지는 않는다. 따라서 도로 위에서 다른 운전자들의 행동을 읽고 거기에 적절히 반응할 수 있는 로봇이 필요하다.

오래전 초보운전자 시절에, 아버지와 함께 운전 연습에 나섰다가 교차로에서 오도 가도 못 했던 적이 있다. 다른 운전자들이 어떻게 하려는지 추측할 수 없었기 때문이다. 현재 우리는 차량 주변에 있는 다른 운전자들의 성향을 사회적 가치지향성 Social Value Orientation, SVO이라는 수학적 지표를 사용해 파악하는 시스템을 연구 중이다. SVO는 사회심리학계에서 개발된 지표로, 자신에게 돌아오는 보상과 타인에게 돌아가는 보상의 비율에 따라 그 사람의 성격을 평가한다. 흥미롭게도 이 값은 두 수치(자신에게 돌아가는 보상과 타인에게 돌아가는 보상)를 축으로 하는 공간에서 각도로 나타낼 수 있으며, 이를 로봇 제어 시스템의 비용함수에 통합할 수 있다. 하지만 로봇에 적용하기 전에 SVO가 어떻게 작동하는지 예를 들어 설명하겠다. 직관적으로는 꽤 간단하다.

당신에게 100달러가 주어졌고, 그 돈을 낯선 사람과 나누어 갖는다고 해보자. 이 돈을 어떻게 나눌지는 전적으로 당신의 마음에 달렸다. 당신이 100달러를 모두 가지고 낯선 이에게는 아무것도 주지 않는다면 이것은 이기적 행동에 해당한다. 반대로, 100달러를 모두 낯선 사람에게 주고 자기는 갖지 않는다면 이타적 행동에 해당한다.

수학적으로 표현하면 이기주의자는 0도, 이타주의자는 90도로 나타낼 수 있다. 만약 돈을 공평하게 나눈다면 이것은 친사회적 행동에 해당하며 45도로 표현된다. 따라서 이 각도가 그 사람의 성격을 보여주는 대략적인 수학적 지표를 제공한다.

물론 운전을 하는 동안에 이런 방식으로 접근하는 것은 돈을 나누는 경우보다 훨씬 어렵다. 하지만 운전자의 행동을 통해 각 운전자의 성격을 추정한 다음, 게임이론, 제어이론 control theory, 기계학습에서 나온 몇몇 모델을 활용하는 수학 공식을 사용하면 이것을 적용할 수 있다. 운전자의 SVO 각도를 추정하고, 이 추정치를 알고리즘에 통합하면 로봇이 주변에 있는 사람들에 대해 더 잘 이해할 수 있게 된다. 이런 식으로 하면, 사람이 로봇의 제어시스템에 적응하는 것이 아니라 로봇의 제어시스템이 사람에게 적응할 수 있다.

이 접근 방식이 지나치게 복잡하게 느껴질 수도 있지만, 로봇 자동차가 교통 상황에서 자연스럽게 행동하길 원한다면 이는 매우 중요한 문제다. 왜 그럴까? 자율주행차의 주행 계획이 이기적인 운전자와 이타적인 운전자를 마주했을 때 서로 달라야 하기 때문이다. 예를 들어, 자율주행차가 교차로에 다가가 좌회전을 준비하며 멈췄다고 해보자. 이때 우측에서 인간 운전자가 운전하는 차량이 다가온다. 이 운전자는 자율주행차가 있는 도로 쪽으로 좌회전하려 한다.

이기적인 운전자는 가속하며 빠르게 좌회전을 시도할 것이다. 이 상황에서는 그 차량을 먼저 보내주는 것이 로봇의 입장에서는 지능적인 반응이다.

반면, 이타적이거나 친사회적인 운전자는 속도를 줄여 좌회전을 할 공간을 내어주며 자율주행차를 먼저 보내려 할 것이다. 이런 경우에는 자율주행차가 신속하게 좌회전을 하는 것이 도로의 흐름을 원활하게 해준다. 따라서 한 시나리오에서는 공격적인 운전자와의 충돌 위험을 피해 기다리는 것이 맞고, 또 다른 시나리오에서는 서둘러 좌회전을 하는 것이 맞다.

로봇은 인간 중심적인 환경에서 이런 판단을 내릴 수 있어야 하며, 그 판단을 빠르게 실행할 수 있어야 한다. 그렇지 않으면 도로는 사고로 넘쳐나거나, 갈팡질팡하는 로봇들로 인해 교통이 막혀버릴 것이다. 그러나 사람과 비슷한 이런 의사결정 능력과 행동을 자율주행차량과 모든 로봇에 구현할 수 있다면, 주변 사람에게 적응하면서 더 안전하고 효율적으로 상호작용하는 지능형 기계를 만들 수 있다.

로봇을 만들 더 나은 방법이 필요하다

전통적으로 로봇은 견고한 부품, 작동기, 센서, 마이크로프로세서 등 여러 구성요소로 이루어진 복잡한 시스템으로, 이를 설계하고, 제작하고, 제어하기 위해서는 다양한 분야에서 상당한 개발 노력과 전문 지식이 요구되었다. 로봇을 만들려면 고도로 훈련된, 매우 똑똑하고 숙련된 인력이 필요하다는 소리다. 설계 요소를 추가하면 로봇을 제작하고 제어하는 일이 더욱 복잡해진다. 로봇 제작 과정 역시 오랫동안 순차적으로 진행되어왔다. 우선 뼈대를 구성하는 기계장치를 설계한 뒤에 전자기계적 구성요소와 컴퓨터 기판을 추가하고, 저차원 제어를 실행하는 소프트웨어를 설치하며, 마지막으로 고차원 기능을 안내하는 소프트웨어를 추가한다. 이러한 연쇄적인 과정을 거쳐야 해서 창의성이 제한될 수도 있다.

오늘날의 컴퓨팅 능력과 인공지능 도구를 활용하면 새롭고 흥미로운 로봇을 더 빠르게 제작할 수 있다. 우리 연구진은 MIT의 우치에크 마투식 교수 및 그의 연구진과 협력하여 로봇의 본체와 제어 시스템을 동시에 설계하는 컴퓨팅 설계 및 제작 솔루션을 개발하고 있다. 여기서는 로봇을 실제로 제작하기에 앞서 시뮬레이션에서 여러 차례 반복해서 설계와 테스트를 거친다. 공동최적화co-optimization라는 이 접근방식은 대단히 강력한 개념이다. 특정 기능이나 목표를 염두에 두고 로봇을 개발할 때, 로봇에게 최적화된 본체와 이를 제어할 최적의 제어기를 동시에 탐색할 수 있기 때문이다. 예를 들어, 평탄한 지형에서 최대한 빠르게 움직일 수 있는 로봇을 설계하려면 프로그램이 거기에 맞추어 한 가지 가능한 설계를 제시할 것이다. 반면, 계단을 오르거나 틈새가 있는 지형을 뛰어넘을 수 있는 로봇을 설계하려면 형태와 움직임이 완전히 달라질 것이다. 소프트웨어와 하드웨어, 즉 로봇의 두뇌와 몸체를 동시에 설계하고, 이 과정에서 인공지능을 공동 설계자로 활용하면 흥미로운 가능성이 새로이 열릴 수 있다. 이 접근법이 과학보다는 오히려 예술에 가까워 보일 수 있지만 이것이 순수한 창의성만의 문제는 아니다.

먼저, 이것의 작동방식을 간략히 설명하겠다. 이 접근법은 시뮬레이션 엔진을 폭넓은 설계 방식을 표현할 수 있는 프로그램과 결합한다. 우리가 달성하고자 하는 사양을 설정해주면 프로그램은 최적의 설계를 찾기 위해 탐색을 시작한다. 프로그램은 반복 과정을 통해 **파레토 최적화** pareto optimization, 즉 더 이상 변화시켜도 더 나은 결과가 나오지 않는 지점에 도달할 때까지 설계를 개선한다. 시뮬레이션에서 설정된 사양을 충족하는 최적의 설계를 얻고 나면 실제 시스템을 제작할 수 있다. 그런 다음에는 물리적으로 구현된 로봇의 성능과 시뮬레이션 시스템에서의 로봇 성능을 비교한다. 거기서 차이가 있다면 시뮬레이션 매개변수를 조정하고, 컴퓨팅 설계 접근방식을 반복한다. 한마디로 다시 시도해본다는 얘기다. 이런 자동화된 최적화 기반 방식을 사용하면 로봇의 본체와 저수준 제어기를 공동 설계하는 과정이 전통적인 방식보다 훨씬 빨라진다. 또한 로봇 제작을 어느 정도 민주화하는 효과도 있다. 설계를 하는 데 필요한 주된 기술이 프로그래밍이라서 기계공학이나 전기공학 교육을 꼭 받지 않아도 되기 때문이다.

이런 접근방식을 이용해서 현실적인 문제를 해결할 수 있다.

파괴된 원자력발전소 같은 재난지역을 수색해야 한다고 해보자. 사람을 방사능에 노출시키고 싶지 않지만 잔해 속 좁은 틈을 통과할 수 있는 로봇이 없을 수도 있다. 그럼 컴퓨팅 설계 및 제작 시스템을 이용해 시뮬레이션 안에서 가능한 설계를 탐색하고, 그중에서 우리의 필요에 제일 적합하다고 생각되는 것을 하나 선택한 뒤 이를 신속하게 로봇으로 제작해서 현장에 투입할 수 있다.

더 나은 인공근육이 필요하다

내가 이 분야에서 처음 일하기 시작했을 때와 비교하면 요즘 로봇에서 사용하는 인공 모터, 즉 작동기는 훨씬 성능이 나아졌다. 하지만 개선의 여지가 여전히 많다. 내가 위에서 말한 더 유연한 로봇을 만들려면 힘을 더 부드럽게 연속적으로 가할 수 있고, 더 큰 하중을 처리할 수 있으며, 유연성도 더 높은 작동기가 필요하다. 특히 연질 로봇은 새로운 유형의 인공근육이 필요할지도 모른다. 현재 대부분의 연질 로봇은 진공이나 펌프를 사용해서 공기나 액체를 움직이는 방식이다. 우리의 꽃 모양 집게를 구동하는 FOAM 작동기에서도 진공 방식을 사용하고 있다. 진공 방식은 로봇 본체에 통합하기가 펌프 방식보다 쉽지만, 여전히 진공 압력을 생성하는 부품을 추가해야 한다. 앞서 언급했듯이, 몇몇 기업에서는 흡착의 원리를 기반으로 작동하는 새로운 유형의 로봇 손을 이미 활용하고 있다. 이러한 집게는 집는 방식을 복잡하게 계산할 필요가 없지만 처리할 수 있는 하중, 즉 잡은 상태로 유지할 수 있는 물체의 무게가 제한적이다. 나는 펌프나 진공이 아니라 전기 모터로 구동되는 더 작은 소형 패키지 형태이면서도 더 큰 하중을 처리할 수 있는 유연한 작동기가 새로 나왔으면 좋겠다. 또한 이 인공근육은 현재 사용 중인 다소 부피가 큰 형태보다 동물의 근육처럼 더 작고 얇은 형태여야 한다. 이는 우리가 논의해야 할 다음 주제로 이어진다.

더 강력한 배터리가 필요하다

최근 몇 년간 배터리 기술에서 상당한 발전이 이루어졌지만, 더 작고 유연하며 에너지 밀도가 더 높은 배터리가 반드시 개발되어야 한다. 컴퓨터에서 자동차에 이르기까지 다양한 전자 장치들은 크고 부피가 큰 배터리 때문에 무게가 크게 증가하고 있다. 이런 배터리가 대형 로봇에는 적합할지 몰라도 이 책에서 다룬 다양한 소형의 유연한 연질 기계에는 아마도 다른 형태의 배터리가 필요할 것이다. 내 동료 블라디미르 불로비치가 개발한 종이형 태양광 배터리는 야외 로봇에서 게임체인저 역할을 할 수도 있다. 유망한 또 하나의 방안은 구조형 배터리structural battery의 개발이다. 구조형 배터리는 기계의 구조 자체에 에너지 저장 장치를 통합한 것으로, 뼈대로 지탱하는 별도의 구조물을 만들 필요가 없다. MIT의 동료 토마스 팔라시오스의 연구도 주목할 만하다. 그는 배터리에 새로운 소재를 통합하여 배터리 수명을 크게 연장하는 방법을 연구 중이다. 그의 연구가 시사하는 바와 같이, 1회 충전으로 1600킬로미터 주행이 가능한 전기차가 실현된다면 어떤 로봇이든 재충전 없이 더 오래 작동할 수 있을 것이다. 이것은 반드시 필요한 부분이다. 만약 교통체증에 막혔을 때 내 차를 타고 하늘로 날아올라 직장까지 가려면 훨씬 성능이 좋은 배터리가 필요할 것이기 때문이다.

더 나은 센서가 필요하다

테슬라는 3D 고정밀 레이저 스캐너 없이 시각 센서만으로 자율주행차를 만들 수 있다고 주장해왔다.[1] 이론적으로는 말이 된다. 인간도 레이저 스캐너를 사용하지 않으니까 말이다. 운전할 때 우리는 눈으로 빛을 받아들이고, 이 정보를 처리해 대부분 올바른 결정을 내린다. 그러나 인간의 뇌는 자율주행차의 인공지능 시스템보다 훨씬 뛰어나다. 우리는 아직 시각적 인식 기술 개발에서 갈 길이 멀다. 따라서 그때까지는 로봇이 주변 환경에 대해 더 많은 감각 정보를 수집해서 더 나은 판단을 더 신속하게 내릴 수 있도록 더 저렴한 3D 레이저 스캐너와, 다른 강력한 센서가 개발될 수 있기를 바란다. 차량에 사용하는 레이저 스캐너를 소형화하거나 그와 유사한 버전을 만들어 로봇 조작 작업에도 사용할 수 있다면 좋겠다. 그럼 로봇 손이 잡으려는 물체의 형태를 더 정밀하게 인식할 수 있을 것이다. 하지만 시각적 정보만 중요한 것은 아니다. 나는 로봇에게 피부를 닮은 센서와 더욱 강력한 센서들을 장착해서 로봇이 시각, 청각, 촉각 모두를 활용할 수 있도록 만들면 좋겠다. 그럼 로봇은 주변 환경에 대해 가치 있는 정보를 최대한 많이 수집할 수 있을 것이다.

더 빠른 두뇌가 필요하다

여기서 말하는 두뇌는 물리적 두뇌, 즉 발전하고 있는 인공지능과 기계학습 모델들이 실제로 운영되는 하드웨어 구성요소를 말한다. 오늘날 가장 발전된 모델들은 원래 그래픽 처리를 위해 개발된 컴퓨터 하드웨어인 GPU 플랫폼 위에서 돌아간다. 만약 처음부터 인공지능과 기계학습 모델을 위해 설계된 새로운 처리 하드웨어를 개발할 수 있다면, 이 모델들에 필요한 훈련과 추론을 더 빠르고 효율적으로 할 수 있을 것이다. 최신의 기계학습 솔루션에 맞춰 설계되고 구조화된 저전력 칩을 개발해야 한다.

로봇과의 자연어 대화가 필요하다

지금은 로봇과 상호작용하려면 컴퓨터과학과 로봇공학에 대한 전문지식이 필요한 프로그래밍 언어를 이용해야 한다. 하지만 로봇과 더 자연스러운 방식으로 상호작용할 수 있어서 누구나 로봇과 쉽게 대화할 수 있으면 좋을 것이다. 챗GPT와 같은 언어 모델과 다른 강력한 챗봇들은 텍스트 생성 엔진으로서 놀라운 능력을 보여주기 때문에 일반인들은 마치 그들과 진짜 대화를 나누는 듯한 인상을 받는다. 그러나 이러한 기계 지능은 주고받는 단어의 의미를 실제로 이해하지 못한다. 나는 사람과 기계 사이에서 좀 더 자연스러운 인터페이스와 소통이 이루어지는 모습을 보고 싶다. 그들과 토론하고 철학적 담론에 참여하기 위해서가 아니라 누구나 직관적으로 기계와 상호작용하며 과제를 지시할 수 있도록 하기 위함이다. "물 한잔 가져다줘"와 같은 간단하면서도 수준 높은 지시를 기계에 전달할 때, 그 과제를 달성하는 데 필요한 모든 단계를 분해해서 자세히 설명할 필요가 없어야 한다. 각 관절에 언제 얼마나 많은 전류를 보내야 하는지 등의 세부 사항을 일일이 지시하고 싶지는 않으니까 말이다. GPT-3와 같은 대형 언어 모델을 우리와 로봇 사이의 인터페이스로 사용할 수는 있겠지만, 거기서 나오는 관련 단어를 로봇이 실행할 수 있는 단계로 풀어서 번역하려면 여전히 많은 연구가 필요하다.

* * *

더 똑똑한 손, 더 나은 설계 및 제조 기술, 향상된 배터리와 몸체 등 해야 할 일이 꽤 많다. 그럼에도 불구하고, 이 모든 분야 하나하나에서 우리는 놀랍게 발전하고 있다. 공상과학 작가, 미래학자 같은 사람들은 기술의 발전 속도가 너무 빨라져 우리가 그 결과를 더 이상 신뢰성 있게 예측하기가 불가능해지는 시점, 즉 특이점 singularity이라는 개념에 대해 즐겨 얘기한다. 하지만 우리 연구실이나 전 세계 동료들의 연구실에서 진행되고 있는 연구를 바탕으로 보면, 혁신적인 변화가 이미 진행 중인 것은 사실이지만 특이점은 아직 도달 가능한 범위 안에 들어오지 않았다. 우리는 놀라울 정도로 강력한 컴퓨터를 손목에 착용하고 있다. 우리의 자동차는 우리를 대신해서 많은 운전 과제를 안전하게 수행할 수 있다. 사람들은 창고에서 무거운 짐을 들어 올리기 위해 로봇을 착용하거나, 공장에서 지능형 기계와 함께 작업하고 있다. 물론 앞으로도 더 많은 발전이 필요하겠지만 지금까지 이뤄낸 성과만 봐도 참 대단하다. 이제 우리는 미래를 준비해야 한다.

3부 책임

— 어떻게 미래를 준비할 것인가

13강
가능한 미래

코로나19 팬데믹이 시작되었을 때 나는 2년 이내로 백신을 개발하기는 불가능하리라 생각했다. 당시의 표준 개발 일정이 그러했기 때문이다. 하지만 화이자-바이오엔텍 백신은 WHO가 팬데믹을 공식 선언한 지 9개월 만에 16세 이상을 대상으로 승인되어 제공되었다. 그 발표 후 열흘 만에 미국에서 백만 회분 이상의 백신이 접종되었다.[1] 그리고 백신들이 개발, 테스트, 승인 과정을 거쳐 결국 전 세계 모든 소득 계층의 사람들이 널리 이용할 수 있게 되었다.

이것은 정말로 놀라운 과학적 성과였으며, 정부, 산업계, 그리고 그 외 다양한 분야가 최고 수준에서 지원하고 감독한 덕분에 가능했다. 분자생물학, 의학, 역학, 공중보건, 설계, 제조, 공급망, 재정 등 여러 분야의 전문가들이 백신의 개발, 승인, 배포 과정에 참여했다. 공중보건 지도자, 정책 입안자, 규제 당국은 과학적 통찰이 효과적으로 활용될 수 있게 돕고, 백신이 공평하게 배포되도록 했다. 또한 커뮤니케이션 및 홍보 전문가들은 정확한 정보를 널리 알리고, 잘못된 정보를 막기 위해 최선을 다했다. 이 모든 특수 집단과 전문가들의 조언과 지식이 효과적으로 조율되고 적용되었다.

여기서 팬데믹 얘기를 꺼내는 이유는 지능형 기계의 발전이 전 세계적, 혹은 지역적으로 위협을 초래한다는 얘기를 하려는 것이 아니다. 사실보다는 공상에 더 영향을 받은 것으로 보이는 그런 우려에 대해 내가 어떻게 생각하고 있는지는 지금쯤 분명히 전달되었으리라 생각한다. 나는 하나의 모델로 팬데믹 이야기를 제시한 것이다. 물론 팬데믹 대응이 완벽했다고는 할 수 없다. 잘못된 정보가 널리 퍼졌고, 음모론이 자리를 잡았으며, 정치적 상황은 평소보다 더 꼴사납게 돌아갔다. 더 잘할 수 있었다는 아쉬움이 남지만, 그럼에도 불구하고 백신은 사상 최단 시간에 개발되어 전체 인구에게 놀라운 비율로 접종되었다. 팬데믹 대응은 더 큰 목표를 위해 모두 손을 모아야 한다는 태도로 전문성을 총동원했을 때 우리 인간 사회가 무엇을 해낼 수 있는지 보여주고 있다. 만약 로봇과 지능형 기계가 최대한 많은 사람들의 삶에 긍정적인 영향을 미칠 수 있도록 설계되고 배치되길 원한다면, 과학자와 기술자들만으로 그런 미래를 만들어 갈 수는 없다는 점을 이해해야 한다. 학계, 산업계, 정부, 그리고 사회 전반에서 다양한 전문가들의 협력이 필요하다.

내가 제시한 기술적 목표를 달성한다고 해서 밝은 미래가 보장되는 것은 아니다. 우리는 이러한 기계의 진화와 그것이 사회에 미치는 영향을 적극적으로 조율해야 한다. 기계는 문제를 일으킬 수도 있고, 문제를 해결할 수도 있다. 다음에 나올 위대한 소설을 인공지능이 쓸 수 없는 것처럼, 시간이 지나 기술이 우리를 어디로 데려갈지도 인공지능이 알려줄 수는 없다. 그것을 결정할 수 있는 것은 오직 우리, 즉 시민, 혁신가, 학생, 인플루언서, 창작자, 정부 및 기업 지도자들뿐이다. 칩을 통해 무엇을 할 것인지 결정하는 것은 마음이며, 앞으로 몇 년간 우리가 내릴 행동과 결정이 인공지능이 인류에게 축복이 될지 아니면 해결책이 아닌 골칫거리가 될지를 결정할 것이다. 다행인 점은 이러한 잠재적인 문제가 팬데믹처럼 갑작스럽게 닥치는 것이 아니라는 것이다. 우리는 이러한 문제가 올 수 있음을 알고 있으며, 정책, 기술, 비즈니스의 교차점에서 그 해결책을 모색할 수 있다. 바로 지금부터 말이다.

기술 변화의 속도를 예측하기는 어렵다. 내가 제시한 요구 조건들을 예상보다 더 빨리 충족할 가능성도 충분히 있다. 2004년에는 최고의 연구팀들이 경쟁하는 대회에서 세계 최고의 자율주행차가 11킬로미터의 텅 빈 사막 도로만 주행하면 우승을 할 수 있었다. 하지만 그로부터 15년 뒤에는 웨이모가 피닉스 시내에서 승객들에게 자율주행차 서비스를 제공하기 시작했다. 실로 놀라운 발전 속도다. 하지만 이것이 전적으로 놀라운 일은 아니다. 로봇공학 및 공학계가 특정한 도전에 진심으로 초점을 맞추면 공상과학을 현실로 바꿀 수 있음을 우리는 여러 차례 입증해왔다.

그럼 내가 제안했던 기술적 도전과제를 해결했다고 가정해 보자. 이렇게 고도로 발전된 로봇과 함께하는 세상은 어떤 모습일까?

나는 크게 세 가지 시나리오를 상상한다.

시나리오 #1: 현재의 길을 따라가기

한 가지 가능성은 지금까지 오던 길을 계속 따라가면서 더 나은 로봇 몸체와 점점 커지는 인공지능과 기계학습 모델, 그리고 우리가 완전히 이해하지 못하는 그들의 두뇌를 위한 솔루션을 개발해나가는 것이다. 이런 모델에 의존하는 로봇과 지능형 기계들은 계속해서 강력해질 것이다. 이들은 우리 모두를 놀라고 감탄하게 만들 것이며, 컴퓨터과학 분야에서는 이것이 앞으로 나갈 수 있는 최고의 방법이라 주장하는 이들도 있다. 이들은 결국 모든 것은 데이터이며, 우리가 모든 작동방식을 이해할 필요는 없다고 주장한다. 그들은 그저 어떻게 하면 모델에 올바른 데이터를 제공해서 최적의 결과를 생성할 수 있는지만 알면 충분하다고 본다.

이렇게 된다면 우리는 우리의 학습 모델들이 왜 그렇게 행동하는지, 혹은 그들이 우리 마음에 들지 않는 결정을 내리거나 행동을 했을 때 무엇이 잘못돼서 그런 것인지 제대로 설명할 수 없을 것이다. 계속해서 이런 학습 모델이 주도권을 잡는다면 고도로 훈련된 사람들이라도 자신의 연구를 제대로 설명하지 못하거나, 문제가 생겨도 그 원인을 파악하지 못하는 상황에 처할 위험이 있다. 컴퓨터과학의 근본 개념에 대한 이해도 약해질 것이다. 우리는 장기적인 관점에서 시스템을 설계하기보다는 문제에 직면할 때마다 임시방편으로 해결책을 꿰맞추기에 급급한 처지로 전락할 것이다.

시나리오 #2: 복잡한 창고

결국 모든 것은 데이터라고 주장하는 내 동료들의 주장이 옳을 수도 있다. 하지만 이런 방식이 결국 잘못된 길이었음이 밝혀질 경우, 우리는 널리 사용하고 있는 기술에 문제가 있음을 알면서도 대체 어떻게 고쳐야 할지 알 수 없는 지경에 놓이게 된다. 이것이 나에게는 커다란 악몽이다. 그렇다고 할리우드 영화에 나오는 것처럼 기계가 갑자기 이상한 형태의 의식을 가지게 되어 인간을 멸종시키기로 작정하고 세상을 장악하는 시나리오를 그리는 것은 아니다. 그보다는 우리가 제대로 이해하지도 못한 상태에서 의존하게 된 거대하고 복잡한 시스템을 떠안고, 버려진 기술과 전자 쓰레기의 산더미 속에 갇히는 상황을 걱정하는 것이다.

시나리오 #3: 마음과 칩

세 번째 시나리오는 지능형 기계를 인간이 사용할 수 있는 더 똑똑한 도구로 바라보는 이 책의 주제와 맞닿아 있다. 나는 어릴 때부터 이 꿈을 꾸어왔으며, 지난 수십 년간 전 세계 여러 연구소와 기업에서 수천 명의 뛰어나고 성실한 학생, 동료, 그리고 멘토들과 함께 이를 위해 노력해왔다. 이 시나리오가 생각하는 미래에서는 로봇이 어떤 능력을 갖고 있는지 사람이 명확하게 이해하고 있고, 안전 필수 시스템safety-critical system(작동 실패 시 인명, 환경, 재산에 심각한 위험을 초래할 수 있어 설계와 운영에서 높은 신뢰성과 엄격한 안전 기준이 요구되는 시스템—옮긴이)으로 인증받는다. 이런 로봇이 우리에게 초능력을 부여해 온갖 인지적, 신체적 과제를 도와줌으로써 인류 전체가 질적으로 더 높고 충만한 삶을 누리는 존재로 도약하게 될 것이다.

맞다. 아주 야심 찬 꿈이다. 하지만 실현 가능한 꿈이다. 그럼 어떻게 그 꿈에 도달할 수 있을까? 프로그래밍 및 공학과 관련된 요구사항에 대해서는 앞에서 이미 검토했지만 다른 요소들도 동원해야 한다. 여기서 다시 팬데믹의 사례로 돌아가보자. 우리에게는 백신 개발이나 인간을 달로 보낸 아폴로 미션에서 보았던 것과 같은 사회 전반의 동의와 협력이 필요하다. 코로나 19의 대응 방식을 로봇을 대규모로 배치하는 경우와 직접 비교할 수는 없지만, 이 독특하고 놀라운 인간의 노력에서 얻어낸 통찰과 교훈을 바탕으로 로봇의 미래에 대해 현실적인 계획을 세울 수 있다. 기술적 문제를 해결하고, 로봇의 몸체와 두뇌 설계에서 등장한 공학적 도전을 극복하는 것은 단지 시작일 뿐이다.

디지털 트윈digital twin을 예로 들어보자. 이는 마음과 칩을 융합해서 세상을 변화시킬 잠재력이 있는 또 하나의 혁신적인 개념이다. 디지털 트윈은 현실 세계의 실체들을 시뮬레이션 공간에 표상한 것이다. 이는 가상현실 세계의 아바타가 아니다. 대신 우리는 디지털 트윈을 이용해서 복잡계, 사람, 기계, 심지어 도시의 가상 모델을 원본과 최대한 가깝게 만들어 '만약에 … 라면' 시나리오를 시뮬레이션으로 연구할 수 있다. 디지털 트윈은 실제 데이터를 통해 정의되고, 형성되고, 지속적으로 업데이트 되며, 이는 그들이 존재하거나 작동하는 시뮬레이션 공간도 마찬가지다. 예를 들어, 도시의 디지털 트윈을 생성해 새로운 건물과 공공 공간이 교통 흐름에 어떤 영향을 미칠지 확인할 수 있다. 연구자들은 췌장의 디지털 트윈을 사용해 환자들의 인슐린 관리에 도움을 주었다. 사람 심장의 디지털 트윈을 사용하는 경우도 점점 증가하고 있다. 제트 엔진 시뮬레이션은 비행 중 성능을 모니터링하는 데 사용된다. 실제로 작동하는 엔진에서 수집한 데이터를 가상의 쌍둥이 엔진에서 예측된 값과 비교한다. 만약 실제 엔진에서 수집된 데이터가 트윈의 성능과 다르다면, 이는 무언가 문제가 있다는 신호일 수 있다.[2]

이 아이디어는 여러 산업과 분야에서 확산되고 있으며, 나는 특히 사실적인 인간 디지털 트윈을 구축할 가능성에 대해 무척 흥미를 느끼고 있다. 요즘 스마트 워치는 우리의 움직임과 심박수를 추적하여 건강에 대한 대략적인 정보를 제공한다. 만약 이런 데이터를 더 많이 수집하고 이를 기반으로 우리 자신의 디지털 모델을 구축하고 유지할 수 있다면, 일상에서 더 나은 선택을 하도록 도움을 받을 수 있지 않을까? 내 디지털 트윈이 내가 일을 너무 많이 한 날에는 친구를 만나라고 제안하거나, 스트레스를 많이 받은 날에는 집에 가는 길에 기운이 나는 노래를 추천하거나 직접 재생해줄 수도 있다. 혹은 운동이 필요하다거나, 컨퍼런스에 참석 중이라면 수분 섭취를 늘려야 한다고 상기시켜줄 수도 있을 것이다.

물론, 이러한 기술에는 막대한 양의 개인정보를 업로드해야 한다는 위험이 따른다. 따라서 매우 강력한 개인정보 보호 조치와 보장이 필요하다. 만약 이러한 개인 디지털 트윈 기술이 널리 또는 전 세계적으로 적용된다면, 이 기술의 안전하고 유익한 사용을 보장하기 위해 사회 각계각층의 의견을 모아야 할 것이다. 그리고 우리는 이런 기술 모두에 대해 이러한 방식으로 사고해야 한다. 이 기술이 사람들에게 미치는 영향을 다듬기 위해 사회과학 분야와 함께 정책 및 소통 전문가들도 참여시킬 필요가 있다. 더 많은 지능형 기계를 세상에 배치하여 활용하려고 할 때는 그 사용이 공익에 부합하도록 하는 보호 장치와 윤리 원칙을 반드시 마련해야 한다. 그 세부 사항은 산업마다 다를 수 있겠지만, 우리가 미래의 로봇 시스템에 원하는 속성을 구체적으로 명시한 공통의 체계에 대해서는 합의할 수 있을 것이다.

내가 생각한 열한 가지 속성은 다음과 같다. 로봇과 인공지능 시스템은 다음과 같은 속성을 가져야 한다.

1. 안정성

이것은 아마도 가장 단순하고 명백한 요구사항일 것이다. 원격 항공 드론이든, 지능형 수술 보조 장치든, 테니스 포핸드 실력을 향상시키는 착용형 로봇 셔츠든, 어떤 기술을 생각하든지 간에 해당 기술은 이를 운영하는 사람과 주변에 있는 다른 사람들에게 안전해야 한다. 더 부드럽고 순응을 잘하는 로봇을 만드는 것은 이러한 목표를 달성하는 데 확실히 도움이 될 것이며, 로봇이 산업용 안전 케이지 안에서 벗어나 더 넓은 세상으로 나갈 수 있는 가능성을 열어줄 것이다. 하지만 일반적으로 이러한 시스템을 설계할 때는 항상 사람에게 해를 끼쳐서는 안 된다는 점을 최우선으로 염두에 두어야 할 것이다.

2. 보안성

우리가 디지털 트윈의 경우처럼 지능형 시스템에 더 많은 개인정보를 업로드하고 공유하기 시작한다면, 강력한 보안 통제를 통해 개인정보의 프라이버시를 반드시 보장해야 한다. 그리고 이 정보는 개인의 동의와 승인이 없이는 절대 공유되어서는 안 된다. 심지어 내 착용형 연질 로봇 셔츠가 수집한 나의 테니스 스윙 관련 데이터도 마찬가지다! 이러한 기술은 해킹에 강해야 하고, 고급 암호화 기술과 강력한 보안 전략으로 보호받을 수 있어야 한다.

3. 보조적

궁극적으로는 인공지능, 기계학습, 로봇공학과 관련된 중요한 결정은 반드시 인간이 책임을 져야 한다. 이러한 시스템은 완벽하지 않다. 우리가 이런 시스템으로부터 권고는 받을 수 있겠지만 최종 판단을 맡길 수는 없다. 마음과 칩이 함께 작동할 때 최종 결정은 항상 인간 협력자나 운영자가 내려야 한다.

4. 인과성

인과성causality은 다소 기술적이지만 중요한 요구사항이다. 이는 행동과 그 결과 간의 연결을 의미한다. 로봇공학과 기계학습에서 인과 시스템causal system이란 내부와 외부의 개입을 설명할 수 있는 시스템을 말한다. 이러한 시스템은 어떤 개입에 의해 출력이 변경되었는지 여부를 인식하고, 원인과 결과를 연결해서 거기에 적응한다. 상관관계 패턴 인식에 기반해서 작동하는 기계학습으로는 강력한 예측을 하거나 신뢰성 있는 결정을 내리기에 충분하지 않다. 인생의 많은 부분이 그렇듯이, 기계학습 분야에서도 상관관계가 반드시 인과관계를 의미하지는 않는다. 예를 들어 물 한 잔을 마신 뒤 두통이 생겼다고 해서, 그 물 한 모금이 두통을 유발했다고 결론지을 수는 없다. 인과적 추론의 원칙에 기반한 새로운 기계학습 접근법은 순수하게 상관관계에 의존하는 방식과는 달리, 솔루션의 성능과 일반화 가능성을 모두 향상시킬 것이다. 우리의 유동성 신경망 솔루션은 인과성을 보여주며, 독일의 컴퓨터과학자 베른하르트 슐코프는 기계학습에서의 인과성 개발에 크게 기여해왔다.[3] 그의 연구는 통계적 학습 기법과 인과적 추론을 결합해 데이터에서 인과관계를 추론하는 데 초점을 맞추고 있다. 하지만 전반적으로 볼 때 우리에게는 인과성을 입증할 수 있는 솔루션이 더 많이 필요하다. 이를 통해 로봇이 자기에게 주어진 과제를 이해하도록 하고, 신뢰할 수 있고 예측 가능한 방식으로 그 과제를 수행하도록 이끌 수 있을 것이다.

5. 일반화가능성

로봇은 언제든 훈련받지 못한 상황에 직면하게 될 것이며, 우리는 우리의 시스템이 낯선 상황에 어떻게 반응할지를 더욱 잘 이해할 필요가 있다. 이러한 불확실성을 헤쳐나갈 수 있는 추론 능력을 갖춘 모델이 필요하다. 우리 학생들과 공동연구자들은 이 분야에서 고무적인 작업을 진행 중이다. 그들은 불확실하거나 극단적인 환경에서도 학습할 수 있는 자율적 주체를 개발하고 있다. 일반적으로 나는 더 작은 모델이 역할을 할 수 있다고 믿는다. 예를 들어, 우리의 유동성 모델은 한 환경(여름 숲)에서 학습한 것을 전혀 다른 환경(겨울 숲이나 도시 환경)에서도 추가적인 훈련 없이 활용할 수 있는 것으로 밝혀졌다. 또한 드론에게 정지된 빨간 의자 같은 특정 물체를 찾도록 훈련시킨 후에 그것을 일반화해서 움직이는 빨간 배낭을 따라가게 만들 수 있다는 것도 확인했다. 더 나아가 로봇의 두뇌 안에서 무슨 일이 일어나는지도 시각화할 수 있다. 이를 다시 자율주행차의 예로 돌아가 설명하자면, 만약 시뮬레이션 중에 자율주행차가 갑자기 도로를 벗어난다면, 우리는 프로그램이 어디서 잘못되었는지 추적하고 그 결함을 수정해 미래에 비슷한 일이 발생할 가능성을 줄일 수 있다.

6. 설명가능성

요즘 인기리에 널리 사용되고 있는 인공지능과 심층학습 모델들은 크기도 크고, 에너지도 막대하게 잡아먹는다. 이들이 어떤 결정을 내리거나 결과를 내놓아도 우리는 그 이유를 알 수 없다. 이것이 단지 크기 때문만은 아니다. 이들은 방대한 양의 데이터를 바탕으로 훈련하고, 사람의 입력을 받아 대부분의 경우 훌륭한 결과물을 생성하는 법을 배운다. 하지만 이런 모델이 우리 마음에 들지 않는 결과를 내놓았을 때 그 내부 과정을 되짚어보기가 매우 힘들다. 매개변수와 층이 너무 많다. 그래서 어떤 오류가 발생했는지 해부하듯 명확히 파악할 수 있는 단순하고 신뢰할 수 있는 검증 방법이 존재하지 않는다. 이들 시스템의 두뇌가 블랙박스와 같기 때문이다. 의사결정은 수십만 개의 뉴런과 그 사이 수백만 개의 연결망이 실행하는 컴퓨팅 과정에 의해 이루어진다. 이렇게 모델의 결정 과정을 이해할 수 없다는 점은 로봇과 같은 안전 필수 시스템에 바람직한 일이 아니다. 자율주행차가 위험한 행동을 선택했을 경우, 그 이유를 알아야 모델을 수정하고 미래에 비슷한 일이 발생하지 않도록 방지할 수 있다.

만약 인공지능 시스템이 나에게 대출을 해주지 말라고 권고한다면, 나는 그 이유에 대한 설명을 들을 수 있어야 하고, 그 이유는 타당한 것이어야 한다. 예를 들어보자. 인공지능 시스템이 의료영상을 바탕으로 내가 질병에 걸렸을 가능성이 있다고 결론 내린다면, 시스템이 그런 결론을 내린 이유를 나와 의사가 살펴볼 수 있어야 한다. 또는 판사가 유죄 판결을 받은 사람에게 형량을 선고할 때 그 결정을 컴퓨터가 도울 수 있게 허용한다면, 해당 인공지능의 추론 과정은 명확하고 변호가 가능해야 한다. 이러한 모델이 시민 사회에서 제대로 역할을 할 수 있으려면 설명가능성explainability이 필수적이다. 그렇지 않다면 인간관계에서 서서히 근절되고 있는 편향이(나의 희망사항일 수도 있다) 기계의 의사결정 과정에 스며들 위험이 있다. 게다가 시스템이 어떻게 결론을 산출하는지 설명할 수 없다면, 그 시스템이 다음에 어떤 결론을 내놓을지도 완전히 확신할 수 없다. 시스템이 올바른 일을 할 거라고 막연히 희망하거나, 올바른 일을 할 가능성을 대략 짐작할 수는 있겠지만 그것을 확실히 보장할 수는 없다. 시스템의 의사결정 과정의 복잡성을 제대로 이해하지 못한다면, 심지어 그 가능성이 얼마나 되는지 추정하기도 어려울 것이다.

7. 공정성

최근 연구에 따르면, 심층기계학습 시스템은 널리 퍼져 있는 알고리즘 편향에 취약한 것으로 나타났다. 특히 훈련 데이터에 과소대표된 사례에 대해서는 더욱 취약하다. 이는 심각한 문제다. 심층학습 모델이 점점 더 사회 전반에 널리 사용되고 있으며, 이미 자율주행차, 금융시장 예측, 의료진단, 신약개발 과정 등 다양한 안전 필수 응용분야에서 핵심 기반을 형성하고 있기 때문이다. 이러한 알고리즘의 장기적인 수용 여부는 단순히 훈련 중에 밝혀진 성능에만 달려 있는 것이 아니다. 일반화가능성, 안전성, 공정성이 무엇보다 중요하며, 이는 특히 응용분야의 폭과 수가 계속해서 증가함에 따라 더욱 중요해지고 있다.

많은 연구진이 편향 문제를 해결할 방법을 연구하고 있다. 나의 학생 알렉산더 아미니와 나도 이 문제를 해결하는 데 매진하고 있다. 우리는 과제와 관련된 현저한 특징salient feature에 대해 데이터세트에 들어 있는 편향을 자동으로 평가하는 편향제거 알고리즘을 개발했다. 우리는 우리의 솔루션이 데이터의 잠재적 구조 속에 숨겨진 알고리즘의 편향을 자동으로 드러낼 수 있음을 입증했으며, 이러한 영향을 완화하기 위한 새로운 편향제거 모델을 제안했다. 또한 모델의 불확실성과 이를 훈련시키는 데 사용된 데이터 간의 관계를 조사함으로써 데이터 공간에서 누락된 데이터를 식별하고, 데이터를 보강하는 방법을 제안할 수 있음을 보여주었다. 이를 통해 우리는 데이터세트에서 과대 대표된 데이터 항목은 무엇이고, 과소대표된 데이터는 무엇인지 확인할 수 있다. 그리고 그 다음에는 이러한 정보를 활용해서 데이터의 품질과 대표성을 개선하고, 균형 잡히고 공정하며 편향 없는 모델을 구축할 수 있다.

8. 경제성

신기술의 비용에 대해 생각할 때는 휴대전화의 진화 사례를 언급하며 가격에 대한 우려를 무시하기 쉽다. 초기만 해도 이 기술은 사회의 최고 부유층만 넘볼 수 있었다. 1987년 영화〈월스트리트〉를 보면 탐욕스러운 주식중개인 고든 게코가 벽돌만 한 크기의 휴대전화를 사용하는 장면이 나온다. 당시 이런 전화기의 가격은 요즘 기준으로 보면 1만 달러가 넘었을 것이다. 하지만 지금은 훨씬 더 발전된 기기를 100달러 미만으로 구입할 수 있다. 휴대전화는 독특한 사례이지만 많은 것을 시사한다. 우리는 공학자, 투자자, 혁신가, 그리고 정책 입안자로서 이 책에서 설명한 로봇과 인공지능 시스템의 경제적 접근 가능성을 확보하기 위해 모든 방면에서 노력해야 한다. 앞서 언급했듯이, 로봇의 설계와 제조 방식을 바꾸는 것이 그 방향으로 나아가는 좋은 출발점이 될 수 있다. 가급적 더 저렴한 재료와 부품을 사용하는 쪽으로 설계의 방향을 잡을 수 있을 것이다. 또한 점점 더 인기를 끌고 있는 서비스형 로봇 같은 새로운 경제 모델을 도입하는 것도 현명한 선택일 수 있다. 주방이나 창고에서 사용할 로봇을 판매하는 대신 훨씬 낮은 가격에 대여해주는 방식을 도입할 수도 있다. 이렇게 하면 시간이 지나면서 로봇을 채택하고 사용하는 경우가 점점 늘어날 테고, 로봇의 제조 비용과 업체나 개인의 로봇 구입가격이 떨어지기 시작할 것이다. 정확히 어떻게 해야 이러한 목표를 달성할 수 있을지는 모르겠다. 나는 공학자이지 경제학자가 아니기 때문이다. 그러나 이러한 도구가 단지 부유한 엘리트만의 장난감이 되지 않도록 우리가 모든 노력을 다해야 한다는 점은 분명하다.

9. 인증

우리가 로봇공학 분야에서 하고 있는 일을 인증하는 규제기관이 없다. 우리 분야에는 테스트, 평가, 인증 절차가 필요하고, 그와 더불어 지능형 기계의 안전성과 효능을 평가해서 상업적으로 출시하기 전에 특정 용도로 승인해주는 FDA 같은 규제기관도 필요하다. 여기서 문제는 안전성을 확보하기 위한 과정과 혁신의 욕구 사이에서 적절한 균형을 찾는 일이다. 혁신은 발전의 밑바탕이므로 이를 억누르려 해서는 안 된다. 하지만 이 과정을 올바르게 수행한다면, 규제기관, 감독기관, 그리고 인증 절차가 우리의 창의성을 억압하는 것이 아니라 오히려 더 촉진해줄 것이다.

10. 지속가능성

오늘날의 인공지능과 기계학습 모델은 수십 년 된 아이디어와 접근 방식에 기반하고 있다. 대부분의 경우 놀라운 성과를 내고 있지만, 이것은 이들이 과거의 프로그램들보다 더 많은 데이터와 더 강력한 컴퓨팅 능력에 접근할 수 있기 때문이지, 내재적 설계나 근본 설계가 바뀌었기 때문이 아니다. 우리는 단지 더 크고 빠른 모델을 만들어서 더 많은 연료를 공급하고 있을 뿐이다. 하지만 이런 대형 모델을 운영하는 데는 부작용이 따른다. 우리는 모델이 어떻게 그런 예측을 내놓았는지 이해하지 못하고, 모델을 훈련시키는 데도 너무 많은 데이터가 필요하다. 또한 솔루션의 성능은 훈련에 사용된 데이터의 품질에 달려 있다. 데이터에 편향이 있으면, 솔루션의 성능에도 마찬가지로 편향이 생긴다. 게다가 컴퓨팅 계산은 공짜가 아니다. 프로세서가 작동하기 위해서는 전력이 필요하다. 만약 그 전력이 화석 연료를 태우는 기존의 발전소에서 나온 것이라면 환경에 미치는 영향이 막대할 수 있다. 매사추세츠대학교 애머스트 캠퍼스의 컴퓨터과학자들이 2019년에 발표한 연구에 따르면, 평균적인 심층학습 모델을 훈련시키는 데 소비되는 전력을 생산하는 과정에서 28만 3000킬로그램의 이산화탄소가 대기로 방출되며, 이는 자동차 다섯 대가 평생 배출하는 양과 맞먹는다.[4]

오늘날 클라우드cloud를 운영하는 많은 데이터 센터에서 하는 것처럼, 개발자와 사용자가 재생 가능 에너지원에서만 전력을 공급받도록 장려하는 제어 장치를 마련할 수 있다. 하지만 더 효율적인 모델을 설계하는 부분에 대해서도 생각해야 한다. 그 모델이 11강에서 설명한 유동성 신경망과 비슷한 형태일 수도 있고, 아닐 수도 있다. 만약 우리가 심층신경망 애플리케이션을 개발할 때 적용했던 것과 같은 혁신적 사고를 지속 가능한 기계학습 솔루션 개발에 적용할 수 있다면, 더 소형화된 형태의 지속 가능한 모델을 고안해낼 수 있을 것이다.

11. 영향력

이 책에서 논의한 애플리케이션은 실용적인 것들이 많다. 그리고 그중에는 살짝 혹은 대단히 기발한 것들도 있다. 하지만 우리가 개발하는 것을 처음 구상했던 응용분야에만 국한시킬 필요는 없다. 로봇과 인공지능에서 나온 혁신적인 개념을 가져다가 생산적이고 해가 없는 다른 용도로 재활용할 수 있다. 예를 들어 나는 완전 자율주행차가 머지않아 도시의 거리를 가득 메우리라 생각하지는 않지만, 자율주행차 연구에서 배운 것들을 더 단순한 문제에 적용할 수 있다. 코로나19 팬데믹 초기였던 2020년에 내 공동연구자들과 나는 그레이터 보스턴 푸드 뱅크(보스턴에 위치한 비영리 단체로, 지역사회에서 굶주림을 퇴치하기 위해 식량을 배급하고 지원하는 기관—옮긴이)를 순찰하며 소독하는 이동형 로봇을 설계했다. 이 플랫폼은 사실상 자율주행차의 축소판이었으며, 작동 환경이 정적이고 복잡도가 낮았기 때문에 안전하게 작동하리라는 확신이 있었다. 밤에 작동하니까 예상치 못했던 요인들과 상호작용하는 경우가 거의 없을 것이며, 공간 전체를 소독하기 위해 빠르게 움직일 필요도 없었기 때문이다. 기본적으로 우리는 한 가지 유형의 로봇을 만드는 데서 얻은 지식을 가져다가, 성질은 아주 다르지만 실질적이고 긴급한 문제를 해결할 수 있는 완전히 새로운 종류의 기계를 신속하게 개발하고 배치한 것이다. 동일한 원칙과 경험을 자율주행 휠체어나 항만에서의 자동 수송 기계 등 여러 분야에서 활용할 수 있을 것이다.

문제해결에 초점을 맞추는 사고방식을 더 확장해서, 우리가 개발 중인 다양한 로봇과 인공지능 솔루션을 예상했던 응용분야를 뛰어넘는 새로운 용도로 활용할 방법에 대해 창의적으로 고민해볼 수 있다. 이런 접근을 통해 더 많은 사람들에게 혜택이 돌아갈 수 있을 것이다. 로봇공학을 하는 내 동료들과 나는 세상을 더 나은 곳으로 만들어줄 로봇을 개발하기 위해 노력하고 있다. 우리는 이 기계들이 인류와 공익을 위해 사용될 수 있다고 믿는다. 그러나 동시에 이러한 태도가 보편적이지 않는다는 점 또한 이해하고 있다. 로봇을 만드는 사람들이 모두 최대한 많은 사람을 돕는 것을 목적으로 한다는 보장은 없다. 이 기술의 진화가 바람직하지 않은 방향으로 전개될 수 있음을 간과해서는 안 된다.

무엇이 잘못될 수 있는지에 대해 우리는 깊이 생각해보아야만 한다.

14강
무엇이 잘못될 수 있나?

 2015년에 보안 연구원 찰리 밀러와 크리스 발라섹은 지프 체로키 차량을 해킹했다. 이 차량은 밀러의 것이었으며, 자율주행차는 아니었지만 요즘 나와 있는 대부분의 자동차처럼 전자 부품과 컴퓨터 장치로 가득했고, 외부 네트워크에 연결할 수 있는 기능이 있었다. 두 연구자는 밀러의 거실에 앉아 차량의 오디오 시스템에서 사이버보안 관점에서 보면 잠기지 않은 문과 같은 취약점을 원격으로 발견했다. 이들은 이것을 진입점 삼아 차량 내부의 또 다른 칩에 접근할 수 있었고, 이를 통해 지프의 계측 제어기 통신망CAN 시스템에 메시지를 전송할 수 있었다.
 결국 두 사람은 차량이 달리고 있을 때 그 차량의 제동 장치와 조향 장치를 원격으로 제어할 수 있다는 사실을 알아냈다. 누군가가 이 차량을 운전 중이었다면, 두 사람은 지프를 고속도로에서 벗어나게 만들거나, 다른 자동차들이 쌩쌩 달리는 한가운데서 갑자기 브레이크를 작동시킬 수도 있었을 것이다. 일단 이렇게 차량 내부로 진입하는 방법을 알아내자 두 연구자는 이런 침투 가능성이 밀러의 지프 체로키 차량에만 그치는 것이 아니라는 판단이 들었다. 밀러는 나중에 이렇게 적었다. "여러모로 이것은 상상 가능한 최악의 시나리오였다. 우리는 내 집 거실에 앉아서 미국에 있는 140만 대의 차량 중 어느 것이라도 위태롭게 만들 수 있었다."[1]

분명히 말하지만, 밀러와 발라섹은 자신들의 발견을 전혀 악의적으로 사용하지 않았다. 그들은 화이트 해커의 역할을 맡아, 제조업체와 서비스 제공업체가 보안상의 취약점을 수정하고 방어를 강화할 수 있도록 사이버보안 취약점을 공개했다. 물론 차량의 제어 시스템에 원격으로 침투하는 능력을 입증한 사례가 이들만 있는 것도 아니다. 그 몇 년 후에는 매년 열리는 한 대회에서 또 다른 팀이 테슬라 모델 3의 인포테인먼트 시스템(오디오나 비디오 엔터테인먼트를 제공하는 차량 내 전자 시스템—옮긴이)을 통해 차량을 해킹하는 데 성공했다. 테슬라는 즉시 이 결함을 수정하여 동일한 취약점이 다시는 악용되지 못하도록 했다. 그러나 이 두 사례, 그리고 그와 유사한 다른 이야기들은 더욱 발전된 반자율주행차와 온갖 종류의 로봇이 보편적으로 보급되었을 때 생길 수 있는 위험을 보여준다. 로봇은 컴퓨터와 마찬가지로 사이버 공격에 취약하며, 실제 물리세계에서 활동하기 때문에 그 위험이 더욱 커질 수 있다. 전통적인 사이버보안에서 절대적으로 안전한 해결책은 존재하지 않는다. 컴퓨터나 네트워크에서 침투 불가능한 완벽한 방어선 같은 것은 존재하지 않으며, 이는 로봇 안에 들어 있는 컴퓨터에도 동일하게 적용된다.

하지만 이러한 위험을 부정적으로만 볼 필요는 없다. 자율주행차와 기타 자율 로봇을 해커로부터 안전하게 보호해야 한다는 필요성이 막대한 일자리 창출로 이어질 수 있다. 2019년 기준으로 사이버보안은 전 세계적으로 1500억 달러 규모의 산업이었다. 이 산업은 주로 고정식 또는 이동식의 네트워크 컴퓨터를 대상으로 한다. 그러나 더 많은 컴퓨터에 세상과 상호작용할 수 있는 능력을 부여함에 따라, 즉 로봇으로 전환함에 따라 이러한 시스템을 보호할 방법을 개발하고 유지할 고도로 숙련된 인재와 기업이 더 많이 필요해질 것이다. 이런 경우 로봇은 우리의 일자리를 빼앗는 것이 아니라, 오히려 새로운 일자리를 창출하게 될 것이다.

위험하거나 부정적인 결과가 발생할 가능성이 해커나 다른 악의적인 사람에 국한되는 것은 아니다. 2022년에는 인간과 기계가 대결하는 체스 대회에서 로봇이 한 소년의 손가락을 다치게 했다는 소식이 잠시 인터넷을 뜨겁게 달궜다. 이 로봇의 두뇌는 체스에 최적화되어 있었지만, 몸체는 산업 현장에서 가져다 놓기 작업을 위해 설계된 고정식 로봇 팔이었다. 이러한 로봇은 사람이나 예상치 못한 물체를 감지해서 반응하도록 설계되지 않았고, 이 때문에 사고를 방지하기 위해 보통 안전 케이지 안에 배치한다. 대회 운영자들은 로봇이 둘 차례에는 체스판 근처로 손을 가져가지 말라고 주의를 주었다는데, 아이가 이 사실을 잊어버렸던 것 같다. 아이는 묘수가 떠올라 도저히 참을 수 없었고, 로봇이 체스 말을 옮기려고 하던 차에 자기도 말을 잡으려고 손을 뻗었다. 그러다 로봇이 소년의 손가락을 붙잡고 만 것이다. 물론 아이의 잘못은 아니지만, 로봇을 전적으로 비난하고 싶지도 않다. 이 사건의 책임은 기본적으로 성능이 제한되어 있는 가져다 놓기 작업용 로봇을 아이들과 밀접하게 상호작용하도록 배치한 사람들에게 있다고 본다.

실험실에서 세상으로 나가는 로봇이 더 많아지고 있는 지금, 어떻게 하면 이런 시나리오를 예측할 수 있을까? 부정적인 결과를 최소화하기 위해 우리가 할 수 있는 일은 무엇일까? 다행히도 우리에게는 이러한 문제를 해결할 수 있는 선택지가 있다.

* * *

몇 년 전에 나는 로봇공학 분야의 창립자 중 한 사람과 대화를 나누었다. 이 선구자의 말에 따르면, 로봇공학 초창기에는 대규모 프로젝트를 시작할 때 무언가 일이 잘못될 수 있다는 점을 별로 고려하지 않았다고 했다. 당시는 어떻게 하면 기계에게 새로운 과제를 가르치거나, 처음으로 새로운 능력을 선보이게 만들 것이냐에 초점이 맞춰져 있었다. 기계가 무언가를 할 수 있는지 지켜보는 일은 마치 아이가 첫걸음을 떼는 모습을 보는 것처럼 흥미진진한 일이었다. 1970년대와 1980년대만 해도 기계의 능력이 매우 제한되어 있었으니 충분히 이해할 만한 일이다. 하지만 지금은 상황이 달라졌다. 로봇은 이제 집 안에서 거실 바닥을 돌아다니고, 화성의 붉은 모래 위를 누비며, 수술실에서 외과의사와 나란히 작업하고 있다. 이들은 이전보다 훨씬 더 똑똑하고, 빠르고, 강력하며, 능력도 뛰어나다. 따라서 우리는 여기에 따라올 수 있는 모든 잠재적 위험과 문제, 그리고 어려움이 무엇인지 생각해내는 데 더욱 매진해야 한다. 이는 단지 프로젝트 초기 단계에서만이 아니라, 대규모 프로젝트나 개발 중인 로봇 또는 그 로봇 기술의 생애 주기 내내 지속적으로 이루어져야 한다.

자율주행 휠체어나 자율주행 환자 이송 침대의 용도를 병원 내 수송 능력을 개선하기 위한 목적으로 제한한다고 가정해도 나쁜 결과가 생길 수 있는 경우는 여전히 많다. 악의적인 사람이 로봇을 해킹해 통제할 수 있다. 그리고 정보를 제대로 알지 못하는 사람이 (앞서 소년의 손가락을 다치게 한) 체스 로봇의 경우처럼 로봇을 부적절하거나 위험한 상황이나 환경에서 사용할 수도 있다. 비교적 단순한 기계적 결함이나 제어상의 문제가 발생할 수도 있다. 하드웨어가 고장나거나 케이블이 닳거나 끊어질 수도 있다. 그리고 잘못된 데이터가 주어지면 소프트웨어가 편향된 결정을 내리거나 간단한 실수를 할 수도 있다. 맞다, 실수도 한다! 기계는 오류 없이 프로그램을 따르지만, 프로그램 자체에 결함이 있거나, 기계가 프로그래밍되지 않은 상황에 직면하거나, 지각에 오류가 나거나 제어가 미세하게 부정확해지면 인간의 눈에는 실수로 비치는 행동이 나타날 수 있다.

물론 인간도 실수를 하지만, 과연 우리가 로봇의 실수를 용납할 수 있을까? 자율주행차가 인간과 같은 수준으로 안전하거나, 실수 발생 비율이 인간만큼 낮으면, 즉 인간만큼 정확하면 괜찮다고 생각할지도 모른다. 하지만 문제는 기계의 실수와 인간의 실수는 종류가 **다르다**는 점이다. 테슬라 오토파일럿의 첫 번째 사망 사고는 차량의 인식 시스템이 흰 구름을 배경으로 있는 흰색 트럭을 인식하지 못해서 발생했다. 설령 테슬라가 아이작 아시모프의 로봇공학 3원칙 중 첫 번째인 "로봇은 인간에게 해를 끼치는 행동을 해서는 안 되고, 행동하지 않음으로써 인간에게 해가 가도록 해서는 안 된다"라는 규칙을 자동차에 적용해서 프로그래밍했더라도 과연 이 비극을 피할 수 있었을지 의문이다. 이 사고는 로봇의 두뇌가 인간이었다면 결코 하지 않았을 실수를 저지른 결과였다. 반면, 테슬라는 결코 운전대를 잡고 조는 일이 없을 것이고, 술집에서 술을 마시고 운전하는 일도 없을 것이며, 운전 중에 문자를 보내느라 도로에서 한눈을 파는 일도 없을 것이다.

더 많은 지능형 로봇을 세상에 도입하려 할 때는 이러한 차이점을 균형 있게 평가해서 그 특징을 이해한 후에, 로봇의 실수와 불완전성을 어디까지 용인할 것인지 정의할 필요가 있다. 또한 앞 장에서 언급했듯이 로봇에 대한 테스트, 평가, 인증, 그리고 감사 과정을 공식화할 필요도 있을 것이다. 마지막으로, 로봇의 의사결정 모듈 설계 과정에 인간이 적극적으로 참여해야 한다. 그렇게 해야만 기계가 실수를 하거나 우리가 원하지 않는 행동을 했을 때, 그 이유를 인간의 관점에서 논리적으로 설명할 수 있게 된다. 한마디로 칩 안에 인간의 마음을 담아야 한다.

로봇이 전형적인 윤리적 딜레마인 '트롤리 문제trolley problem'[2] 같이 어려운 상황에 처한다고 가정해보자. 이것은 한 사람을 희생시켜 더 많은 사람을 구할 것인가에 대한 윤리와 심리적 딜레마를 다루는 문제다.* 이 문제는 자율주행차가 세상에 나와 독립적으로 작동할 때 직면할 수 있는 윤리적 판단의 한 단면을 보여준다. 내가 자율주행과 관련된 이야기를 하면 많은 사람이 이 트롤리 문제를 꺼내면서 자율주행차에 대한 의문을 제기한다. 로봇 자동차가 왼쪽으로 틀면 여러 명의 노인을 덮치게 되고, 오른쪽으로 틀면 한 명의 어린아이를 치어 죽일 가능성이 있다. 이런 상황에 직면하면 로봇 자동차는 어떤 판단을 내려야 할까?

분명 어느 쪽을 선택해도 이상적인 상황은 아니다. 그래서 나는 항상 로봇이 강력한 인지 능력과 제어 능력을 가지고 있다면, 두 집단의 사람들을 미리 감지하고 정지할 수 있는 능력을 갖추었을 것이므로 선택의 기로에 놓일 필요가 없다고 주장해

---

* 트롤리 문제의 원래 시나리오는 다음과 같다: 트롤리 전차 하나가 고삐 풀린 듯이 선로를 따라 달려오고 있다. 그 앞에는 다섯 사람이 있다. 그냥 놔두면 트롤리는 그 다섯 명을 덮치게 된다. 당신은 지금 기차역과 거리가 있는 곳에 서 있고, 옆에 레버가 있다. 레버를 당기면 트롤리가 다른 선로로 전환된다. 그러나 그 선로에도 한 사람이 있다. 당신에게는 두 가지 선택지가 있다: (1) 아무것도 하지 않고 전차가 메인 선로에서 다섯 명을 치어 죽이게 놔둔다. (2) 레버를 당겨 전차의 선로를 바꿈으로써 다른 한 사람을 치어 죽게 한다. 더 윤리적인 선택은 무엇인가? 간단히 말해, 어느 쪽이 옳은 결정인가?

왔다. 하지만 우리는 로봇이 안전과 직결된 상황에서 어떤 행동을 할 것인지 예측하고, 설명하고, 이해할 수 있어야 한다. 이를 위해서는 마음과 칩이 조화롭게 작동하여 인간이 기계의 행동을 예측 가능한 방식으로 결정할 수 있게 해야 한다. 그렇다면 자율주행차의 의사결정 방식을 규정하는 윤리 강령을 개발하고, 이 윤리 강령을 차량 사용자 모두에게 알리는 방안을 고려할 수 있다. 이렇게 함으로써 로봇이 단순히 로봇처럼 결정을 내리는 것이 아니라, 사려 깊은 윤리학자나 이 인공두뇌의 추론 모듈을 프로그래밍한 사람과 비슷한 방식으로 결정을 내릴 수 있을 것이다.

로봇의 엄마로서 나는, 로봇이 누군가가 죽을 수밖에 없는 선택을 할 필요가 없게 만드는 기술의 개발에 전념하고 있다. 이것이 트롤리 문제의 핵심적인 철학적 논쟁을 회피하는 것으로 비칠 수도 있지만 자율주행차들이 다른 자동차, 심지어는 건물에 장착된 센서와 네트워크를 이루고 서로 소통하면서 상황에 대한 인식을 강화하는 미래를 상상해보자. 이런 차량 대 차량 기술, 혹은 차량 대 인프라 기술을 이용하면 자율주행차는 사실상 모퉁이 너머까지 볼 수 있게 될 것이다. 그럼 로봇 자동차는 교차로에 도착하기도 전에 모퉁이 너머에서 아이가 교차로를 향해 달려오고 있다는 것을 알고 왼쪽으로 틀지, 오른쪽으로 틀지 선택을 내릴 필요 없이 안전하게 미리 정지할 수 있을 것이다.

* * *

  로봇 기술을 개발할 때는 예상하지 못한 문제, 위험, 그리고 오류들이 발생할 수 있으며, 이것에 대비한 계획과 방어책을 미리 마련하기 어려울 수도 있다. 하지만 발생할 수 있는 모든 문제를 가능한 한 철저하고 창의적으로 미리 생각하고 대비하는 최선의 노력이 필요하다. 로봇 기술을 개발하기 시작할 때마다 시간을 들여 그 기술이 갖고 있는 함축적 의미를 완전히 이해해야 한다. 여기에는 잠재적인 위험과 악용 가능성, 윤리적 문제, 그리고 기술의 안전하고, 생산적이고, 공정한 사용을 보장하기 위한 규제 및 법적 틀을 확립하기 위해 해야 할 일 등이 포함될 것이다.

  이것을 어떻게 해야 할까? 먼저, 다양한 아이디어와 의견을 수렴해야 한다. 2015년에 MIT에서 자율주행차 프로젝트를 시작했을 때 우리는 100명이 넘는 전문가를 초빙해서 우리가 구상 중인 자율주행차가 악용될 수 있는 방법에 대해 집중적인 브레인스토밍 워크숍을 열었다. 악의적인 사람들이 새로운 아이디어를 얻는 것을 막기 위해서 여기서 구체적인 내용을 언급하지는 않겠다. 하지만 이는 모든 로봇 프로젝트에서 필수적인 절차로 자리 잡아야 한다. 윤리, 책임, 규제 등 많은 문제를 고려해야 한다. 기술이 사회에 성공적으로 뿌리내리려면 비즈니스 및 사회적 계약을 명확하게 정의하는 정책적 지원이 반드시 함께해야 한다.

이 프로젝트의 브레인스토밍 워크숍은 매우 생산적이었지만, 이러한 논의가 학계에 국한되어서는 안 된다. 사회와 세계의 여러 부분에서 다양한 목소리와 의견을 청취해야 할 것이다.

기술자: 이들은 기초과학과 공학, 현재의 능력, 그리고 미래의 잠재력을 이해하는 전문가들이다.

보안 전문가: 이들은 사이버 보안의 모범적 관행과 접근법을 알고 있으며, 이를 로봇공학에 어떻게 적용할 수 있을지 잘 아는 전문가들이다.

화이트 해커: 이들은 잠재적 결함을 찾아낼 수 있는 해킹 기술과 창의력을 가진 사람들이다.

정책 입안자: 이들은 새롭게 구상 중인 신기술이 지역, 주 정부, 연방 정부와 기관들에 어떻게 인식될지를 상상할 수 있는 사람들이다.

범죄학자 혹은 심리학자: 이들은 악의적인 사람이 로봇을 어떤 나쁜 목적에 사용할지 짐작할 수 있는 훈련과 경험을 지닌 전문가들이다.

SF 작가, 영화 제작자, 예술가 및 기타 창작자: 이들은 기술이 세계에 미칠 다양한 영향력이나 미래의 모습을 상상해낼 수 있다.

윤리학자: 이들은 지능형 기계와 그것을 개발하는 사람들의 행동과 의사결정을 인도하고 방향을 잡아줄 수 있다.

경제학자: 이들은 기술이 부유층만의 향유물에 머물지 않고

장기적으로 최대한 많은 사람들에게 혜택이 돌아갈 수 있는 방법을 내다보는 기술과 지식을 가지고 있다.

투자자: 이들은 프로젝트가 개발을 위한 충분한 자금을 확보하고 유지할 수 있는지, 혹은 초기 단계를 어떻게 설계해야 그런 가능성을 높일 수 있을지에 대한 피드백을 제공한다. 이러한 프로젝트에는 비용이 많이 들 수 있다. 나는 단지 자금이 부족하다는 이유로 유망한 로봇 프로젝트가 사라지는 광경을 너무나 많이 봐왔다.

이 목록은 결코 완전하지 않지만, 미래의 기계가 만들어내는 혜택이 최대한 많은 사람들에게 돌아가도록 하는 데 필요한 다양한 관점을 보여준다. 여기에 변호사, 보험 전문가, 그리고 다른 많은 사람들도 포함될 수 있을 것이다. 하지만 이런 회의들이 명확하고 구체적인 목표 없이 단순히 의견만 나누는 자리가 되는 것은 상상하고 싶지 않다. 무엇이 잘못될 수 있을지 다루는 이 회의가 단순한 브레인스토밍 파티가 되어서는 안 된다. 물론 자유롭고 창의적인 사고는 중요하다. 하지만 우리는 구체적인 결과나 실행 계획을 내놓는 것을 목표로 나아가야 한다. 불확실성이 너무 크거나 지나치게 위험하다고 판단되어 프로젝트를 백지화하거나 보류해야 하는 경우가 생길지라도 말이다. 이전 장의 마지막에 언급했던 틀을 차용해 로봇공학, 기계학습, 인공지능의 주요 프로젝트는 모두 다음의 기준을 대부분 혹은 전부 충족해야 한다고 요구할 수도 있을 것이다.

안전성

보안성

보조적

인과성

일반화가능성

설명가능성

공정성

경제성

인증

지속가능성

영향력

브레인스토밍 집단 자체가 이러한 결정을 내리거나, 관련된 각각의 기준을 충족시키기 위한 계획을 개발할 수 있을 것이다. 그러나 이것을 요구할 주체는 누구인가? 우리가 운전면허를 따려면 다양한 시험을 통과해야 한다. 미국의 자동차 제조사는 자사의 차량을 만들 때 미국 도로교통안전국의 요구 사항을 충족시켜야 한다. 제약회사는 새로운 약품을 대중에게 판매하기 전에 미국 식품의약국의 독립적인 전문가 집단에게 그 약물의 안전성과 효능을 입증해야 한다. 로봇과 인공지능을 감독하는 유사한 기관도 필요할지 모른다. 나는 이러한 규제 조치가 혁신을 방해하거나 억누르기를 원하지 않는다. 하지만 로봇이나 기계지능이 앞서 언급된 요구 사항을 충족했음을 인증하는 표준화된 테스트 및 평가 프로그램이 도입된다면, 이는 로봇공학의 미래를 열고 인류에게 최대의 혜택이 돌아가게 하는 데 매우 강력하고 긍정적인 역할을 할 수 있을 것이다.

하지만 이러한 과정과 기준을 제도화해도 악의를 가진 사람들에 대한 우려는 여전히 남는다.

* * *

이 책에서 몇 번이나 언급한 적 있는 가상의 인물 토니 스타크는 기술을 이용해 슈퍼 영웅 아이언맨으로 변신한 인물이다. 토니 스타크는 내게 엄청난 영감을 주는 등장인물이지만, 나는 이야기 속에서 그가 MIT에서 교육받은 무기 제조업자이자 군수품 개발자로 경력을 시작했다는 점을 종종 떠올린다. 2008년 영화 〈아이언맨〉에서 그는 자신의 회사가 개발한 특수 무기가 테러리스트들에 의해 사용되고 있다는 사실을 알고 인생의 경로를 바꾸게 된다.

로봇은 도구라는 점을 잊지 말아야 한다. 본질적으로 로봇은 선하지도, 악하지도 않다. 로봇의 미래는 우리가 그것을 어떻게 사용하느냐에 달려 있다. 2022년에는 공중 드론이 파괴적인 전쟁에서 양측 모두에 의해 무기로 사용되었다. 드론은 누구나 구매할 수 있지만, 드론 사용에 대한 규정은 국가별, 지역별로 다르다. 미국의 경우 연방항공청에서 250그램 미만의 장난감 모델 등 몇 가지 경우를 제외하고 모든 드론을 등록할 것을 요구하고 있다. 또한 드론을 여가 목적으로 사용하는지, 사업 목적으로 사용하는지에 따라서도 규칙이 달라진다. 망치를 못을 박는 용도 대신 사람을 해치는 데 사용할 수 있는 것처럼, 규제가 있든 없든 비행 로봇 역시 사람을 해치는 데 사용하는 것이 가능하다. 하지만 드론은 접근이 어려운 지역에 중요한 의료 물자를 전달하거나, 숲의 건강 상태를 추적하거나, 로저 페인 같은 과학자들이 멸종 위기에 처한 종을 모니터링하고 보호 활동을 펼치는 데 도움을 주기도 한다.

2012년에 우리 연구진은 현대 무용단 필로볼러스와 협력해 세라프Seraph라는 로봇과 함께 인간과 드론이 등장하는 최초의 무대 공연을 선보였다.[3] 그렇다. 드론도 춤을 출 수 있다. 킴 스탠리 로빈슨의 통찰력 넘치는 과학소설 《미래부 The Ministry for the Future》에서는 무인비행기 무리가 항공기를 추락시키는 데 사용된다. 나는 이러한 기계 새 떼를 여러 가지 선한 목적에도 사용할 수 있으리라 상상한다. 러시아가 우크라이나를 침공하기 시작했을 때, 러시아 정부는 무력 충돌에 관해 떠도는 이야기들을 통제하기 위해 시민들이 신뢰성 있는 뉴스와 정보에 접근하지 못하게 막았다. 침공에 관한 진실이 억압된 것이다. 그것을 보며 나는 러시아 주요 도시 광장 한가운데서 무인비행기 군단으로 공중에 대규모 비디오 화면을 만들어 전쟁의 실상을 보여줄 수 있지 않을까 상상했다. 정부가 승인한 동영상 클립이 아니라 실제 전쟁의 영상 말이다. 아니면 더 간단한 방법도 있다. 비행 디지털 프로젝터 군단으로 건물 옆면이나 벽면에 영상을 투사하여 사람들에게 전쟁 현장을 보여주는 것이다. 드론을 충분히 많이 배치했다면 이를 모두 격추하기는 불가능했을 것이다.

토니 스타크라는 등장인물은 그가 겪은 경험을 통해 변화하며, 세상에 긍정적인 영향을 미치는 방향으로 나아간다. 하지만 모든 기술자가 이런 극적인 삶의 변화를 겪으며 성장하리라 기대할 수는 없다. 또한 지능형 기계가 개발되어 세상에 보급된 이후에도 모든 사람이 그것을 선한 목적으로만 사용하리라 기대할 수도 없다. 그렇다고 해서 이 기술의 개발을 멈춰야 한다는 의미는 아니다. 그 잠재적 이익이 대단히 크기 때문이다. 우리가 할 수 있는 일은 그 결과에 대해 더 깊이 생각하고, 긍정적인 효과를 보장하기 위한 안전장치를 마련하는 것이다. 이런 도구들이 세상에서 어떻게 사용될지 나와 동료들이 완전히 통제할 수는 없겠지만, 이것을 만드는 사람들에게는 더 많은 영향을 미칠 수 있을 것이다.

어쩌면 우리 대학이나 전 세계 동료 연구자들의 연구실을 거쳐서 가는 토니 스타크 같은 인재들이 있을지도 모른다. 우리는 이러한 재능 있는 젊은이들이 인류에 긍정적인 영향을 미칠 수 있도록 최선을 다해야 한다. 대학 연구실과 연구 센터에는 반드시 다양성이 필요하지만, 우리와 함께 공부하는 젊은이들에게 더 큰 영향을 미칠 방법을 모색할 수 있을 것이다. 예를 들어 맨해튼 프로젝트와 원자폭탄 개발 및 사용에 얽힌 도덕적, 윤리적 딜레마를 필수 학습 주제로 포함시킬 수 있다. 현재로서는 로봇공학이나 인공지능 분야의 상급 학위 과정에서 윤리학을 필수

과목으로 요구하는 경우가 많지 않지만, 어쩌면 그래야 할지도 모른다. 아니면 졸업생들에게 로봇공학 및 인공지능 버전의 히포크라테스 선서를 요구하는 것도 한 방법일 것이다.

히포크라테스 선서는 고대 그리스의 의학 문헌에서 유래된 것으로(철학자 히포크라테스가 작성했을 수도 있지만, 아닐 수도 있다) 이 선서는 세기를 거치며 진화해왔으며, 근본적으로 의사들이 따라야 할 의학 윤리 기준을 표현하고 있다. 그중 가장 잘 알려진 내용은 환자에게 해를 끼치지 않겠다는, 혹은 고의로 잘못된 행동을 하지 않겠다는 서약이다. 나는 또한 이 선서가 의사 공동체에 헌신하고, 스승과 제자 간의 신성한 유대 관계를 유지하는 것에 중점을 두고 있는 점을 높이 평가한다. 로봇공학계도 하나의 공동체로서 유대감을 유지하고, 학생들이 세상에 진출한 이후에도 계속 관계를 유지할 수 있다면 우리는 기술을 긍정적인 미래로 이끌기 위해 더 많은 일을 할 수 있다. 현재 모든 의사자격 인증 과정에서 히포크라테스 선서가 필수는 아니며, 로봇공학자들에게도 그런 방식으로 적용할 수 있으리라 생각하지는 않는다. 히포크라테스 선서를 로봇공학자나 인공지능 분야에서 도입하자고 제안한 사람이 내가 처음도 아니다.[4] 하지만 이를 표준 관행으로 삼는 것을 진지하게 고려해볼 필요는 분명히 있다.

원자폭탄 개발 이후 과학자들이 세상을 해칠 수 있다는 끔찍한 가능성이 갑자기 분명해지면서 과학연구자를 위해 히포크라테스 선서를 도입하자는 논의가 일부 이루어졌다. 그리고 시간이 지나면서 이 아이디어가 종종 다시 수면 위로 올라오기는 했지만 별로 주목받지는 못했다. 과학은 근본적으로 지식을 추구하는 분야이며, 그런 면에서 순수하다고 할 수 있다. 하지만 로봇공학과 인공지능 분야는 세상과 이 땅에 살아가는 사람들, 그리고 다른 생명체들에게 영향을 미칠 수 있는 **것들**을 만들어내고 있다. 이런 점에서 보면 이 분야는 의학과 어느 정도 유사한 측면이 있다. 의사들이 수련을 통해 배운 것을 가지고 개개인의 삶에 직접적으로 영향을 미치는 것과 같은 맥락에서 말이다. 기술자들에게 히포크라테스 선서의 변형된 버전을 정식으로 암송하도록 요구하는 것이 우리 분야를 올바른 방향으로 이끌어나가는 방법이 될 수 있다. 또한 나중에 악의적인 목적으로 사용될 수 있는 로봇이나 인공지능을 개발하라는 요청을 받을 수 있는 이들에게 일종의 심리적 견제 장치로 작용할 수도 있을 것이다.

  물론, 로봇의 사용방식과 관련해서 그것이 선한지 악한지에 대한 판단은 각자가 처한 입장에 따라 다를 수 있다. 나는 무장한 로봇이나 무기로 사용되는 로봇에 자율성을 부여하는 것에 대해서는 단호히 반대한다. 우리는 기계 지능이 개인이나 사람 집단에게 해를 끼칠지 여부를 스스로 결정하도록 놔둘 수 없고, 그 결정을 믿어서도 안 된다. 개인적으로는 로봇이 사람을 해치는 데 사용되지 않기를 바라지만, 이제 이것은 비현실적인 바람이 됐다. 로봇은 이미 전쟁 도구로 사용되고 있으며, 우리는 로봇을 윤리적으로 사용할 수 있도록 가능한 한 모든 일을 해야 할 책임이 있다. 그렇다고 해서 내가 현실과 완전히 동떨어져서 오로지 도움을 주는 행복한 로봇만 존재하는 어떤 유토피아적인 세계관에 갇혀 있는 것은 아니다. 사실 나는 국가 안보 관계자들을 대상으로 인공지능에 관한 강의를 하고, 이 기술의 강점, 약점, 그리고 가능성에 대해서도 조언하고 있다. 나는 이를 애국의 의무라고 생각하며, 우리 지도자들이 로봇과 다른 인공지능 기반 물리 시스템의 한계, 강점, 가능성에 대해(즉, 우리가 할 수 있는 것은 무엇이고 할 수 없는 것은 무엇인지, 또 해야 할 것은 무엇이고 하지 말아야 할 것은 무엇인지, 그리고 내가 반드시 해야 한다고 믿는 것은 무엇인지) 이해할 수 있도록 돕는 것을 영광으로 생각한다.

결국, 우리가 기술의 한계, 인공지능 윤리, 혹은 강력한 도구를 개발하는 데 따르는 잠재적 위험에 대해 아무리 가르치고 설교하더라도, 사람들은 결국 스스로 선택을 내리게 될 것이다. 갓 졸업한 학생이든, 국가 안보를 책임지는 고위 관계자든 말이다. 내가 가르치고 희망하는 바는 우리가 악이 아니라 선을 선택해야 한다는 것이다. 인간의 수명 연장을 연구하는 회사들의 노력에도 불구하고 우리는 모두 과학자 칼 세이건이 '창백한 푸른 점'이라고 불렀던 이 지구에서 살아갈 날이 제한되어 있다. 우리는 이 시간을 최대한 의미 있게 사용하고, 아름다운 환경과 그것을 공유하는 수많은 사람과 다른 생명체들에게 긍정적인 영향을 미치기 위해 최선을 다해야 한다. 나는 수십 년 동안 더 똑똑하고 능력 있는 로봇을 만들기 위해 노력하면서 오히려 기고, 걷고, 헤엄치고, 달리고, 기어오르고, 하늘로 솟구쳐 오르는 놀라운 동물과 환상적인 식물들에 대해 더 큰 경외심을 갖게 됐다. 우리는 우주 어디에도 없는 이 희귀한 창조물들을 없애버릴 수 있는 로봇을 개발하는 일로 바빠져서는 안 된다. 대신 이들을 보존하고, 더 나아가 번성하도록 돕는 기술을 만드는 데 초점을 맞추어야 한다. 그리고 이것은 살아 있는 모든 생명체에 해당되는 얘기이며, 그중에는 지능형 기계의 부상에 대해 특히나 걱정이 많은 한 종도 포함된다.

15강
미래의 일

 로봇이 인간의 노동을 위협하리라는 강한 두려움이 퍼져 있지만, 오늘날 공장과 작업장에서 실제로 벌어지고 있는 상황을 보면 이와는 거리가 있다. 내 동료이자 MIT의 정치학자인 수잔 버거는 이러한 괴리가 잘 드러나는 이야기를 들려주었다. 수잔과 그녀의 대학원생들은 전 세계 공장을 방문하며 수년간 관리자와 노동자들을 인터뷰하고, 이들의 기술 채택 및 고용의 동향을 연구했다. 2010년대에는 머지않아 로봇이 노동 시장을 장악하리라던 예측과 분위기가 팽배했지만, 수잔은 공장의 로봇 수가 당시의 예측에 비해 훨씬 적다는 것을 알게 됐다. 사실 그들이 방문한 제조업체들은 대부분 아예 로봇을 도입하지 않은 상태였다. 하지만 수잔은 마음과 칩의 협력이 갖는 놀라운 잠재력을 잘 보여주는 한 시설에 대해 특별히 언급했다.
 독일의 이 제조 공장(기밀 유지를 위해 이 시설을 특정할 수는 없다)에서는 인간형 로봇이 활용되고 있었는데, 이 로봇은 크고, 강력하고, 부분적으로 녹색 플라스틱이 덮여 있어 노동자들 사이에서는 '초록 헐크'라는 별명으로 통했다. 수잔은 이 로봇 앞에 서서 로봇이 인간 동료와 함께 작업하는 모습을 지켜보았다. 이 인간형 로봇이 최근에 제조한 27킬로그램짜리 도구를 들어서 돌려놓으면 사람이 그 물품을 검사했다. 인간 작업자가 그 도구를 승인하면 로봇은 그 도구를 상자로 옮겨 포장하고, 배송했다. 이 로봇이 공장 라인에 투입되기 전에는 두 명의 작업자가 무거운 도구를 들어 올리고, 돌리고, 검사하고, 포장하는 일을 나누어 맡아야 했다. 이제 육체적으로 힘든 이런 작업은 로봇이 맡게 됐고, 노동자는 자신의 지식, 경험, 추론 능력, 그리고 의사 결정 능력을 활용하는 일에 집중하게 되었다. 한편, 기존의 작업자 두 명 중 한 명도 일자리를 잃지 않고, 공장 안에서 다른 역할을 맡게 되었다.

원래의 업무가 다른 측면에서도 개선되었다. 인간형 로봇이 도입되자 회사는 도구를 검사 라인으로 전달하는 방식을 바꾸었다. 기존에는 라인이 일정한 속도로 움직이다가 정해진 시간 간격마다 멈춰 서서 그 시간에 작업자들이 커피를 마시거나 화장실을 갈 수 있도록 운영되었다. 그러나 새로운 인간-로봇 협업 덕분에 효율성이 향상되면서 회사는 작업 프로세스에 대한 통제권을 일부 작업자들에게 돌려줄 수 있었다. 작업자들은 원하면 더 빠르게 작업을 마무리한 후에 휴식 시간을 더 길게 가져갈 수 있었고, 어떤 시간에는 빠르게, 어떤 시간에는 천천히 작업하는 식으로 하루 중 작업 속도를 자유롭게 조절할 수 있었다. 물론 달성해야 하는 생산성 목표가 있었지만, 어떻게 그 목표에 달성할 것이냐는 부분에 대한 노동자들의 통제권이 커졌다. 자율성이 높아진 것이다. 로봇을 도입함으로써 역설적이게도 작업 자체는 더 인간다워졌다.

로봇이 긍정적인 영향을 미친다는 증거가 많아지고 있음에도 불구하고 로봇을 인간의 노동을 잠식할 위협으로 바라보는 두려움이 만연해 있다. 2018년에 나온 퓨 리서치 센터의 보고서에서는[1] 선진국에서 65~91퍼센트의 사람들이 로봇과 컴퓨터가 현재 사람이 수행하고 있는 직업을 대체할 것이라 믿고 있었다. 새로운 고임금 직업이 그 자리를 대신할 것이라 믿는 사람은 1/3도 안 됐다. 하지만 현실은 다르다. 2022년에 미국 노동통계국은 우려를 낳고 있는 다양한 예측을 분석한 보고서를 제출했는데, 인공지능 때문에 실업이 가속화되고 있다는 증거는 찾을 수 없었다.[2] 수잔과 연구진이 찾아갔던 여러 사업체에서는 인공지능은 고사하고 여전히 1940년대와 1950년대에 구입한 기계에 크게 의존하고 있었다. 이 공장들은 저숙련 저임금 노동자를 다수 고용하고 있어서 사회경제적 성공의 귀감도 아니었고, 이직률도 높았다. 임금이 높지 않으니 예상할 수 있는 부분이었다. 연구자들은 수많은 책과 기사, 특히 2017년 세계경제포럼의 주요 보고서를 비롯해서 여러 책과 글에서 내놓은 예측과 예언이 사실이 되었다면, 지금쯤 로봇이 노동시장을 장악하고 있었을 것이라 지적했다. 하지만 실제로는 오히려 발전된 지능형 기계를 찾기가 어려웠다.

이들이 찾아가본 공장 중 로봇으로 강화된 곳에서는 자동화의 영향으로 놀라운 변화를 맞았다. 초록 헐크 인간형 로봇이 있던 공장 외에도 이들은 자동차 부품 공급업체를 찾아가보았는데, 이 회사에서는 공장에 105대의 산업용 로봇을 설치해서 운용하고 있었다. 이 기계들이 사람들의 일자리를 빼앗지는 않았다. 오히려 로봇을 도입한 후에 회사의 직원 수가 두 배 이상 늘었다. 다른 연구에서도 비슷한 결과가 관찰되었다. 2022년에는 콜레주 드 프랑스의 필립 아기옹이 이끄는 한 경제학자 단체가 자동화가 평균적으로 기업 내 고용을 증가시키는 경향이 있다고 보고했다.[3] 로봇이 많아지면 일자리가 줄어드는 것이 아니라 오히려 더 늘어났다. 경제학자 아다치 다이스케가 이끈 장기 연구에서는 1978년과 2017년 사이에 노동자 천 명당 로봇 한 대를 추가했을 때 일본 제조업체의 고용이 평균 2.2퍼센트 증가했다고 밝혔다.[4]

이렇듯 자동화와 노동 사이에는 언뜻 보기에 직접적인 관계가 존재하는 것 같지만, 이런 관계가 모든 경우에 적용되는 것은 아니다. 프랑스, 미국, 캐나다, 독일, 네덜란드에서 진행된 다른 연구들에서는 상반된 결과가 나왔다. 로봇의 추가가 고용을 촉진한 경우도 있었고 반대로 고용 인원을 감소시킨 경우도 있었다.[5] 자동화의 영향은 직업의 유형에 따라 달라진다. 연구자들은 이른바 중간 숙련 노동자[6]가 가장 큰 영향을 받을 것이라고 예측했다. 이는 행정 지원, 생산, 수리처럼 코드화와 자동화가 가능한 일상적 업무로 이루어진 직종을 말하며, 심지어 영업 분야의 일부 업무도 이 안에 포함될 수 있다. 기계학습은 이런 직종에서 과제를 수행하는 능력이 점점 커지고 있다. 그러나 경제학자들은 아직 로봇에 의한 일자리 침탈 현상을 관찰하지 못했다. 중간 숙련 직업은 여전히 남아 있다.

이 이야기는 아직 진행 중이지만, 기계 지능은 우리의 작업 방식, 그리고 많은 경우에 생계 유지 방법 자체를 극적으로 바꿀 것이다. 물론 직종의 변화는 수세기 동안 계속되어왔다. 그저 기술만 달라졌을 뿐이다. 1800년에는 미국인 열 명 중 아홉 명이 농업에 종사했지만, 2000년에는 백 명 중 두 명으로 줄어들었다.[7] 그렇다고 해서 나머지 98명이 2000년에 실업 상태였던 것은 아니다. 대신 노동력은 다른 산업, 때로는 완전히 새로 등장한 산업으로 이동했다. 자동차가 말을 대신해서 주요 수송 수단으로 자리 잡았을 때 말과 관련된 직업은 감소했지만, 사회는 갑자기 자동차 제조와 수리, 일반도로와 고속도로의 설계와 건설 등 새로운 분야에서 전문 인력과 노동자가 필요해졌다. 발이 달린 말이 바퀴가 달린 기계 말로 전환되는 과정에서 사라진 일자리보다 더 많은 일자리가 생겨났다.

노동의 역사를 살펴보면, 기술이 직업 자체를 자동화하지는 않는다는 사실을 알 수 있다. 기술이 자동화하는 것은 직업이 아니라 작업이다. 이런 관점은 학계 안팎의 연구에서 거듭 입증되어왔다.[8] 각 직업군 내에서 사람들은 전문 지식을 적용하거나, 다른 인력을 관리하거나, 데이터를 처리하거나, 동료 및 이해관계자와의 소통을 담당하거나, 예측 가능한 신체 노동 또는 예측 불가능한 신체 노동을 수행하는 등 다양한 과제를 맡고 있다. 현재의 기술 솔루션은 데이터 처리 작업과 예측 가능한 신체 노동 작업을 자동화하는 데 가장 적합하다. 나는 가끔 현장을 방문해 운영 상황을 관찰한 후에 로봇 시스템에 맡길 수 있는 공정이 무엇인지 기업에 조언한다. 그런 방문을 하다가 한번은 컨베이어 벨트에서 부품을 분류하는 남성을 지켜본 일이 있다. 그는 일을 하면서 나와 이야기를 나눴는데, 자신이 맡은 일에 자부심을 느끼는 매력적인 사람이었다. 그러나 그가 하고 있는 일은 반복적이고 단조로운 작업으로, 기계에 맡기면 더 잘할 수 있는 종류의 일이었다. 나는 그가 일자리를 잃는 것을 원하지 않는다. 대신 그의 인간적 재능을 활용할 수 있는 다른 일을 했으면 좋겠다.

시간이 지나면서 이와 같은 역할은 사라질 수 있지만, 새로운 역할이 생겨날 것이다. 사라지는 역할을 상상하기는 쉬워도, 새로 등장할 역할을 상상하기는 어려운 법이다. 컴퓨팅, 태양광 에너지, 정보 기술은 지난 몇십 년 동안 등장한 수많은 새로운 산업의 일부일 뿐이다. 기술 변화의 속도가 점점 더 빨라지고 있는 만큼, 새로운 산업과 직업군의 창출이 훨씬 짧은 시간 안에 이루어질 수 있다. MIT 경제학자들이 수행한 한 분석에 따르면,[9] 2018년에 존재하는 직업 중 63퍼센트가 1940년에는 존재하지 않았다고 한다. 요즘 어린이들 중에는 나중에 커서 지금 발명되지 않은 직업을 갖는 어린이가 많을 것이다. 지난 세기에는 농업이 산업으로 대체되었고, 산업 노동은 다시 몸은 덜 힘들지만 정신적으로는 쉽지 않은 서비스 산업과 사무직에 자리를 내주었다.

맥킨지 글로벌 연구소에서 1980년부터 2015년까지 컴퓨팅 기술이 노동력에 미친 영향을 연구해보니 컴퓨터로 인해 사라진 일자리가 350만 개였다. 비서, 타이피스트, 회계사 등 많은 사람들이 일자리를 잃었다. 하지만 컴퓨터로 새로 창출된 일자리가 1900만 개였다.[10] 우리가 Z세대라고 부르는 젊은이들이 태어났을 때만 해도 전화기, 카메라, 컴퓨터, 텔레비전이 각각 별개의 기기였다. 하지만 이들이 십 대가 되기도 전에 이 네 가지 기기가 손에 쥘 수 있는 스마트폰이라는 하나의 장치로 통합되었다. 그리고 이 스마트폰은 소셜 미디어의 성장을 촉진시켰다. 컴퓨터와 전화기는 불과 10여 년 전에는 상상도 못했던 방식으로 연결되었고, 갑자기 전 세계적으로 연결된 방대한 컴퓨터 네트워크 간에 소통이 이루어지면서 클라우드 컴퓨팅이라는 새로운 대규모 산업이 등장했다. 1990년대 후반 인터넷 스타트업 붐 당시에 나왔던 혁신적인 이야기를 귀담아 들었던 사람은 마치 우리가 이미 특이점에 도달한 줄 알았을 것이다. 하지만 사실 그것은 시작에 불과했다. 소셜 미디어와 클라우드 컴퓨팅은 당시에 꿈조차 꾸지 않았던 것이다(소셜 미디어, 클라우드 컴퓨팅, 최초의 아이폰 등 몇몇 핵심 기술은 2007년에야 등장했다). 그리고 곧 이 기술들은 앱 개발자, 데이터 시각화 전문가, 인플루언서, 클라우드 컴퓨팅 엔지니어 등 생각지도 않았던 온갖 새로운 직종을 만들어냈다. 이런 직종 중에는 기술적 전문성이 필요한 것도 있지만, 소셜 미디어 관리자는 코드를 작성할 필요가 없다.

로봇과 일자리와 관련된 걱정은 사실 '일의 미래'에 대한 것이 아니다. 왜냐하면 우리는 일에 미래가 있는지를 묻고 있는 게 아니기 때문이다. 몇 년 동안 나는 MIT의 미래의 일 대책위원회에 참여했다. 이 위원회는 이런 질문에 대해 연구해서 정책에 영향을 미칠 수 있는 통찰과 아이디어[11]를 개발하는 학제간 연구진으로 구성되어 있었다. 이름에도 내포되어 있듯이 이 위원회가 담고 있는 중요한 교훈 중 하나는 우리가 '일의 미래'보다는 '미래의 일'에 더 초점을 맞추어야 한다는 것이었다. 일자리는 언제나 진화하고 있고, 앞으로도 계속 그럴 것이기 때문이다. 특히 로봇과 인공지능의 발전이 가속화되면서 그 변화가 더욱 극적일 것이다.

이런 미래의 일들은 어떤 모습일까? 로봇은 노동 시장에 난틈을 메우고, 사람들의 능력을 증강해줄 수 있다. 팬데믹으로 인한 글로벌 공급망의 붕괴는 이런 사례 두 가지를 보여준다. 2022년 가을 즈음, 주요 항구들은 선적 컨테이너를 제때 하역하지 못해 일정이 며칠씩 뒤처지고 있었다. 가구 및 다른 소비재의 배송은 몇 달씩 지연되고 있었다. 바이든 행정부가 이런 선적 적체 문제를 해소하려 했지만, 관련 공무원들은 트럭 운전사, 부두 노동자, 창고 직원 등의 수가 충분하지 않다는 사실을 파악했다.[12] 이때 일어났던 이른바 대퇴직great resignation은 단순히 지루함을 느낀 지식 노동자들이 일을 그만두면서 생긴 일이 아니었다. 사람들이 익숙해져 있던 더럽고, 위험하고, 단조로운 일자리를 떠나 다시 돌아오지 않았기 때문이다.

로봇공학자들이 선적 항구의 부족한 인력을 지능형 인간형 로봇으로 가득 채우려는 것은 아니다. 사람을 로봇으로 대체하는 것은 기술적으로 가능하지 않을 뿐 아니라 로봇공학자들이 원하는 바도 아니다. 우리는 로봇이 일자리를 자동화하는 거 아니냐고 걱정하기보다, 더 큰 작업 안에 들어 있는 개별 과제를 어떻게 자동화해서 효율성과 품질을 높일 수 있을지 고민해야 한다. 항구 내에서 컨테이너를 운반할 운전자가 부족하다면, 자율주행견인차 aPM을 배치해 노동력을 보완할 수 있다. 이렇게 하면 컨테이너를 항구 내의 한 장소에서 다른 장소로 이동시키는 인력이 부족했던 작업을 자동화함으로써 처리량을 증가시키고, 항구의 생산성을 정상 수준으로 끌어올릴 수 있다.

그렇다면 트럭 운전사 부족 문제는 어떻게 해결할 수 있을까? 컨테이너의 내용물을 공급망 네트워크를 따라 한 지점에서 특정 지점으로 이동하도록 일정이 잡혀 있는 경우라면, 스타트업 기업인 로코메이션Locomation이 선보인 병렬식 수송기술을 활용해 이 문제를 해결할 수 있다. 이 회사가 성공할지는 미지수지만, 그 핵심 아이디어는 훌륭하다. 이들의 디자인에 따르면, 인간 운전자가 선두 트럭을 운전하면 두 번째 자율 로봇 차량이 일정한 안전거리를 두고 따라가며 선두 운전자의 행동을 모방한다. 이렇게 하면 운전자의 화물 수송 능력이 두 배로 늘어나며, 이 로봇 트럭이 사람의 일자리를 빼앗는 일도 일어나지 않는다. 로봇은 그저 노동력 부족으로 진행되지 못하고 있던 작업을 완수하는 것이다.

* * *

이런 새로운 기계 지능과 로봇 기술은 노동 환경을 변화시키고 있으며, 그 변화의 파급력이 대단히 클 수 있다. 세계경제포럼의 한 보고서에 따르면,[13] 2020년부터 2025년 사이에 알고리즘과 지능형 기계가 직장에서 더 두드러진 역할을 맡게 되면서 26개 글로벌 경제권에 걸쳐 8500만 개의 일자리가 사라지고, 동시에 9700만 개의 새로운 역할이 생길 수 있다고 한다. 사람과 기계 사이의 노동 분담은 기계가 잘하는 것과 잘 못하는 것은 무엇이고, 사람이 잘하는 것과 잘 못하는 것은 무엇인지에 따라 결정될 것이다. 기계는 빠른 속도와 방대한 데이터세트에서 패턴을 처리하고 찾아내는 능력을 자랑한다. 또한 사람보다 더 정밀하게 움직이고, 더 큰 힘을 발휘할 수 있다. 기계학습 엔진은 데이터량이 너무 방대해서 인간이 스스로는 알아차리기 어려운 부분을 통찰할 수 있다. 이러한 기술은 숫자를 고속으로 계산하고, 기억하며, 예측하는 부분에 있어서는 사람보다 훨씬 뛰어나다. 하지만 기계는 인간처럼 추론하거나, 소통하거나, 세상을 이해하지 못한다. 기계는 폭넓은 지식이 부족하고, 맥락을 파악하는 능력도 부족하다. 이 점에서는 인간이 우위를 확보하고 있으며, 앞으로도 이 점이 우리의 강점으로 남을 것이다. 기계가 발견한 패턴과 예측을 이해하고 거기에 의미를 부여할 수 있는 존재는 우리다.

로봇이 노동 시장에서 우리를 대체할 것이라는 두려움은 두 가지 오해에서 비롯된다. 첫째, 우리는 영화 속에 등장하는 것과 같은 환상적인 능력을 가진 로봇을 상상하고, 미디어에서는 이를 과장하고, 지나치게 야심차고 낙관적인 기업의 주장과 예측을 그대로 받아들인다. 둘째, 우리는 마음과 칩을 서로 대립하는 힘으로 볼 뿐, 상호보완적인 관계로 인식하지 않는다. 로봇을 인간의 생산성과 능력을 증대할 도구이자 협력자로 생각하지 않고 경쟁자로 바라보는 것은 잘못된 생각이다. 사실, 우리는 여전히 많은 면에서 로봇보다 훨씬 뛰어나며, 앞으로도 그럴 것이다. 일을 인간과 기계 중 어느 한쪽이 차지한다고 생각할 것이 아니라, 인간과 기계가 함께 일한다고 생각해야 한다. 로봇과 협력하면 우리는 노동과 삶의 많은 측면을 강화하고 확장할 수 있다. 칩과 마음이 서로의 약점을 보완하며 함께 작동하는 미래가 되어야 한다.

예를 들어, 앨런 연구소의 과학자들[14]은 사람 눈이 갖고 있는 특징 중 의사들이 보지 못하는 것을 기계학습을 활용해 구분하고, 이를 통해 건강한 세포와 질병에 걸린 세포를 구별할 수 있도록 돕고 있다. 이러한 도구를 사용하면 암의 진행과 함께 세포가 어떻게 변하는지, 혹은 환자가 다양한 치료에 어떻게 반응하는지 과학자들이 관찰할 수 있게 된다. 인간 스스로는 파악할 수 없는 방대한 데이터세트에서 기계는 현상을 감지하고 패턴을 식별한다. 하지만 기계는 공감 능력이 없다. 기계는 환자에게 치료의 옵션을 설명할 수도 없고, 기계가 읽을 수 있는 데이터로는 표현하기 어려운 다양한 요소를 바탕으로 복잡한 결정을 내릴 수도 없다. 다시 한번 말하지만 기계는 인간의 추론, 상호작용, 의사소통을 그대로 따라할 수 없다.

이러한 인간 고유의 능력들은 미래의 직장에서 점점 더 가치가 빛나게 될 것이다. 2018년 세계경제포럼에서 발표한 〈일자리의 미래〉 보고서는 고객 서비스, 교육 및 개발, 사람과 조직 문화, 조직 개발과 같은 역할이 향후 5년간 크게 성장할 것으로 예상된다고 밝혔다. 이러한 직업들은 인간만의 고유한 능력[15]이 필요하기 때문이다. 마음과 칩의 협력이라는 이런 경향이 여러 연구에서 계속 머리를 내밀고 있다. 컨설팅 회사 액센추어 Accenture는 1500개의 기업을 대상으로 인공지능 시스템을 어떻게 도입하고 있는지 조사했다. 그 결과, 가장 성공적인 조직은 인간-기계 협력을 최대한 활용하려는 기업이었다. 이들 기업의 리더들은 인공지능을 인간 직원들의 역량을 향상시키는 방식으로 활용해 생산성을 극대화했다.[16]

인간이 필요하다는 점은 변함이 없다. 다만 무엇을 해서 먹고 살 것인지가 변화하고 있을 뿐이다. 예를 들어, 제조 라인에 설치된 센서는 온도, 압력, 속도, 진동 등 다양한 변수에 대해 실시간 피드백을 수집할 수 있다. 이 데이터가 제품의 가상 모델, 즉 디지털 트윈에 입력되면, 제조업체는 기계의 성능과 상태를 모니터링하며 마모, 오작동, 고장의 징후를 확인하고, 제품이나 부품에서 발생하는 이상 현상이나 결함을 탐지하며, 품질과 생산 과정을 전반적으로 최적화할 수 있다. 변화하는 것은 과정뿐만이 아니다. 제품 자체도 변화하고 있다. 새로운 컴퓨팅 설계와 제조 기술의 등장으로, 특정 제품에 최적화된 완전히 새로운 분자와 소재를 만드는 것이 가능해지고 있다. 케임브리지 매사추세츠에 본사를 둔 케보틱스Kebotix는[17] 기계학습과 로봇공학을 활용해 환경친화적인 고성능 소재를 개발하고 있다. 제조업과 소재과학을 포함한 이러한 기술 혁신은 새로운 일자리를 창출할 것이다. 왜냐하면 기업에서 이러한 도구와 창조물을 최대한 활용하려면 인간이 필수적이기 때문이다. 오늘날의 설비 유지 및 보수 감독자는 공학 기술을 익혀야 할 것이고, 기술자들은 분석 능력을 훈련받아야 할 것이다. 그래야 디지털 트윈을 다루며 기계가 고장 나기 전에 절차를 최적화할 수 있다. 로봇공학자, 컴퓨터 시각 과학자, 기계학습 과학자, 기계학습 시스템 공학자에 대한 수요도 커질 것이다.[18] 증가하는 공장 자동화로 얻어지는 효율성과 노동력의 향상은 미국 제조업의 부흥을 도울 수 있다. 맥킨지 글로벌 연구소는 현재의 추세라면 2025년까지 미국이 연간 제조업 부가가치를 최대 5300억 달러까지 높이고, 최대 240만 개의 일자리를 추가로 창출할 수 있을 것으로 추산하고 있다.[19]

한 가지 해결해야 할 과제는 사람들이 한 직업에서 다른 직업으로 옮겨가기가 쉽지 않다는 점이다. 새로운 일자리에 필요한 기술은 상당한 훈련이 요구될 수 있다. 기술로 인해 노동 구조가 대대적으로 재구성된 경우가 이번이 처음은 아니지만, 과거와 달리 디지털 기술은 노동 시장의 양극화를 초래하고 있다. 더 많은 로봇과 인공지능 기반 솔루션이 도입됨에 따라, 노동 시스템 자체를 재고해야 할 필요가 있을지도 모른다. 그렇지 않으면 중간 계층이 사라져, 상위 계층에는 소수의 고소득 직업만 남고, 하위 계층에는 사람들이 선호하지 않거나 임금이 낮은 직업만 다수 남을 가능성이 있다고 전문가들은 우려한다.[20] 이와 유사하게 한 국가에 이익이 되는 기술이 다른 국가에는 부정적인 영향을 미칠 수 있다. 인공지능의 부정적인 면은 특히 개발도상국에서 더 크게 느껴질 수 있다. 경제학자 제프리 삭스는 이렇게 설명한다. "선진국은 과거에 개발도상국에서 수입하던 상품을 자동화를 통해 자국에서 생산하게 될지도 모른다. 그 결과 선진국의 소득은 증가하겠지만, 개발도상국의 빈곤은 더 심화될 수 있다."[21]

그렇다면 기계 지능이 가져오는 변화가 긍정적인 영향으로 이어지게 하려면 어떻게 해야 할까? 이것은 정부, 기업, 교육기관이 내리는 결정에 달려 있다. 이런 부분을 생각할 때는 스스로에게 다음의 두 가지 중요한 질문을 던져야 한다.

1. 어떻게 하면 새로운 기술을 채택하고 활용해서 가능한 한 많은 사람들에게 도움을 줄 수 있을까? 로봇과 인공지능은 단순히 더 빨리 가동되는 공장을 건설하거나, 표준의 비즈니스 과정을 자동화하는 데 그치지 않고 훨씬 더 많은 것을 할 수 있다.

아직 활용되지 않은 잠재력이 많다. 기계는 인간으로서의 고유한 강점을 활용할 수 있는 더 나은 일자리로 우리 모두를 이끌어줄 수 있어야 한다. 우리는 사람들이 이러한 이점을 활용해 스스로를 돕도록 하는 방법을 찾아야 한다. 예를 들어 G7 확대회의 이후 설립된 국제기구인 인공지능 글로벌 파트너십[22]은 이 책을 쓰고 있는 시점을 기준으로 29개 회원국으로 구성되어 있다. 이 조직의 하위 작업그룹 중 하나는 자체적인 인공지능 자원이 없는 중소기업들이 인공지능 기술을 업무의 흐름에 통합할 수 있도록 돕는 도구를 개발하고 있다. 이러한 전략을 적용해 중소기업의 구성원 개개인에게도 혜택이 함께 돌아가도록 만드는 방법을 찾아야 한다.

2. 기계를 통해 가능해지는 미래, 또는 기계를 통해 강화된 미래로 나아가는 과도기에는 필연적으로 많은 우여곡절이 있을 수밖에 없다. 어떻게 하면 거기서 오는 충격을 완화할 수 있을까? 이 질문에 대한 답은 대학의 전문가, 기술자, 기업 리더, 정책 입안자 간의 협력을 통해서만 찾아낼 수 있다. 누군가는 이 과정을 주도해야 하며, 누군가는 그 비용을 부담해야 한다. 새로운 일자리에 필요한 숙련된 노동자를 원하는 고용주, 교육을 사명으로 삼는 대학, 그리고 궁극적으로 국민의 복지를 책임져야 할 정부 간의 역할과 협력에 대해서도 신중히 고민해야 한다.

1982년에 나는 억압적인 독재정권, 그리고 식량 부족, 자유의 억압, 박해, 그리고 큰 두려움에 시달리던 나라를 뒤로하고 미국으로 왔다. 요즘의 나는 많은 사람이 아메리칸 드림이라 부르는 삶을 살고 있다. 우리는 로봇으로 강화된 일터에서 이 아메리칸 드림을 이루는 것이 모든 사람에게 실질적인 가능성으로 다가올 수 있는 방법을 찾아야 한다. 전 세계에서 가장 뛰어난 사람들이 모여 각자의 꿈을 이루고, 혁신과 기업가 정신을 지원하며, 실력주의와 평생 학습을 포용하고, 기술이 가져올 번영의 혜택을 모든 사람이 누릴 수 있는 사회를 함께 만들어가야 한다. 로봇과 기계 지능으로 가능해진 기술은 우리에게 더 나은 세상의 건설을 위한 도구가 되어줄 수 있다.

    노스이스턴대학교와 갤럽이 공동으로 진행한 연구에 따르면, 미국인들은 인공지능이 우리 삶에 미칠 영향에 대해 대체로 낙관적이다. 하지만 이것이 일자리에 어떤 의미를 가질지에 대해서는 불안해하고 있다. 우리는 사람들이 미래의 일에 대비할 수 있도록 돕기 위해 해야 할 일이 많다. 나는 인간이 로봇과 기계 지능의 강점을 활용해 더 생산적으로 일할 수 있는 방식을 모색하는 것이 가장 좋은 길이라고 믿는다. 인간-기계 협력이 가능하려면 더 나은 기계와, 그러한 기계를 활용할 줄 아는 인간이 필요하다. 나는 종종 창고 컨베이어 벨트에서 상품을 분류하던 그 남성과의 대화를 떠올리곤 한다. 나는 그가 일자리를 잃지 않기를 바라지만, 그가 맡았던 작업은 로봇에게 더 적합한 일이었다. 나는 그가 '초록 헐크'의 사례처럼 자신의 작업 속도를 스스로 조절할 수 있게 되거나, 여러 로봇을 지켜보는 감독관이 되어 기계들의 작업을 점검하고 통제하며, 더 고차원적인 결정을 내리는 관리자가 되었으면 한다. 그렇게 되면 그는 연질형 로봇처럼 작업하도록 강요받는 대신, 사람으로서 타고난 고유의 재능을 발휘할 수 있을 것이다. 이러한 변화를 일구기 위해서는 교육에 많은 투자가 필요하다.

16강
컴퓨팅 교육

　300개가 넘는 섬으로 이루어진 피지 공화국은 지구에서 가장 아름다운 곳 중 하나다. 우리 연구진은 로봇 기반 수중활동 기술을 개발하기 위한 노력의 일환으로 피지에서 여러 연구 프로젝트를 진행해왔다. 또한 2005년부터는 외곽 섬들에 있는 학교들을 대상으로 디지털 소양digital literacy 프로그램을 개발하는 데 참여하고 있다. 모든 연구 여행에는 기증받은 장비(노트북과 카메라)를 전달하고 현지 학교에서 교육 활동을 진행하는 자원봉사 활동이 포함되어 있다. 그리고 2017년에 나는 이런 활동의 일환으로 비봇Bee-Bot 세트를 가져갔다.

　프로그래밍이 가능한 이 로봇은 어린아이의 주먹만 한 크기이고, 충전식 배터리, 바퀴, 그리고 매우 단순하고 직관적인 프로그래밍 인터페이스를 갖추고 있다. 사용자가 로봇의 등에 있는 네 가지 방향 화살표의 버튼을 순서대로 누른 뒤 시작 버튼을 누르면, 비봇이 지정해준 단계를 실행에 옮기는 모습을 볼 수 있다. 예를 들어, 아이가 앞쪽 화살표를 두 번 누르고 왼쪽 화살표를 누른 뒤, 다시 앞쪽 화살표, 오른쪽 화살표를 차례대로 눌렀다고 해보자. 그러면 로봇은 앞으로 이동한 다음 왼쪽으로 회전하고, 짧은 거리를 다시 앞으로 움직인 뒤 오른쪽으로 회전할 것이다. 이 훌륭한 소형 장난감은 기본적인 프로그래밍 기술을 가르치며, 아이들이 자신이 작업한 아이디어가 실제 세계에서 동작으로 전환되는 과정을 직접 볼 수 있는 기회를 제공한다.

내가 피지에 가져온 로봇에 아이들은 홀딱 빠져들었다. 이 귀여운 기계를 프로그래밍할 기회를 주자 아이들은 쉬는 시간에도 쉴 생각이 없었다. 이것이 한 번의 경험으로 끝나지도 않았다. 나는 학교 봉사활동을 수십 년째 해오고 있는데 아이들은 예외없이 로봇에 빠져들었다. 로봇이 자기가 프로그래밍한 대로 움직이는 것을 지켜보는 것은 대단히 강력한 경험이며, 비봇은 특히나 흥미롭다. 학생들이 로봇의 입장에서 세상을 보는 법을 배워야 하기 때문이다. 로봇은 아이들이 입력한 명령을 따라 움직이지만 그것이 항상 아이들이 원했던 경로로 이어지지는 않는다. 아이들이 탁자 위에서 자신의 시점으로 로봇과 주변 환경을 보기 때문이다. 하지만 아이들이 자신을 비봇이라 상상하고 기계의 눈으로 바라보기 시작하자 프로그래밍 작업에서 훨씬 성공적인 결과가 나왔다.

피지에 비봇을 전달했던 경험을 통해 더 큰 가능성을 확인할 수 있었다. 사람들에게 컴퓨터과학자와 로봇공학자가 과제를 완수하기 위해 기계를 어떻게 프로그래밍하는지, 그리고 거기서 더 일반화해 어려운 문제를 해결할 때 그들이 어떻게 접근하는지 이해할 수 있도록 가르치면 엄청난 잠재력이 열린다. 요즘 학교에서는 아이들에게 수학자, 과학자, 작가, 사회과학자, 역사가처럼 생각하는 법을 가르친다. 그렇다면 점점 보급이 늘어나면서 삶에서 중요한 역할을 하고 있는 컴퓨팅 장치를 설계하고 프로그래밍하는 데 필요한 사고과정에 익숙해지도록 아이들을 교육하는 것을 주저할 이유가 없다.

학생들에게 컴퓨팅 사고 computational thinking를 가르치면 아이들은 보다 창의적으로 생각하는 법을 배울 수 있고, 로봇과 기계가 새로운 기능을 수행할 수 있게 프로그래밍하는 의외의 방식도 개발할 수 있을 것이다. 하지만 거기서 그치지 않고, 컴퓨팅 사고는 새로운 사고방식도 보여줄 수 있다. 이는 성인들에게도 도움이 될 수 있다. 컴퓨터과학자들은 기계를 프로그래밍하는 과정에서 불가능해 보이던 문제를 아주 효과적으로 해결할 방법을 찾아냈고, 이런 기법은 다양한 학문, 직업, 심지어 일상생활에도 적용 가능하다. 2006년에 컴퓨터과학자 지넷 윙은 컴퓨팅 사고를 교육 도구로 사용했을 때 생기는 여러 가지 잠재적인 이점을 상세히 설명하는 에세이를 〈컴퓨팅 기계 학회 커뮤니케이션〉에 발표했다. 이 개념은 점차 주목받고 있지만, 그에 비해 진전은 더디다. 오늘날까지도 젊은 세대가 컴퓨터과학의 개념을 접할 수 있게 돕는 교육들은 대부분 코드 작성에 초점이 맞춰져 있다. MIT 미디어랩에서 개발한 어린이 친화적인 스크래치Scratch 프로그래밍 언어와 MIT 컴퓨터과학 및 인공지능 연구소의 할 아벨슨이 개발한 앱 인벤터App Inventor 프로그램은 이런 측면에서 큰 성공을 거두었다. 2019년 한 해에만 2000만 명이 스크래치 프로젝트를 만들었다. 이러한 노력들은 어느 때보다 많은 어린이들에게 프로그래밍을 접할 기회를 제공했다.

이것도 훌륭한 일이지만 컴퓨터과학에서 중요한 것이 코드 작성만은 아니다. 자율주행차나 바다 청소 로봇을 만드는 등의 복잡한 문제를 해결하기 위해 우리가 어떤 방법에 의존하느냐가 중요한 것이다. 오늘날의 기계 지능이 한때 불가능해 보였던 일을 할 수 있게 된 것은 인간이 자신의 마음과 영혼, 그리고 믿기 어려울 정도로 훌륭한 추론 능력을 해당 프로젝트에 쏟아부었기 때문이다. 지넷 윙은 2006년에 이렇게 썼다. "컴퓨터는 단조롭고 지루하다. 인간은 영리하고 상상력이 풍부하다. 컴퓨터를 흥미롭게 만드는 것은 바로 우리 인간이다."

바꿔 말하면 마음이 칩에 힘을 불어넣는다는 의미다.

아이들에게 프로그래밍을 가르치는 것은 창의력을 자극하고, 문제 해결 능력을 키우는 데도 도움이 되지만, 컴퓨팅 사고를 통해 진정으로 배울 수 있는 것은 언뜻 해결이 불가능해 보일 정도로 복잡한 과제를 꿰뚫어보는 방법이다. 로봇공학에서는 이런 도전을 받아들여 해당 과제를 일련의 하위 문제로 환원한 다음, 다시 문제가 해결 가능해질 때까지 하위 문제의 하위 문제로 계속 환원해나간다. 그런 식으로 각각의 세분화된 과제를 수행하려면 무엇을 해야 하는지 기계에게 구체적으로 지시할 수 있는 수준이 될 때까지 내려가는 것이다. 이런 과정에서 우리는 이런 세분화된 과제들을 한데 조합해서 원래의 더 큰 문제를 해결할 수 있게 구성해주는 '추상화'를 탐색하고 식별한다. 여기에는 다양한 접근 방식이 존재하지만, 나는 컴퓨팅 사고가 서로 연결된 다음의 네 가지 단계로 이루어진다고 생각한다.

분해decomposition: 문제를 해결 가능한 조각으로 나누는 과정.

모듈화modularization: 시스템을 별개의 모듈이나 구성요소로 나누는 과정. 각 모듈은 명확하게 정의된 구체적인 기능을 가진다. 이러한 모듈들은 독립적으로 작동할 수 있지만, 더 큰 시스템의 일부로 함께 작동할 수 있다.

추상화abstraction: 세부 사항을 제거하고 과제와 관련된 속성을 일반화하는 과정이다.

구성composition: 두 개 이상의 하위 문제를 결합하는 과정.

이것이 바로 컴퓨팅 사고를 통해 어려운 문제를 해결하는 방법이다. 이 방법에서는 큰 문제를 더 단순한 문제로 분해하고, 어떤 패턴, 혹은 과거에 극복했던 장애물과의 유사성을 찾아낸다(재사용 가능한 알고리즘이 있을 수 있다). 그런 다음 이 해결책을 다시 적용할 수 있도록 추상화, 혹은 일반화한다. 동시에 이 모든 과정에서 항상 최대한 효율적이고 단순하게 접근하려고 노력한다. 물리학자와 수학자들은 방정식을 유도할 때 우아함을 추구한다. 아인슈타인의 유명한 방정식 $E = mc^2$이 특별히 아름답다고 여겨지는 이유도 그 단순함 때문이다. 컴퓨터과학에서도 똑같은 이상을 추구한다. 하지만 우리가 찾아낸 가장 아름다운 해결책을 그렇게 간결하게 표현할 수는 없다. 어쩌면 우리 내면의 아인슈타인을 아직 충분히 길러내지 못했기 때문일지도 모르겠다.

컴퓨팅 사고는 상향식 문제 해결 접근법으로, 삶의 다양한 영역, 심지어 창작 과정에도 적용할 수 있다. 처음에 나는 책을 쓰는 일, 특히 내가 수십 년간 로봇, 인공지능, 그리고 미래에 대해 연구하고 생각한 내용을 책으로 담아내는 일이 너무 막막하게 느껴졌다. 불가능한 일 같았다. 하지만 책의 핵심 메시지를 생각하고, 내 아이디어를 더 큰 주제로 정리한 뒤, 그 주제를 다시 각각의 장으로 나누고, 각 장에 포함되어야 할 자료와 포함되지 않아야 할 자료를 구분하고, 각 장의 구성요소를 순서대로 배열하며 서로 다른 조각들을 연결할 수 있는 패턴과 주제를 찾기 시작하자 갑자기 책을 쓰는 게 가능해 보이기 시작했다. 이후로는 매번 하나의 하위 섹션에 집중하며 작업을 진행했다. 그리고 그와 동시에 전체 프로젝트에 대해 추상적으로 생각하면서 내가 지금 작업 중인 내용이 더 큰 주제와 연결되어 공명하는지 고민했다.

나는 컴퓨팅 사고 기법을 성인의 삶의 다양한 영역에 적용하는 것이 큰 가치가 있다고 생각한다. 책의 집필에서 회사 창업, 집 리모델링에 이르기까지 이러한 사고방식은 매우 유용하다.

하지만 나는 특히 아이들이 더 어린 나이에 이 사고방식을 접할 수 있었으면 좋겠다. 국제교육기술협회 The International Society for Technology in Education, 구글 등 여러 단체에서 컴퓨팅 사고를 촉진하기 위한 프로그램을 시작했지만, 우리가 더 많은 일을 할 수 있기를 희망한다. 그리고 그래야만 한다. 컴퓨팅 사고를 다른 분야에 적용할 수 있는 사람들을 위한 일자리가 더 많아질 것이기 때문이다. 또한 이러한 일자리는 매우 질 좋은 일자리가 될 것이다.

지넷 윙이 처음으로 컴퓨팅 사고의 저변 확대를 주장한 이후, 그녀가 〈컴퓨팅 기계 학회 커뮤니케이션〉에 발표했던 에세이에서 예측한 몇 가지가 현실이 되었다. 지금은 많은 과학 분야에서 컴퓨팅 생물학자, 컴퓨팅 화학자, 컴퓨팅 물리학자 등 '컴퓨팅'이 앞에 붙는 하위 학문이 생겨났다. 이 전문가들은 자기 분야의 난제에 컴퓨터과학자처럼 접근하며, 이를 통해 놀라운 성과를 내고 있다. 컴퓨팅 생물학자들은 기계학습 엔진인 알파폴드AlphaFold를 활용해서 우리 몸의 다양한 생물학적 과정을 결정하는 단백질의 3D 구조를 예측할 수 있었다. 이를 통해 새로운 의약품을 개발하고, 생명 현상을 깊이 이해할 수 있는 기회가 열렸다. 알파폴드 이전에는 수만 개 정도의 단백질만 그 구조가 알려져 있었지만, 지금은 2억 개의 단백질 구조를 포함하는 데이터베이스가 만들어졌다.[1] 이런 성공은 기계학습과 인공지능에 힘입은 바가 컸지만, 이러한 성과를 내놓은 프로그램은 애초에 단백질 접힘 문제를 해결하려고 컴퓨팅 사고를 적용해 그것을 설계한 연구자들이 없었다면 존재하지 못했을 것이다. 그들이 자신의 마음을 칩에 담은 것이다.

* * *

이러한 사고방식을 고쳐하다 보니 자연스럽게 컴퓨팅 제작 computational making이라는 초기 단계의 새로운 영역이 등장했다. 이것은 소규모 제조업을 재편할 잠재력을 가지고 있는 영역이다. 다트머스 대학에서 첫 연구실을 열었을 때, 나는 초창기 자금을 거의 전부 쏟아부어 처음 나온 3D 프린팅 기계 중 하나를 구입했다. 그때는 1995년이었고, 당시만 해도 3D 프린터는 희귀하고 특별한 기계였다. 그전까지만 해도 로봇공학자들은 필요한 부품이나 부속물을 전자 및 로봇 공급업체에서 나온 기성품에 의존하거나, 공구 가게의 도구를 이용해서 직접 제작해야만 했다. 그래서 이미 나와 있는 부품들을 이용해 로봇을 설계하는 수밖에 없었다. 그러나 3D 프린터 덕분에 별도의 기계공작 자격증 없이도 우리가 직접 부품을 설계해서 제작할 수 있게 됐다. 프로그래밍해서 프린터로 인쇄만 하면 어떤 부품이든 만들 수 있었다. 이 맞춤형 부품을 이용하면 원하는 로봇은 어떤 종류든 만들 수 있었기 때문에 이전에는 꿈꿀 수 없었던 수준의 자유와 창의성을 얻게 되었다.

이 3D 프린팅 기계는 내 경력의 궤도를 정하는 데 큰 역할을 했다. 이 기계 덕분에 로봇 몸체를 창의적이고 개성 있게 표현할 수 있는 기회가 곧바로 열렸기 때문이다. 갑자기 우리는 다양한 형태와 색상의 로봇을 출력할 수 있게 됐다. 다른 사람들의 로봇은 회색 아니면 검은색이었는데, 우리 로봇은 빨강, 노랑, 파랑으로 다채로웠다. 우리는 예전에는 가능하지 않았던 기발한 디자인과 미학의 요소를 로봇공학에 도입할 수 있었다. 이 새로운 기계 덕분에 누리는 자유를 통해 우리는 예술과 공학을 하나로 융합할 수 있었다. 이제 우리는 단순한 공학자가 아니라 창작자이기도 했다. 그리고 이 모든 것이 요즘 젊은이들한테는 원시적인 기술로 보일 법한 기계의 도움으로 가능해졌다.

요즘에는 3D 프린터를 학교는 물론 가정에서도 흔히 볼 수 있다. 그 가격은 99퍼센트 이상 저렴해졌다. 이 기계는 자신의 매개변수 내에서 어떤 가상의 디자인이라도 물리적 부품으로 출력할 수 있다. 나는 아이들이 이 프린터를 예술가의 도구처럼 사용해서 자신이 원하는 것을 창조할 경험과 기회로 삼을 수 있었으면 좋겠다. 고급 3D 프린터는 금속, 플라스틱, 심지어 유기 재료로도 출력할 수 있다. 우리는 컴퓨터로 제어되는 선반, 워터젯 절삭기waterjet cutter, 레이저 절삭기 등 다양한 장비를 활용할 수 있다. 컴퓨팅 제작 기술은 정말 놀라운 가능성을 열어준다. 이러한 도구의 작동방식을 이해하고, 컴퓨터과학자처럼 사고하고, 로봇공학자나 제작자의 도구를 사용할 줄 안다면 무궁무진한 창조의 가능성이 열린다. 맞춤형 로봇, 그리고 그 제작 과정을 자동화하는 물리적 도구의 설계를 자동화, 단순화해주는 코딩 도구를 개발할 수 있다면, 사람들이 자신만의 맞춤형 제품이나 물리적 과제를 돕는 맞춤형 로봇을 직접 제작할 수 있는 세상에 한 걸음 더 가까워질 것이다. 이는 일종의 창조적 초능력이라 할 수 있다. 새로운 로봇과 장치를 상상하고, 그 꿈을 현실로 바꿀 수 있을 것이기 때문이다. 상상력에 끝이 없는 아이들은 분명 예상치 못했던 놀라운 것들을 만들어낼 것이다. 만약 내가 어렸을 때 이런 도구를 사용할 수 있었다면, 아마도 기묘한 기계들을 수십 가지는 만들어냈을 것이다. 물론 컴퓨팅 제작 기술을 사람을 해치는 물건을 만드는 데 사용하지 못하게 하는 규제, 안전조치, 제한 장치는 필요하다. 또한 교육 분야에서도 해야 할 일이 많다. 이 비전을 실현하려면 모든 아이들에게 컴퓨팅 사고와 컴퓨팅 제작을 가르쳐야 한다.

하지만 그 즐거움을 젊은이들만의 몫으로 양보할 필요는 없다. 현재 제조 산업은 전 세계 곳곳의 고정된 장소에 세워진 대규모 공장들의 네트워크로 이루어져 있으며, 각 공장은 명확하게 정해진 제품들을 생산한다. 그 내부에 설치되어 있는 기계들은 미리 결정되어 있는 제품을 대량으로 생산하도록 설계되어 있다. 부품은 여러 지역에서 생산되어, 또 다른 지역에서 조립되며, 유통업체와 소매업체를 거쳐 결국 소비자에게 전달된다. 기본 공급망 자체가 대단히 복잡하다. 하지만 컴퓨팅 제작의 새로운 도구를 활용하면, 소비자와 더 가까운 위치에 자리 잡아 다목적으로 활용이 가능한 소규모 공장으로 전환할 수 있다. 이러한 시설을 활용하면 템플릿(특정 디자인이나 구조가 표준으로 설정되어 있는 상태에서 그중 일부 요소를 개인의 필요에 맞추어 변경하여 제작하는 방식—옮긴이) 형태의 제품과 부품을 제공하고 이를 현지에서 출력, 가공, 조립할 수 있을 것이다. 혹은 사람들이 아예 처음부터 자기 마음대로 물건과 제품을 설계할 수도 있다. 사람들은 필요할 때마다 자기네 동네에서 필요한 부품을 즉시 제조하거나, 새로운 로봇을 설계해 몇 시간 또는 며칠 내에 이를 받아볼 수 있을 것이다. 이는 지금처럼 전 세계 다른 지역에서 제품이 배송되어올 날을 두 달씩 목 빠지게 기다리는 것과는 완전히 다른 방식이다.

모든 제품을 이런 방식으로 제조할 수는 없겠지만, 설계된 기계가 실제로 작동하는지 평가할 방법만 있다면 의류나 신발, 장난감, 가구, 심지어 기본적인 로봇 같은 제품을 맞춤형으로 비교적 쉽게 만들 수 있을 것이다. 나는 24시간 운영되는 제조 센터 또는 컴퓨팅 제작 센터를 머릿속에 그리고 있다. 이런 센터는 사람들이 자신이 필요하거나 원하는 것을 만들 수 있게 해주며, 현재의 제조 방식에서 발생하는 폐기물과 탄소 발자국을 줄일 수 있을 것이다. 이 시설은 전문 기술과 기계 교육을 받은 전문가들이 운영하며, 사람들은 가상 인터페이스를 통해 아예 처음부터 설계하든 기성 템플릿에서 출발하든 자기만의 디자인을 탐구하고 생성할 수 있을 것이다. 이미 만들어져 있거나, 출력만 하면 사용할 수 있는 부품의 라이브러리를 만들고, 이 부품들을 조합하는 규칙들을 정한 후에 가능한 디자인을 탐구하고, 시뮬레이션을 통해 이를 평가할 수 있는 가상의 설계 공간을 구축할 수 있을 것이다. 설계가 최종 확정되면, 성공적인 제작을 위해 센터의 전문가들이 매개변수를 세밀하게 조정해준다(그리고 새로 설계된 물품이 무기가 아닌 것을 확인한다). 제작된 아이템은 고장난 가전제품의 부품처럼 실생활에 필수적인 것일 수도 있고, 기발하고 유쾌한 물건일 수도 있다. 우리는 가족이 집을 비울 동안 고양이를 즐겁게 해줄 간단한 장난감 로봇을 설계하는 시나리오도 상상해보았다. 인터넷에는 룸바 로봇청소기를 타고 노는 고양이 영상이 넘쳐난다. 그렇다면 고양이와 함께 놀아줄 수 있는 다리 달린 로봇도 못 만들어줄 이유가 없지 않을까?

* * *

이러한 지역 제조 센터의 비전이 실현되든 안 되든, 지능형 기계는 앞으로 우리의 삶에서 더 큰 역할을 하게 될 것이다. 재료, 프로그래밍, 그리고 제작 방식에 대해 알수록 소비자이자 디자이너로서 더 많은 창의력과 자유, 그리고 능력을 갖추게 될 것이다. 그렇다면 어떻게 해야 이런 부분에 익숙해지고, 그와 관련된 지식과 이해를 넓힐 수 있을까? 교사이자 교육자로서 나는 디지털 소양의 배양이 모든 공립학교에서 핵심 교육과정으로 함께 자리 잡아야 한다고 오래전부터 믿어왔다. 그러나 해결해야 할 또 다른 심각한 격차가 있다. 부유한 학군에서는 최신 컴퓨터가 제공되고 여름 방학 코딩 캠프가 열리는 반면, 몇 킬로미터 떨어진 다른 학군에서는 기본적인 디지털 지식을 가르칠 자원조차 부족한 형편이다. 우리는 혁신이 다양성에서 비롯된다는 사실을 잘 알고 있으면서도, 모든 학생에게 미래의 고품질, 고소득 직업에 도전할 기회를 제공하기 위한 투자를 충분히 하지 않고 있다. 이런 상황은 반드시 바뀌어야 한다. 모든 중등학교에는 컴퓨터과학 교사와 새로운 시대에 맞는 도구와 장비들을 갖춘 첨단 기계 공작소가 마련되어야 한다. 새로운 시대가 요구하는 기술이 무엇인지 생각할 때, 21세기에 맞춘 디지털 소양을 새롭게 정의하고, 그 정의 안에 컴퓨팅 사고와 컴퓨팅 제작을 포함시키는 것이 중요하다.

  내일의 인력 양성에 대한 투자를 고민할 때는 오늘날의 인력을 재교육하는 부분도 진지하게 함께 고민해야 할 것이다. 이는 교육에 대한 사고방식의 패러다임 전환을 요구한다. 표준의 학위를 취득하면서 전문성을 쌓고 기술을 습득하는 방식만으로는 충분하지 않다. 나는 평생 학습과 지속적 교육에 초점을 맞추며 전문가로서 끊임없이 발전해왔다. 만약 내가 지금까지도 박사 과정에서 배운 것만 고수하고 있었다면 벌써 실직자가 되었을 것이다. 이는 다른 직종에서도 마찬가지일 것이라고 생각한다. 하루가 다르게 급변하는 세상에서 중등학교나 대학에서 배운 것만으로는 경력을 장기간 유지하기 어려울 것이다. 기술이 세상을 너무 빠르고 극적으로 변화시키고 있기 때문이다. 우리는 모두 평생 학습과 지속적 교육을 받아들여야 하지만, 이것이 사람들을 10년마다 4년제 대학에 다시 입학시킨다는 뜻은 아니다. 미국에서는 약 1200개의 커뮤니티칼리지(우리나라의 전문대와 비슷하며 2년제 과정으로, 지역에서 실용적이고 직업 중심의 교육을 담당한다—옮긴이)가 저렴한 학비로 약 600만 명의 학생들에게 교육을 제공하고 있다. 이 학교들은 고용주와 연계해 시장 수요에 부응하는 기술 중심의 프로그램을 설계해야 한다.[2] 또한 원격으로 자신의 시간에 맞추어 이수할 수 있고, 현재 또는 미래의 고용주에게 인정과 지원을 받을 수 있는 특화형 미세학위targeted micro-degree가 더 많이 필요하다. 기업들도 내부적으로 이런 프로그램을 추진해야 한다. 한 예로 아마존의 2025년 업스킬링Upskilling 계획안[3]은 7억 달러를 투자해서 10만 명의 미국 고용인들에게 무료 교육을 제공하는 프로그램이다. 2022년에는 1400명이 12주간의 메카트로닉스mechatronics (기계공학, 전자공학, 제어공학, 정보기술 등을 통합해서 지능형 시스템과 제품을 설계, 제작하는 데 초점을 맞춘 분야—옮긴이) 및 로봇공학 견습 과정에 무료로 참여했으며, 결국 이들은 시간당 임금이 40퍼센트 상승하는 혜택을 누렸다. 새로운 기술을 배우고, 그 덕분에 수입도 늘어나게 된 것이다.

다른 기업들, 기술 리더들, 그리고 기관들 역시 적극적으로 나서고 있다. 구글은 노동자 재교육 프로그램에 10억 달러를 투자하겠다고 약속했으며, 기술 기업가 스티브 워즈니악은 자체적인 온라인 기술 교육 플랫폼을 발표했다. 몇몇 창의적인 조직에서도 고무적인 행보를 보이고 있다. 예를 들어, 켄터키에 위치한 작은 기업 비트소스Bit Source는 실직한 석탄 광부들을 프로그래머와 웹 개발자로 재교육했다. 대학들은 대규모 공개 온라인 강좌MOOCs를 무료로 제공하고, 학습 자료를 온라인에서 무상으로 제공하고 있다. MIT와 하버드대학교는 전 세계 대학 및 기관들의 강좌를 무료로 제공하는 온라인 학습 플랫폼 EdX.org를 공동 설립했다. 내 친구인 호주 출신 공학자 피터 코크는 로봇공학 아카데미Robotics Academy를 시작했는데,[4] 이는 로봇공학 분야를 배우고자 하는 사람이면 누구나 접근할 수 있는 온라인 강의로, 이것 역시 무료로 제공되고 있다. 이렇듯 학습용 자료와 자원에 점점 더 쉽게 접근할 수 있는 상황이 만들어지면서 비용 부담도 줄어들고 있다.

우리 노동 인력 중 상당 부분을 새로 교육하려면, 몇 세대 동안 시도해본 적이 없었던 대규모의 투자가 필요할 것이다. 나는 이 투자가 그만한 가치가 있다고 믿지만, 우리가 새로운 영역에 발을 들이고 있다는 것만큼은 분명하다. 성인의 학습 방식, 특히 성인이 기술과 상호작용하는 방식에 관해서는 아직 이해가 부족한 부분이 많다. 재교육 계획은 단순히 실행했다는 데서만 만족하지 않고 성과의 기준을 높게 설정해서 이를 충족시켜야 하며, 무엇이 효과가 있고, 무엇이 효과가 없는지를 철저히 분석해야 한다. 그리고 이를 바탕으로 향후 투자의 방향을 설정하는 데 활용할 수 있어야 한다. 평생 학습 프로그램이 어떤 모습이어야 하는지, 이를 어떻게 설계하고 자금을 마련할 것인지, 그리고 대학과 기업의 역할이 무엇이어야 하는지는 아직 고민이 더 필요한 부분이지만, 대단히 중요한 질문으로 남아 있다.

***

나는 컴퓨팅 사고와 컴퓨터 제작 분야에서 디지털 소양을 키우는 것이 매우 중요하다고 믿지만, 그렇다고 다른 분야를 희생시키면서까지 이를 밀어붙여야 한다는 말은 아니다. 인문학, 과학, 공학 같은 다른 학문 분야뿐만 아니라 의사소통, 협업, 비판적 사고 등의 다른 학습 분야에 집중하는 것도 대단히 중요하다. 세상과 그 작동 방식을 폭넓게 이해할수록 자신이 세상에 무엇을 기여할 수 있는지 더 잘 알 수 있기 때문이다. 멀리 떨어져 있던 점들을 연결할 기회가 늘어날수록 창의적인 잠재력을 더 많이 발휘할 수 있다. 나는 비판적 사고를 장려해야 한다고 강하게 믿고 있다. 비판적 사고란 정보의 출처가 어떤 동기나 편향을 가지고 있는지 고려하고, 새로 얻은 정보가 기존에 축적된 글로벌 지식 및 인식과 어떻게 맞물리는지를 판단하여 그 정보를 분석하고, 맥락 안에서 이해하고, 틀을 잡는 능력을 말한다. 우리는 학생들에게 질문하는 법, 데이터를 수집하는 법, 결과를 분석하고 결론을 도출하는 법, 대안의 해결책을 고민하는 법, 소통하는 법을 가르쳐야 한다.

질문을 던지지 않으면 결국 우리는 자신의 메아리 속에 갇히고 만다.

아마도 지금 우리 사회가 이토록 분열되어 있는 근본 원인은 이러한 이해 부족과 비판적 사고의 결여 때문일 것이다. 여기서 우리는 다시 마음과 칩이라는 주제로 돌아가게 된다. 만약 우리가 어린 시절부터 아이들에게 컴퓨팅에 대해 생각하는 법과 컴퓨터를 프로그래밍하여 문제를 해결하고 결정을 내리는 방법을 가르친다면, 그들은 고등학교 공부를 시작하거나 더 높은 고등교육의 기회가 열렸을 때 훨씬 높은 수준의 지식과 도구를 갖추고 들어가게 될 것이다. 그들에게는 이런 기계들이 마법처럼 느껴지지 않고, 인간이 프로그래밍한 장치로 받아들여질 것이다.

이러한 기반과 이해를 갖춘 젊은이에게는 세상을 바꿀 기회가 더 많이 주어질 것이다. 우리는 더 많은 사람들에게 디지털 소양을 부여하고, 모두가 새로운 IT 경제에 대비할 수 있도록 준비시켜야 한다. 그럼 더 많은 사람들이 인간의 능력을 강화하는 지능형 기계를 활용하는 새로운 응용분야를 상상하고 만들어낼 수 있을 것이다. 젊은이들이 이러한 기초적인 이해를 갖추게 되면, 관심의 초점을 더 고등한 교육으로 바꿀 수 있다. 대학 학부생들은 기본 개념에서 더 이상 헤맬 필요 없이 컴퓨팅을 제대로 응용하는 쪽으로 초점을 전환할 수 있을 것이다. 이것은 여러 해 전에 존 호프크로프트에게 들었던 것과 비슷한 도전과제다. 이를테면 학문의 경계를 뛰어넘어 컴퓨팅하는 법, 그리고 컴퓨팅을 단순한 프로그래밍의 수준을 넘어 점점 더 강력하고 유능한 도구로 만드는 법에 대한 고민 등을 들 수 있다. 이러한 기계와 프로그램이 더 많은 분야에서 더 큰 역할을 하게 됨에 따라, 이들의 작동 방식과 한계, 그리고 더 많은 사람에게 더 많은 이로움이 돌아가도록 이들을 개선할 방법에 대해 더 높은 수준에서 더 폭넓게 생각하는 사람이 더 많이 필요해진다.

요즘에는 무언가 생각이 떠오르면 그것을 글로 표현할 수 있다. 즉, 자신의 생각을 종이에 옮길 수 있다. 해리 포터를 좋아해서 그런 초능력을 꿈꾸는 모든 소년 소녀가 자신만의 마법을 만들어 펼칠 수 있는 세상을 상상해보라. 컴퓨팅 사고와 컴퓨팅 제작이 과학적으로 발전하고, 이 분야에 더 쉽게 접근할 수 있도록 폭넓은 교육이 이루어진다면 우리 모두 초능력을 얻을 수 있다. 우리 각자는 자신의 재능, 창의력, 문제 해결 능력을 활용해 생명을 구하고 삶을 개선하며, 어려운 작업을 수행하고, 물리적으로 도달할 수 없는 곳으로 찾아가고, 즐거움을 얻고, 소통할 수 있는 기계를 상상하고 만들어낼 수 있다. 컴퓨팅 사고와 컴퓨팅 제작에 민주적으로 접근할 수 있는 미래에서는 무한한 가능성이 펼쳐진다. 그러나 나는 이 새로운 기술들이 단순히 오락이나 경제적 목적에만 사용되는 것은 원치 않는다. 나는 우리가 이 기술을 활용해 인류가 직면한 가장 큰 문제들을 해결하고 더 큰 도전에 초점을 맞출 수 있기를 진심으로 바란다.

17강
큰 도전과제

1820년, 프랑스의 루이 18세는 공중보건 문제에 대응하기 위해 전문가들로 구성된 프랑스 의학아카데미를 설립했다. 200년이 지난 지금도 수백 명에 달하는 이 조직의 회원들은 매주 모여 보건과 관련된 과학적, 의학적 발전에 대해 논의하고 있다. 코로나 팬데믹이 발발하기 전, 이 아카데미의 회원 중 한 명인 버너드 노어들링거 박사가 나에게 의학에서 인공지능의 역할에 대해 모임에서 발표해줄 것을 요청했다. 그리고 그 이후로 나는 여러 차례 이 아카데미의 회원들과 원격으로 또는 직접 만나 의견을 나누었다. 프랑스와 유럽의 전문가들과 함께 모여 인공지능의 강점과 한계, 환자의 프라이버시 권리를 보호하면서 데이터를 안전하게 공유해야 할 필요성, 그리고 기술을 활용해 인간의 건강에 영향을 미칠 수 있는 다양한 아이디어에 대해 논의했던 시간은 정말 흥미로운 경험이었다. 하지만 나는 거기서 제안된 해결책이나 미래의 가능성도 흥미로웠지만, 어떤 면에서는 아카데미 자체에 더 큰 감명을 받았다. 인간의 건강처럼 광범위하고 중요한 주제를 논의하기 위해 최고 전문가들이 정기적으로 한자리에 모인다는 발상 자체가 내게 영감을 주었다.

로봇이 점점 더 강력하고 유능해짐에 따라 그 잠재적 응용분야도 범위가 넓어질 것이다. 로봇은 세상을 지배하지도, 세상을 구하지도 않을 것이다. 하지만 나는 우리가 로봇과 인공지능을 활용해 인류가 직면한 가장 큰 도전과제들을 해결할 방법에 대해 더 깊이 고민해야 한다고 믿는다. 아카데미 회의의 주요 주제인 인간의 건강부터 시작해보자.

사람의 건강

로봇 및 인공지능 시스템과 협력함으로써 의사들은 질병을 진단, 모니터링, 치료하는 능력을 향상시킬 수 있다. 최근에 MIT에 있는 나의 동료 레지나 바질레이와 그녀의 연구진이 새로운 항생제 할리신Halicin을 개발하면서 신약을 만드는 데 기계학습을 어떻게 활용할 수 있는지 보여주었다. 또한 애초에 약에 대해 생각하는 방식 자체를 달리할 기회가 열릴 수도 있다. 전통적으로 항생제와 기타 의약품은 특정 질병으로 고통받는 절대 다수의 사람들을 돕기 위해 개발되어왔다. 예를 들어, 남성과 여성은 신체 구조나 호르몬 수치 등에서 큰 차이가 있음에도 불구하고 동일한 약을 사용한다. 이것도 단지 성별 차원에서의 이야기일 뿐이다! 개인은 유전적 정체성이 각자 다를 뿐 아니라, 자신이 처한 환경과 조건 또한 제각각이다. 미래에는 기계학습을 활용해 개개인의 유전체를 분석하고, 이를 환자가 앓고 있는 질병과 비교하여, 그 사람의 신체에 맞추어 조정된 약물을 합성할 수 있을지도 모른다. 이렇게 되면 각자의 필요와 특성에 최적화된 맞춤형 약물 또는 약물 칵테일을 만들 수 있는 길이 열릴 것이다.

  약물은 시작일 뿐이다. 외과적 절개가 필요한 시술의 수도 획기적으로 줄이지 못할 이유가 없다고 본다. 절개 자체가 문제는 아니다. 외과의사들의 절개 기술과 봉합 기술은 정말 초능력인가 싶을 정도로 놀랍다. 하지만 절개를 하면 그렇지 않은 경우보다는 수술 후 감염의 위험이 높아질 수밖에 없다. 앞에서 얘기했던 것처럼, 미래에는 삼키는 수술용 미니 로봇을 일부 시술에서 사용할 수 있을지도 모른다. 나는 이것을 캡슐 형태의 작은 로봇으로 상상한다. 이 로봇은 알약처럼 삼키는 등 최소한의 침습적 방식이나 비침습적 방식을 통해 체내에 삽입할 수 있다. 이 로봇을 그냥 알아서 하라고 체내로 들여보내는 것은 아니다. 로봇이 체내를 탐색하는 동안 의사와 로봇은 한 팀을 이루고, 인간 외과의사는 그 로봇에 대한 통제력을 유지한다. 이를 통해 의사는 큰 수술을 하지 않고도 체내에서 문제가 되는 영역을 살펴볼 수 있을 것이다. 경우에 따라서는 여전히 큰 수술이 필요할 수도 있지만, 외과의가 원격으로 문제를 해결할 수 있어서 절개할 필요가 없어질 수도 있다. 이것을 유선으로 연결하지 않고도 인간의 지시에 따라 원격으로 작동하는 무선 로봇 메스라 생각할 수도 있을 것이다.

나는 로봇과 인공지능을 활용해 현재 매우 부유한 국가나 개인에게만 허용되는 치료를 민주화하고, 비용 효율이 더 뛰어난 대안의 치료법을 개발할 수 있기를 바란다. 7강에서 나는 양성자 방사선 치료의 사례를 소개하면서 로봇 의자를 사용해 환자를 양성자 빔과 정렬시키는 아이디어를 소개했는데, 이는 현재 사용되고 있는 거대하고 비싼 회전식 갠트리를 대체할 수 있는 방식이다. 우리는 매사추세츠 종합병원의 의사들과 협력하여 필요한 구성요소 중 일부를 실험실에서 이미 시연했다. 그러나 로봇을 활용한 고정식 양성자 빔 치료는 협업에서 나온 하나의 아이디어일 뿐이다. 나는 더 많은 연구자와 젊은이들이 비용이 많이 들거나 접근이 어려운 치료와 시술을 분석해서, 인공지능이나 로봇공학을 활용해 창의적으로 비용을 낮추고, 접근성을 확대할 수 있기를 희망한다.

식량 안보

지금의 인구 증가 추세를 고려할 때 확장성과 접근성이 좋은 치료법을 개발하는 것이 향후 수십 년에 걸쳐 더욱 중요해질 것이다. 1950년 당시 세계 인구는 약 20억 명으로 추정되었다. 하지만 유엔에 따르면, 2050년까지 지구 전체 인구가 약 97억 명에 이를 것으로 예상된다.[1] 이러한 인구 증가에는 다양한 잠재적 문제와 도전적 과제가 따라온다. 기후 변화로 인해 현재의 농업 중심지에서 강수량과 날씨 패턴이 바뀌면서, 충분한 식량을 생산하고 이를 필요한 사람들에게 지속 가능하고 환경 친화적인 방식으로 전달하는 데 큰 어려움이 따를 것이다.

먼저 식료품 배송 문제를 살펴보자. 소프트웨어를 활용하면 지역 생산자와 주변 소비자를 연결하고, 배송 일정 및 배송 방식의 관리를 자동화할 수 있다. 소형의 전기식 로봇 화물 비행기가 상업용 항공기와의 간섭을 피해 낮은 고도에서 비행하며 신선한 농산물을 배송할 수 있다. 집라인의 방식처럼 포장된 식료품 꾸러미를 낙하산으로 안전하게 배송지에 내려놓는 방법을 활용할 수도 있을 것이다. 이렇게 하면 맞춤형 배송이 더욱 용이해져 먼 지역에서 생산된 농작물에 대한 의존도를 줄이는 데 기여할 것이다. 또 다른 로봇 활용 방안은 음식물 낭비 방지이다. 재고 관리를 통해 지금 남는 식료품은 무엇이고, 부족한 것은 무엇인지 추적할 수 있다. 현재 식료품점들은 유통기한이 지난 신선식품이나 식품을 폐기하는 경우가 많다. 하지만 더 나은 관리 도구와 지역 배송 방법이 등장한다면 이러한 잉여 식품을 유통기한이 지나기 전에 재분배하여 더욱 효율적으로 소비할 수 있을 것이다.

이런 식량의 생산 또한 지속가능한 방식이어야 한다. 7강에서 인공지능과 로봇의 원리가 농업 기술에 어떤 영향을 미치기 시작했는지 논의한 바 있다. 드론은 자율적으로 잡초와 외래종도 발견하고, 해충이 광범위하게 피해를 일으키기 전에 조치를 취하도록 농부들에게 경고할 수 있다. 비료를 필요한 곳에만 정밀하게 사용하면 과잉의 질소가 빗물에 의해 하천, 강, 그리고 결국 바다로 유입되는 문제를 줄일 수 있다. 이미 로봇은 온실에서 식물의 빛 노출을 최적화하기 위해 화분을 이동시키는 용도로 사용되고 있다. 이러한 로봇은 농장의 생산성을 높이는 데도 기여할 수 있다. 스몰 로봇 컴퍼니Small Robot Company는 톰Tom이라는 경량의 자율 로봇을 개발했다. 이 로봇은 밭을 돌아다니며 모든 식물과 잡초를 정밀하게 스캔한다. 톰이 이 데이터를 중앙 인공지능에 전달하면, 이 인공지능은 수십억 개의 데이터 포인트를 수집하고 밭의 모든 식물을 추적해 농부에게 관심이 필요한 영역이 어디인지 알린다. 이 회사는 그 다음 단계까지 자동화하여, 잡초 제거나 식물 관리와 같은 작업을 정밀하게 수행할 수 있는 로봇을 내보내는 것을 목표로 하고 있다.

수확기에 일손이 부족해서 토마토나 딸기와 같이 제때에 수확해야 할 과일을 따는 작업이 느려지는 문제를 해결하기 위해 원격 조작 로봇을 배치할 수 있다. 사람들에게 낮은 임금을 지불하면서 등골 빠지는 이런 고된 작업을 시키는 대신, 이런 작업에 특화된 로봇을 개발해서 맡기고, 사람은 정원 가꾸기 같은 좀 더 창의적인 측면에 집중하거나, 더 편안한 원격 환경에서 로봇의 작업을 관리하게 만들 수 있다. 2강에서 논의했던 이 육체 작업용 로봇형 메커니컬 터크 방식은 결국 일자리가 줄어드는 영향을 가져오겠지만, 이것은 애초에 저임금에 숙련도가 낮고 이직률도 높은 직무이므로 이를 고임금, 고숙련 직무로 전환하는 효과를 노릴 수 있다. 이는 사람들이 기피하는 직업에서 사람들이 싫어하는 과제들을 제거하고, 그 자리에 새로운 역할을 창출하는 방법이 될 것이다.

식량 생산을 대규모 농업 중심지에서 사람이 가장 많이 모여 있는 곳, 즉 도시로 옮길 수도 있을 것이다. 공간이 부족한 도시에서는 전통적인 방식의 농장을 운영할 수는 없겠지만, 이동식 로봇 컨테이너 내부에 수직형 농장vertical farms을 만들 수 있다. 이 소형 로봇 농장을 건물 외벽이나 옥상에 설치하고 햇빛을 따라 움직이게 설계하면, 식물의 햇빛 노출을 최적화할 수 있다. 내가 상상하는 도시가 점점 괴상한 모습이 되어가고 있다는 것은 솔직히 인정한다.

그럼 이번에는 이렇게 발전된 세계에 어떤 식으로 에너지를 공급할지 생각해보자.

에너지와 전기

전력 생산 방법에 대해 논의하기 전에 개인, 가족, 조직, 기업의 차원에서 에너지 소비 최소화를 위해 가능한 한 모든 노력을 기울여야 한다는 점을 분명히 하고 싶다. 우리 분야에서는 에너지 효율적인 로봇과 관련 기술을 개발해야 하며, 인공지능 시스템과 기계학습 모델을 설계할 때도 기계가 전력을 덜 사용하면서 합리적으로 사고할 수 있도록 발전시켜야 한다. 이왕이면 기계가 우리의 에너지 문제를 해결하는 데도 도움이 되면 좋을 것이다. 태양광은 저렴한 전력 생산 방식이지만, 태양광을 전기로 변환하는 광전지 패널이 태양을 향해 올바른 방향으로 배치되고, 먼지, 오염물, 식물 등에 의해 가려지지 않아야 효율적으로 작동한다. 이 패널을 로봇화해서 태양을 따라가며 에너지 수확을 최적화할 수 있게 만들고, 그 패널 위에 움직이는 청소용 자율 로봇을 배치할 수 있다. 대규모 태양광 발전소에서는 풀이 자라 패널에 그림자를 드리울 수 있다. 이를 해결하기 위해 스왑 로보틱스Swap Robotics에서는 원래 도시의 인도용으로 만든 자율주행 제설기를 태양광 발전소에 최적화된 전기 잔디깎이로 개조했다. 기존 태양광 발전소는 가솔린으로 구동하는 잔디깎이를 사용했으나 지금은 친환경 로봇이 친환경 에너지원을 관리하고 있다. 이와 유사하게 고성능 센서를 장착한 드론을 배치하고 해상이나 접근하기 어려운 지역의 풍력 터빈을 점검해서 결함이 더 큰 문제로 번지기 전에 찾아낼 수도 있다.

로봇과 인공지능은 우리 일상과 더 가까운 영역에서도 도움을 줄 수 있다. 우리 가족은 완전 자급자족형 주택off-the-grid house(전기, 가스, 수도 등의 공공설비를 사용하지 않는 집─옮긴이)을 소유하고 있다. 우리는 물 수집 시스템을 설계했고, 들어오는 햇빛을 전기로 변환하는 태양광 패널도 설치했다. 생산된 전기는 배터리에 저장해서 햇빛이 강한 낮 시간이 아니라도 시간대별로 고르게 나누어 사용할 수 있도록 했다. 마지막으로, 어떤 시스템을 언제 사용할 수 있는지 결정하는 프로그램도 설계했다. 물론 이 시스템에는 약간의 불편이 따르는데, 예를 들어 우리 집에서는 식기세척기와 세탁기, 건조기를 동시에 사용할 수 없다. 그럼에도 우리 집은 완전히 재생 가능한 에너지로 자급자족하고 있다. 이러한 완전 자급자족형 주택은 전 세계적으로 더 널리 사용될 수 있도록 템플릿으로 만들 수 있는 시제품이다.

그와 동시에 가정으로 들어오는 기존 전력망을 더 많은 사람이 효율적으로 사용할 수 있게 해주는 방법도 개발할 수 있다. 예를 들어, 집 자체를 에너지 소비가 큰 구성요소를 자동으로 켜고 끌 수 있는 거대한 로봇 시스템으로 간주할 수 있다. 또한 모든 집을 디지털 트윈으로 모델링할 수도 있다. 그리고 지붕에 태양광 패널을 추가하거나 내가 정말 좋아하는 건물 중 하나인 몬테 로사 산장 Monte Rosa Hut처럼 집 전체를 광전지 스킨으로 덮었을 때 어떤 효과가 나타나는지 확인해볼 수도 있다. 스위스 알프스에 위치한 몬테 로사 산장은 건축학적으로 대단히 독특하게 설계된 자급자족형 주택이다. 집 안의 구성요소도 필요에 따라 활성화될 수 있다. 예를 들어 냉장고는 항상 켜두어야겠지만, 난방 시스템, 에어컨, 식기세척기, 건조기는 그때그때의 필요와 태양광 에너지 생산 최고 시간대에 맞추어 작동하도록 설정할 수 있다.

어쩌면 에너지 흡수를 최적화하기 위해 집 자체를 움직이는 방법도 있을 것이다. 집에 태양광 패널을 설치할 때 설치업체에서 제일 먼저 확인하는 것은 해당 지역의 하늘을 가로지르는 태양의 경로에 대한 지붕의 각도다. 하지만 모든 지붕이 최적의 각도는 아니기 때문에 모든 집이 태양광 발전에 이상적인 조건을 갖추고 있지는 못하다. 그러나 모든 것은 로봇으로 만들 수 있고, 태양광 패널, 심지어 집도 예외는 아니다. 예를 들어, 햇빛을 최대한 많이 흡수할 수 있게 위치를 조정하는 로봇으로 지붕 태양광 패널을 설계할 수 있다. 혹은 집이 숲이 우거진 지역에 있는 경우에는 로봇 태양광 패널이 빈터나 햇빛이 잘 드는 장소로 스스로 이동하며 태양광을 흡수한 후, 집으로 돌아와 저장하거나 아예 그곳에서 집으로 전송해주는 방식도 가능할 것이다. NASA의 화성 탐사 로봇들은 수천만 킬로미터 떨어진 행성에서 이와 비슷한 작업을 수행하고 있다. 이것을 우리 가정에 적용하는 것은 그저 경제성과 간단한 공학의 문제일 뿐이다.

에너지 사용의 효율성을 개선하고, 재생 가능 에너지원으로부터 에너지를 포획하는 능력을 최적화하려 한다고 해보자. 그래도 전기를 저장할 더 나은 수단은 여전히 필요하다. 햇빛이 로봇 패널을 비추는 때가 아니어도 필요할 때 언제든 전기를 쓸 수 있어야 하기 때문이다. 전기 자동차 시장이 급성장하면서 배터리 연구 속도가 빨라졌다. 과학자들과 기업들이 더 많은 에너지를 더 오래 저장할 수 있는 배터리 기술을 개발하기 위해 경쟁하고 있다. 경제성 경쟁, 소비자의 수요, 새로운 소재에 대한 연구, 그리고 새로운 배터리 설계 방식이 결합되어 배터리 분야에서 엄청난 발전이 이루어질 것이고, 결국 우리는 1600킬로미터를 주행할 수 있는 전기 자동차와 전기 비행기의 탄생을 보게 될 것이다. 이처럼 에너지의 생산, 저장, 소비와 같은 큰 문제들을 살펴보면서 로봇과 인공지능의 도움을 받아 그 해결책을 창의적으로 모색한다면 놀라운 성과를 이룰 수 있을 것이다.

지속가능성

마찬가지로, 로봇이 기후 변화를 마법처럼 멈출 수는 없지만 해결책의 일부가 될 수는 있을 것이다. 인간이 초래한 기후 변화의 영향은 크고 다양하며, 그 영향을 완화하기 위해 제안된 방법들 역시 다양하다. 우리의 소비 패턴을 변화시키고 탄소 발자국을 줄이는 것이 반드시 필요하지만, 기후 변화를 늦추고, 멈추며, 심지어 되돌리면서 그와 동시에 잠재적인 부정적 영향을 최소화하거나 완전히 제거할 수 있는 방법도 탐구해야 한다. 이러한 접근법을 지구공학geoengineering이라고 하며, 대규모 해결책을 시행할 경우 사람들이 기존의 탄소 중심적인 습관으로 되돌아갈지도 모른다는 합리적 우려 때문에 논란이 많다. 또 다른 위험으로는 무언가 잘못되거나 예기치 못한 결과를 초래해, 해결책이라고 내놓은 것이 오히려 더 큰 피해를 일으킬 가능성이 있다는 점이다. 하지만 나는 아무것도 하지 않았을 때 따라오는 위험이 더 크다고 믿는다. 이제 지구 온난화 문제를 살펴보자. 매우 크고 건강한 항성인 우리의 태양은 지속적으로 태양복사의 형태로 에너지를 지구로 보내고 있다. 이 햇빛의 에너지 일부는 지구의 지표면에 도달한 후 열로 방출된다. 근래의 인간 역사 대부분 동안 이 열의 상당 부분은 우주 공간으로 빠져나갔다. 그러나 현재는 대기 중의 과도한 이산화탄소로 인해, 너무 많은 열이 지표면 근처에 갇히게 되었다. 어느 정도의 열은 유지해야 한다. 모든 열이 우주로 흩어져버린다면 지구는 얼어붙은 황량한 얼음 세계가 될 것이다. 하지만 대기가 너무 많은 열을 가두면 온도가 상승하고, 날씨가 변하며, 해수면이 상승해, 오늘날 지구에 사는 대부분의 사람들에게 적합하지 않은 환경이 된다. 그렇다면 왜 지구에 도달하는 햇빛의 양을 줄일 방법을 생각하지 않을까?

이것은 새로운 아이디어가 아니다. 여러 연구자들이 햇빛을 차단하거나 줄이는 다양한 기술을 제안해왔다. 예를 들면, 동원 가능한 차양을 장착한 우주선을 대규모 함대로 발사하는 방안도 있다. 계산상으로는 매력적이다. 유입되는 태양복사의 1.8퍼센트만 반사해도 지구 온난화를 되돌릴 수 있다.[2] 그러나 지금까지의 모든 해결책은 지나치게 복잡하거나 너무 영구적이라는 문제가 있었다. 지구의 일부를 덮는 기술적 파라솔을 설치하려면, 그것을 쉽게 걷어낼 수도 있어야 한다. 이것이 일단 어떤 과정을 한번 시작하면 멈추기 어렵다는 지구공학이 갖고 있는 중대한 위험성 중 하나다. 따라서 현실성 있는 지구공학적 해법이 되기 위해서는 반드시 통제 가능하고, 더 나아가 가역적일 필요가 있다. 필요할 때 멈추거나, 목적이 달성된 이후에는 그 조치를 거두어들일 수 있어야 한다. 나는 카를로 라티가 이끄는 MIT 연구진에 소속되어 관련된 주제의 연구를 한 적이 있었다. 이 연구진에서는 개별적으로 구성된 얇은 거품으로 이루어진 태양 차양의 건설을 제안한 적이 있다. 이 거품들은 우주 궤도를 도는 우주선에 의해 우주에서 만들어지지만 여전히 지구의 중력에 묶여 있게 된다. 수만 개의 거품을 서로 연결하면 브라질 크기 정도의 행성 파라솔로 작동해 들어오는 햇빛을 일부 차단할 수 있다. 여기서 중요한 점은 간단한 로봇만 배치하면 거품의 위치를 제어하거나(예를 들면 북극으로부터 열을 반사) 프로젝트가 원하는 효과를 달성한 후에는 거품을 터뜨려 제거할 수 있다는 것이다.

우리는 또한 대기 중의 이산화탄소를 제거해 온실효과를 줄이는 방법도 고려할 수 있다. 탄소 포집이라 불리는 이 기술은 전 세계 많은 연구진, 기업, 그리고 스타트업들에 의해 연구되고 있으며, 거품으로 만드는 태양 차양에 비해 더 자연스럽고 익숙한 접근법이다. 본질적으로 탄소 포집은 나무와 같은 광합성 생명체의 기능을 기술을 통해 구현하는 것이다. 나무는 자연적으로 대기 중 이산화탄소를 흡수해 탄소는 나무줄기와 주변 토양에 고정시키고 산소는 배출한다. 내 연구실은 보스턴에서 가장 독특하고 흥미로운 건축물 중 하나에 자리 잡고 있다. 프랭크 게리가 설계한 MIT의 스타타 센터다. 나는 이제 건물을 예전과 같은 시각으로 볼 수 없게 되었다. 이 건물의 물결 모양 금속 외관 때문일 수도 있고, 어쩌면 그 안에서 진행 중인 연구 때문일지도 모르겠다(내 동료 빌 프리먼은 기계학습을 이용해 모든 건축물의 미세한 움직임을 확대해서 보여주는 연구를 진행 중이다). 아니면 내가 시드니 오페라 하우스의 로봇 버전을 만드는 연구를 했기 때문일 수도 있고, 식물로 뒤덮인 건물이 많은 싱가포르에서 보낸 시간이 많아서일지도 모른다. 혹은 이런 경험들이 뒤섞여 생긴 영향일 수도 있겠다. 최근에 나는 건물에 나무처럼 탄소를 고정하고 광합성을 하는 특성을 부여할 방법을 고민하고 있다. 가끔 도시를 걸으며 나는 작은 태양광 전력 로봇이 무리를 지어 도시의 지붕, 외벽, 심지어 다리나 고속도로 고가와 같은 구조물을 따라 이동하며 인공 광합성을 수행하는 모습을 상상하곤 한다. 이 로봇들은 공기 중에서 이산화탄소를 흡수해서 그중 탄소는 자기가 발붙여 이동하고 있는 구조물에 퇴적시켜 강도를 높이고, 그 과정에서 발생하는 산소를 부산물로 방출하는 역할을 한다.

궤도를 도는 우주 거품과 광합성 로봇이 기후위기의 해답은 아니다. 그렇게 주장할 마음은 조금도 없다. 하지만 이런 종류의 창의적인 로봇 응용분야를 개발하고 논의하면서 기후위기에 대응하는 것에 대해 겁을 먹어서는 안 된다. 이제 지구 건강의 다른 측면, 특히 수자원 문제에 대해 들여다보자.

깨끗한 물

근래 들어 한때 번성했던 양식업이 활기를 되찾고 있다. 이는 단순히 사람들이 굴과 같은 조개류를 좋아하기 때문만은 아니다. 이패류二貝類는 놀라운 해양 정화 능력을 보여준다. 이들은 물을 빨아들여 걸러낸 후 다시 배출하며, 이 과정에서 탄소, 질소, 기타 영양소를 추출해 자신의 껍데기와 몸을 만든다. 이는 우리 행성의 건강에 긍정적인 영향을 미친다. 이런 영양소 때문에 부영양화된 수역이 굉장히 많기 때문이다. 우리의 농업 관행 때문에 오랜 기간에 걸쳐 너무 많은 질소가 지구의 물에 유입됐으며, 대기 중의 이산화탄소는 바다로 녹아들어 해수의 산도를 변화시켰고, 이는 온갖 해양 생물에 영향을 미친다. 그런데 왜 로봇이 필요할까? 물론 굴 양식의 규모를 더 늘릴 수 있고, 또 그렇게 하는 것이 맞다. 하지만 이패류가 해양수를 걸러내는 생물학적 메커니즘을 연구하고, 그 과정을 최적화하여, 이를 더 큰 규모로 재현할 수도 있다(비교하자면, 전령 비둘기도 효과적이지만 집라인의 드론이 더 뛰어난 것처럼). 로봇 굴은 천연의 해양 필터인 굴의 기계 버전으로, 똑같은 핵심 기능, 즉 바닷물에서 탄소와 질소를 추출하는 역할을 훨씬 높은 효율로 수행할 수 있을 것이다.

해수와 담수의 건강을 크게 위협하는 또 하나의 요소는 플라스틱과 미세플라스틱의 급증이다. 세탁기를 돌릴 때 옷에서 떨어져 나온 미세한 플라스틱 조각들이 수로로 흘러들어 바다로 유입된다. 매년 약 480만 톤에서 1270만 톤에 이르는 플라스틱 쓰레기가 바다로 유입된다.[3] 현재 해양에는 약 5조 2500억 개의 플라스틱 및 미세 플라스틱 조각들이 떠다니고 있으며, 우리 바다 1제곱마일(약 2.59제곱킬로미터)마다 4만 6000개의 플라스틱 조각이 들어 있다. 비극이 아닐 수 없다. 오염을 줄이거나 완전히 멈추는 것뿐 아니라, 지금까지 쌓여온 플라스틱 오염을 해결하는 것은 우리가 책임져야 할 부분이다. 로봇 굴을 만들 때 미세플라스틱을 걸러내는 기능도 추가하거나, 아예 처음부터 특별히 이 응용분야에 맞추어 전용으로 설계할 수도 있다. 로봇 이패류를 주요 수로나 강의 삼각주 바닥에 고정시켜 미세플라스틱이 바다로 흘러가기 전에 담수에서 정화하게 할 수도 있을 것이다. 물론 이 로봇 굴을 자연의 굴처럼 맛있게 먹을 수는 없을 것이다. 그리고 부식성이 강한 바닷물에 버틸 수 있게 설계하고 만드는 것 역시 상당한 도전과제가 될 것이다. 하지만 우리는 똑똑하고 기지가 넘치는 종이다. 우리는 결국 칩을 이용할 방법을 찾아내어 우리가 바다에 끼친 해악을 일부라도 되돌릴 수 있는 기계 이패류를 개발할 수 있을 것이다.

지구에서의 발견

우리는 계속 로봇과 인공지능을 도구로 활용해서 인간의 지식을 확장시켜줄 과학적 발견을 이어가야 한다. 로봇과 인공지능은 사람들이 볼 수 없는 것, 봐야 하는 것, 그리고 보고 싶은 것을 볼 수 있게 도와준다. 현미경은 오랫동안 과학자들이 매우 작은 것을 보는 수단이 되어주었다. 스탠퍼드대학교의 오사마 카티브와 그의 학생들이 설계한 휴머노이드 로봇 오션원은 인간이 편안하게 도달할 수 있는 깊이 너머로 잠수할 수 있게 개발되었다. 이를 통해 연구자들은 홍해의 심해 산호초, 지중해의 난파선, 그리고 전 세계 해양 시스템의 건강 상태를 조사할 수 있게 되었다. 작동 가능한 손과 인간과 비슷한 얼굴을 가진 오션원은 원격 조종자를 위한 아바타 역할을 한다. 오사마는 이 로봇을 사용해 수중에서 귀중품을 회수하는 임무를 여러 차례 성공으로 이끌었으며, 이를 통해 수백 년 전에 일어난 사건들에 대한 통찰을 연구자들에게 제공했다.

더 탐구하고 살펴볼 만한 곳이 또 어디 있을까? 갈릴레이 시대부터 우리는 점점 더 정교한 망원경을 사용해 우주 깊숙한 곳까지 볼 수 있게 되었다. 앞으로 나는 우리가 로봇과 인공지능을 활용해 자연세계와 우리 자신에 대해 더욱 깊이 이해할 수 있기를 바란다. 우리가 로봇으로 뱀, 벌레, 바다거북, 치타 등을 만드는 효과는 단순히 로봇공학 지식을 발전시키는 데서 그치지 않는다. 우리는 그 생물학적 모델인 동물에 대해서도 많은 것을 배우며, 그 과정에서 이 생명체들에 대한 경외심도 함께 커져만 간다. 자연에서 영감을 얻기 위해 연구를 진행하다 보면 나는 종종 고래 생물학자 로저 페인의 연구가 떠오른다. 로저가 자신이 사랑하는 수중 생물 종을 보호하기 위해 그렇게 열심히 노력하는 이유 중 하나는 인간이 건강하고 안전한 삶을 계속 누리기 위해서는 지구상의 종 다양성이 필요하기 때문이다. 나는 로봇공학자로서 우리가 하는 일이 이러한 대의에 기여하고, 꿀벌과 바퀴벌레처럼 작디작은 존재에서부터 장엄한 고래나 레드우드redwood(캘리포니아 삼나무)에 이르기까지 자연이 만들어낸 기계들의 놀라운 능력에 대한 관심을 이어갈 수 있기를 희망한다.

우리가 체화된 지능embodied intelligence, 즉 움직이는 고등 생명체를 연구하는 것은 똑똑하고 능동적인 기계를 만드는 데 도움을 얻기 위해서다. 그러나 이 연구는 또한 인간의 지능에 대해서, 그리고 우리의 뇌가 뛰어난 능력을 가진 신체와 어떻게 협력하며 작동하는지에 대해 많은 것을 가르쳐주었다. MIT에서는 조시 테넨바움이 유아와 미취학 아동의 뇌에서 일어나고 있는 일을 연구하며, 그런 능력을 일부 갖춘 기계를 개발하려 하고 있다. 또 다기관 협력 센터이면서 MIT에 자리 잡고 있는 뇌-

마음-기계 연구소는 지능의 과학과 공학, 즉 뇌의 작동 방식을 연구하고, 거기서 얻은 통찰을 능력이 더 탁월한 기계를 설계하고 제작하는 데 적용하는 방법에 대해 탐구하고 있다. 이 연구는 과학적 발견을 가능하게 하고 있으며, '인간 지능의 본질은 무엇인가?'라는 과학에서 가장 심오한 질문 중 하나에 대해 새로운 관점을 제시하고 있다. 우리는 인공지능과 로봇과 같은 도구를 창조할 정도로 세련된 하나밖에 없는 종이며, 여기에는 책임이 함께 따른다. 그리고 그 책임은 우리 자신과 인류를 넘어, 지구상의 다른 종들, 그리고 우리가 진화하는 무대가 되어준 생명력 넘치는 이 놀라운 행성 지구에 대한 책임도 함께 포함하고 있다. 따라서 우리는 지구를 위해 인공지능과 로봇을 활용할 더 많은 방법을 개발해야 한다. 이는 우리가 자기 자신, 지구상의 다른 생명체들, 그리고 지구 자체에 지고 있는 빚이다.

우주에서의 발견

하지만 별을 무시할 수는 없다! 갈릴레이는 망원경을 사용해 목성의 위성들, 특히 얼음 표면 밑으로 깊은 바다를 품고 있는 흥미로운 천체인 유로파를 발견했다. 현대의 과학자들은 이제 이 먼 세계에 착륙해 외계 생명체의 흔적을 찾을 수 있는 로봇을 설계하고 있다. 로봇의 역할은 단순히 우주 탐사의 핵심적인 도구에서 그치지 않을 것이다. 크기, 형태, 소재도 다양한 온갖 종류의 지능을 갖춘 유능한 기계들이 빠르게 발전하면서 지금껏 상상할 수 없었던 완전히 새로운 기회가 열릴 것이다. 우리는 달이나 화성으로 자재를 보낸 다음, 자율 기계를 활용해 그 머나먼 세계에 인간을 위한 전초기지를 건설할 수 있을 것이다. 이 전초기지가 우주 비행사들이 살 수 있는 안전한 구조물을 마련해줄 것이다. 그러나 우리의 상상력을 우리 태양계 내의 행성, 위성, 소행성에만 묶어둘 필요는 없다. 우리는 태양계를 넘어 로봇의 주도하에 이웃 항성계를 탐사할 우주비행을 기획하고, 우주에서 가장 큰 과학적 미스터리를 탐구할 수 있는 인공지능 기반의 성간 탐사선을 만들어야 한다. 로봇 우주 탐사선으로 우리가 무엇을 할 수 있을지 꿈을 꿀 때는 우주 자체만큼이나 큰 꿈을 꾸어야 한다.

진리와 민주주의

2022년, 나는 유럽을 여행하다가 92세의 삼촌과 즐거운 만남을 가졌다. 그는 대학교수로 은퇴한 철학자였다. 우리는 저녁식사를 하면서 다양한 정치적, 국제적 사건에 대해 얘기를 나눴고, 특히 사람들이 그런 사건들을 입장에 따라 다르게 인식하는 것에 관해 얘기했다. 이를 계기로 우리는 진리의 본질에 관한 대화를 시작했다. 삼촌은 진리에 관한 철학적 이론이 다양하게 존재한다고 설명했는데, 나는 그의 설명 중에 대응-진리correspondence truth(어떤 명제의 진리값이 이 명제가 다른 명제들과 얼마나 정합하는지에 따라 결정된다고 보는 철학—옮긴이)가 특히 공감이 됐다. 플라톤과 아리스토텔레스는 이것을 우리가 하는 말과 세상의 실제 모습을 연결하는 것이라 정의했다. 과학과 사실의 진리라 할 수 있을 것이다.

　이것이 로봇이나 인공지능과는 무슨 상관이 있을까? 나는 대응진리, 즉 있는 그대로의 현실을 고취하는 것이 시급하게 필요하다고 믿는다. 그리고 우리는, 권력을 가진 자들이 정보에 접근하려는 시민과 국민을 통제하지 못하도록 로봇과 인공지능을 사용해서 제한할 수 있을 것이다. 앞에서 나는 대형을 이루어 날아다니는 드론 편대나, 비행 디지털 프로젝터를 이용해서 공공장소에서 생방송 동영상을 틀어주는 아이디어를 소개했다. 사람들은 국가가 통제하고 편집한 뉴스 너머의 정보를 접할 수 있으며, 이 기술은 그 가능성을 보여준다. 알파벳에서 후원하는 프로젝트 룬 Project Loon은 높은 고도에 띄워 올린 기구를 이용해서 인터넷 신호를 외딴 지역의 지상으로 전송해주는 프로젝트다. 이런 프로젝트에서 제안하는 것 같은 독립적이고 국제적인 연결방식 역시 잠재적으로 막강한 정보 공급원이 되어줄 수 있을 것이다. 나는 이런 아이디어를 변형시킨 버전이 재탄생해서 현실이 될 수 있기를 바란다. 마지막으로, 대단히 사실적이지만 사실은 가짜인 오디오와 동영상을 만들어내는 AI 딥페이크 기술의 사용에 대한 합리적인 우려가 널리 퍼져 있다. 전직 하원의장 낸시 펠로시의 가짜 동영상이 그 유명한 사례다. 우리는 기술을 이용해서 딥페이크를 가려내고, 사실에 기반한 현실을 지킬 수 있는 해법을 내놓을 수 있다. 연구자들은 디지털 워터마킹 기술을 이용해서 동영상 파일이나 오디오 파일의 진실성을 검증하고, 딥페이크를 찾아내는 방법을 제안했다. 그리고 수백만 장의 이미지를 바탕으로 훈련시킨 동일한 인공지능 솔루션과 기계학습 모델을 이용해서 해당 이미지를 적법한 원본과 비교하면, 그 안에서 발생한 미세한 변화를 알아볼 수 있다. 캘리포니아대학교 버클리 캠퍼스의 디지털 포렌식 전문가인 내 친구 하니 파리드는 이 분야에서 중요한 연구를 진행 중이다. 그는 인공지능을 이용해서 이미지나 동영상을 다듬거나 아예 처음부터 사실적인 시뮬레이션을 만들어내는 것이 가능하지만, 마찬가지로 인공지능을 이용해서 그 콘텐츠가 가짜임을 증명할 수도 있음을 보여주었다.

물론 이런 논의가 의미가 있으려면 사람이 대응-진리에 관심이 있어야 한다. 자신의 메아리에 계속 갇혀 있는 사람은 계속 그곳에 남아 있는 쪽을 선택하는 경우가 많다. 그들은 자신의 믿음에 반하는 사실이나 아이디어에는 귀를 기울이려 하지 않는다. 과연 이런 사람들을 변화시킬 수 있을지 나는 확신이 들지 않는다. 하지만 로봇을 이용하면 더 많은 사람이 스스로 진실을 찾고, 정보를 발견할 수 있게 힘을 불어넣을 수 있다. 몇 해 전에 비제이 쿠마르와 산지브 싱과 나는 물리적 정보의 검색이라는 다소 급진적인 개념을 제안한 바 있다.[4] 일반적으로 무언가를 검색한다는 것은, 검색어를 입력해서 정보가 잔뜩 들어 있는 기나긴 순위별 검색 페이지를 받아보고, 거기서 원하는 정보를 찾는 보물찾기 같은 과정이다. 대신 원격으로 로봇을 조정해서 물리적 세계에서 정보를 찾아 나선다면 어떨까? 어찌 보면 웹캠은 이것의 고정식 버전이라 할 수 있다. 웹캠을 이용하면 브라우저를 통해 세상 어딘가에서 벌어지고 있는 장면을 실시간으로 볼 수 있다. 만약 이런 웹캠에 헬리콥터 날개를 달아 하늘로 날아 올려서 주변 상황을 더 자세하게 탐사할 수 있다면 어떨까? 스키를 좋아하는 사람이라면 아침에 스키장 슬로프로 드론을 날려 갓 내린 눈의 설질을 자세히 살펴볼 수 있을 것이다. 그리고 제조공장 관리자는 시설을 점검해서 잠재적 문제를 찾아낼 수도 있을 것이다. 혹은 글로벌 가짜 정보의 사례로 다시 돌아가 보면, 국가의 통제 아래 있는 시민들이 물리적 세계를 검색해서 국경 밖에서 실제로 일어나고 있는 일을 스스로 알아낼 수도 있을 것이다.

* * *

지능형 기계가 우리의 문제를 모두 해결해주지는 않는다. 하지만 나는 우리가 하나의 집단, 사회, 종으로서 거대한 문제나 도전적 과제에 직면한다면 로봇과 인공지능이 그 가능한 해법의 풍경 중 일부를 차지해야 마땅하다고 믿고 있다. 내 사고방식은 확실히 이런 쪽에 맞춰져 있다. 나는 어지럽혀진 거실 같은 사소한 일상의 일부터 진리의 본성 같은 거대한 담론에 이르기까지 거의 모든 문제를 마주할 때마다 십중팔구 로봇을 이용한 해결 방법을 상상하게 된다. 부디 현재와 미래의 지도자들을 비롯해서 이 책의 독자 여러분도 이런 사고방식에서 영감을 찾을 수 있기를 희망한다.

후기
로봇의 꿈

 이 책은 꿈을 이야기하는 책이다. 어린 시절에 나는 로봇을 이용해 내 키 큰 친구들 머리 위로 뛰어오르는 꿈을 꾸었다. 이 꿈이 자꾸만 커져서 현재는 훨씬 큰 도전까지 아우르게 됐다. 우리가 제안한 솔루션 중에는 너무 미래적이어서 가까운 미래에는 달성하기 어려운 것도 있을 것이다. 우리 세상이 성층권을 떠다니며 인터넷 접근성을 확장하거나, 바닷속을 헤엄치며 미세플라스틱을 수집하는 로봇으로만 가득 차라는 법은 없다. 이런 개념 중에는 우리 연구실을 벗어나 세상으로 나가는 것도 있겠지만, 더 이상 진화하지 못하고 그저 기술로 물든 내 머릿속 꿈의 풍경에 머물러 있는 것도 있을 것이다. 그럼에도 나는 여전히 로봇을 꿈꾼다.
 인공지능과 로봇이 인지적 작업과 물리적 작업을 도와 우리 삶을 더 낫게 만들어줄 수 있을까? 나는 그럴 수 있다고 믿는다. 그리고 이것이 실업과 생활 방식의 큰 변화에 직면한 많은 사람에게 잠재적인 위협이 될까? 분명 그럴 것이다. 이것이 우리가 예측할 수 없는 영향을 미치게 될까? 심지어 우리 뇌와 우리 지능의 본질에도? 아마도 그럴 것이다. 지능형 기계를 만드는 법과, 이런 기계가 사회에 미칠 영향에 대해 이해하려는 과정에서 우리에게 해답을 구해야 할 많은 질문이 있다는 사실을 배우게 된다. 하지만 내가 알고 있고, 확신을 가지고 말할 수 있는 부분이 있다. 하나의 종으로서 우리 앞에 엄청난 기회가 기다리고 있다는 점이다.

인간은 놀라운 능력과 독특한 지능을 갖춘 생명체다. 인간의 마음은 참으로 놀라우며, 나는 로봇과 인공지능을 연구하면서 인간에 대한 존경심이 더욱 커졌다. 하지만 한편으로는 우리가 이제 로봇이나 기계 기능을 가지고 할 수 있는 일들을 보면 그야말로 경이롭다. 수십 년에 걸쳐 로봇과 인공지능을 이해하기 위해 노력하는 과정에서 나는 우리가 기술과 우리 자신에 대해 배워야 할 것이 아직 많다는 점을 깨달았다. 어떤 지침도 마련되지 않은 상태에서 이런 막강한 기술이 초래할 수 있는 영향이 현실화되기 전에 우리는 이런 질문들에 대한 답을 구해야 한다. 결국 이 행성과 그 위에 살고 있는 모든 생명에 대한 책임은 우리 몫이다. 우리의 미래 세대와 이 지구에 함께 살고 있는 모든 동식물에 이르기까지 말이다. 이런 놀라운 도구를 만들 수 있는 수준의 의식과 능력을 갖춘 발전된 종이 우리밖에 없다는 것은 크나큰 특권이다. 하지만 이것은 그런 능력을 선하게 사용하고, 칩이 마음을 위해 봉사할 수 있도록 확실히 하는 책임이 우리에게 있다는 의미도 된다. 나는 낙관론자다. 하지만 우리의 세상은 이미 마법과 구분할 수 없을 듯한 기술로 가득 차 있다. 로봇이 화성에서 날아다니고, 도시에서 스스로 길을 찾아다니고, 깊은 심해를 탐사하고, 수술을 하고 있다. 로봇은 공장에서 물건을 포장하고, 재활용품을 분류하고, 쿠키를 굽고, 머리 빗는 것을 도와준다. 로봇은 우리의 힘을 강화하고, 도달 범위와 지각 범위를 늘리고, 심지어 우리 주변 세상을 바꾸어놓을 수 있는 능력도 부여해준다. 마법처럼 보이지만 사실은 사람이 설계한 수학적 모델, 알고리즘, 설계, 신소재의 혼합물에 불과한 것이다.

요즘 기술은 이미 너무도 인상적이다. 가까운 미래에는 이런 기술이 더 많은 일을 하게 될 것이다. 칩은 마음을 위해 봉사하면서 우리와 나란히 함께 일하고, 만화책이나 공상과학소설에서조차 상상해보지 못했던 일을 할 수 있게 해줄 것이다. 우리는 좀 더 신중하고 통제된 방식으로 접근할 필요가 있다. 우리가 할리우드 영화에서 접하는 로봇에 관한 이야기들은 모두 허구다. 로봇으로 강화된 이런 미래가 우리가 꿈꾸는 대로만 펼쳐지지는 않을 것이며, 바람직하지 못한 결과를 막을 방법을 우리는 반드시 상상하고, 예상하고, 개발해야 한다. 하지만 우리가 로봇으로 강화된 이런 미래를 만들고 조종해나가는 과정에서 하나의 사회, 하나의 종으로서 함께 일한다면, 그 힘을 이용해 모든 인류에게 더 나은 미래를 구축할 수 있으리라 확신한다.

어쩌면 나는 알고리즘에 물들어 유토피아를 꿈꾸는 공상가

일지도 모르겠다. 그리고 그런 유토피아적 상상이 어느 정도는 진실을 담고 있는지도 모른다. 하지만 이런 기술을 이용해 더 나은 세상을 만들 방법을 상상하고 계획을 세우지 않는다면, 우리가 이런 기술을 개발하는 것이 다 무슨 소용인가?

감사의 말씀

우리 편집자 존 글러스먼, 헬렌 토마이데스, 그리고 W.W. 노턴의 환상적인 팀에게 감사드립니다. 원고에 대해 세심하고 사려 깊은 피드백과 귀중한 의견을 제공해주신 데이비드 민델, 수잔 버거, 마이클 브래디 경, 켄 솔즈베리, 리즈 레이놀즈, 마르셋 보나, 도널드 배, 제니퍼 칼슨에게도 깊은 감사를 드립니다. 이 프로젝트를 주도하고 적극 지지하며 이 책의 가치를 믿어준 CAA의 제니퍼 조엘과 그녀의 팀에게도 진심으로 감사드립니다.

저와 파트너로 일하면서 우리 아이디어와 프로젝트를 현실로 만드는 데 함께해준 대학원생, 박사후연구원, 그리고 공동연구자에게 깊은 감사를 전합니다.

우선 학생들에게 감사드립니다. 알렉산더 아미니(2022), 브랜든 아라키(2021), 엘리자베스 바샤(2010), 조너선 브레딘(2001), 젠크 바이칼(2021), 비비 차이(현재 진행 중), 릴리 친

(2023), 조지프 델프레토(2021), 아제이 데스판데(2008), 캐릭 데트와일러(2011), 마렉 도니에크(2012), 로버트 피치(2004), 스테파니 길(2014), 카일 길핀(2012), 브라이언 줄리안(2013), 로버트 카츠슈만(2018), 아라 크나이언(2010), 키스 코테이(2004), 쿤 리(2004), 루카스 리벤와인(2021), 임세준(2012), 노엘 루(현재 진행 중), 앤드루 마르체세(2014), 크레이그 맥그레이(2005), 윌 노튼(현재 진행 중), 테디 오트(2022), 예카테리나 펠레코프(2001), 존 로마니신(현재 진행 중), 맥 슈워거(2009), 팀 세이드(현재 진행 중), 앤드루 스필버그(2021), 파스칼 스피노(현재 진행 중), 신시아 성(2016), 폴리나 바샤브스카야(2007), 율리우 바실레스쿠(2009), 미하일 볼코프(2016), 마르셋 보나(2010), 윤승국(2011), 빌코 슈바르팅(2021), 존슨 왕(현재 진행 중), 피터 워너(현재 진행 중), 아난 장(현재 진행 중).

그리고 박사후연구원들에게 감사드립니다. 노라 아야니안, 스테판 보나르디, 제임스 번, 스티븐 세론, 최장현, 니콜라우스 코렐, 코시모 델라 산티나, 신신 두, 메흐메트 도가르, 댄 펠드만, 이고르 길리치센스키, 라민 하사니, 조시 휴스, 김병철, 로스 크네퍼, 해리 랭, 마티아스 레크너, 슈광 리, 샤오 리, 제프리 립튼, 알라 마알루프, 롭 매커디, 안쿠르 메타, 슈헤이 미야시타, 하비에르 알론소 모라, 차다쉬 외날, 세닷 외제르, 리엄 폴, 잭 패터슨, 알리사 피어슨, 가이 로즈먼, 맥 슈웨이거, 하이임 샤울, 스티븐 스미스, 마이크 톨리, 에두아르도 토레스하라, 라이언 트루비, 크리스티안이오안 바실레, 닉 왕, 웨이 왕, 웨이

샤오, 징진 유.

우리가 발견의 여정을 함께 걸을 수 있었음에 깊이 감사합니다.

책의 초고를 읽고 피드백을 제공해준 이저벨라, 재클린, 제이에게 특별히 감사드립니다. 그리고 제 가족과 친구들은 힘들 때나 좋을 때나 항상 저의 곁을 지켜주었습니다. 저의 성공과 고난을 함께하고 이 놀라운 여정에 동참하며 보내준 여러분의 사랑과 지지에 정말 감사드립니다.

—다니엘라 루스

주

서문

1 Bonnie Prescott, "Better together," *Harvard Medical School News and Research*, June 22, 2016.

1강 힘

1 Claudette Roulo, "10 things you probably didn't know about the Pentagon," *DOD News*, January 13, 2019.

2 Sam Chesebrough, Babak Hejrati, and John Hollerbach, "The Treadport: Natural gait on a treadmill," *Human Factors* 61, no. 5 (2019): 736–48.

3 Carol A. Wamsley, Roshan Rai, and Michelle J. Johnson, "High-force haptic rehabilitation robot and motor outcomes in chronic stroke," *International Journal of Clinical Case Studies* 3 (2017): 121.

4 Louis N. Awad, Pawel Kudzia, Dheepak Arumukhom Revi, Terry D. Ellis, and Conor J. Walsh, "Walking faster and farther with a soft robotic exosuit: Implications for post-stroke gait assistance and rehabilitation," *IEEE Open Journal of Engineering in Medicine and Biology* 1 (2020): 108–15.

5 Yves Zimmermann, Alessandro Forino, Robert Riener, and Marco Hutter, "ANYexo: A versatile and dynamic upper-limb rehabilitation robot," *IEEE Robotics and Automation Letters* 4, no. 4 (2019): 3649–56.

6 Oluwaseun A. Araromi, Moritz A. Graule, Kristen L. Dorsey, Sam Castellanos,

Jonathan R. Foster, Wen-Hao Hsu, Arthur E. Passy, et al., "Ultra-sensitive and resilient compliant strain gauges for soft machines," *Nature* 587, no. 7833 (2020): 219–24.

7   Daniela Rus and Michael T. Tolley, "Design, fabrication and control of origami robots," *Nature Reviews Materials* 3, no. 6 (2018): 101–12.

8   Shuguang Li, Daniel M. Vogt, Daniela Rus, and Robert J. Wood, "Fluid-driven origami-inspired artificial muscles," *Proceedings of the National Academy of Sciences* 114, no. 50 (2017): 13132–37.

9   Scott Kirsner, "Lightening the load for warehouse workers," *Boston Globe*, June 19, 2022.

10 Thomas Malone, Daniela Rus, and Robert Laubacher, "Artificial intelligence and the future of work," report prepared by the MIT Task Force on the Work of the Future, Research Brief 17 (2020): 1–39.

2강 도달 범위

1   Daniel Gurdan, Jan Stumpf, Michael Achtelik, Klaus-Michael Doth, Gerd Hirzinger, and Daniela Rus, "Energy-efficient autonomous four-rotor flying robot controlled at 1kHz," *Proceedings of the 2007 IEEE International Conference on Robotics and Automation*, 2007, 361–66.

2   Daniel Mellinger, Nathan Michael, and Vijay Kumar, "Trajectory generation and control for precise aggressive maneuvers with quadrotors," *International Journal of Robotics Research* 31, no. 5 (2012): 664–74.

3   Theodore Tzanetos et al., "Ingenuity Mars helicopter: From technology demonstration to extraterrestrial scout," *2022 IEEE Aerospace Conference (AERO)*, 2022, 1–19.

4   Dario Di Nucci, Fabio Palomba, Damian A. Tamburri, Alexander Serebrenik, and Andrea De Lucia, "Detecting code smells using machine learning techniques: Are we there yet?," *2018 IEEE 25th International Conference on Software Analysis, Evolution and Reengineering (SANER)*, 2018, pp. 612–21.

5   Venky Harinarayan, Anand Rajaraman, and Anand Ranganathan, Hybrid machine/human computing arrangement, US Patent US7197459B1, 2001.

6   Oussama Khatib et al., "Ocean One: A robotic avatar for oceanic discovery," *IEEE Robotics & Automation Magazine* 23, no. 4 (2016): 20–29.

7   Jeffrey S. Norris, Mark W. Powell, Marsette A. Vona, Paul G. Backes, and Justin V. Wick, "Mars Exploration Rover Operations with the Science Activity Planner," *Proceedings of the 2005 IEEE International Conference on Robotics and Automation*, 4618–23.

8   José Halloy et al., "Social integration of robots into groups of cockroaches to control self-organized choices," *Science* 318 (2007): 1155–58.

9   Iuliu Vasilescu, Paulina Varshavskaya, Keith Kotay, and Daniela Rus, "Autonomous modular optical underwater robot (AMOUR) design, prototype and feasibility study," *Proceedings of the 2005 IEEE International Conference on Robotics and Automation*, 1603–09.

10 Robert K. Katzschmann, Joseph DelPreto, Robert MacCurdy, and Daniela Rus, "Exploration of underwater life with an acoustically controlled soft robotic fish," *Science Robotics* 3, no. 16 (2018).

11 Jacob Andreas, Gašper Beguš, Michael M. Bronstein, et al., "Toward understanding the communication in sperm whales," *iScience* 25, no. 6 (2022).

3강 시간

1   Lucius Annaeus Seneca, *On the Shortness of Life*, trans. C. D. N. Costa (New York: Penguin, 2005), 1.

2   Dan Feldman, Cynthia Sung, Andrew Sugaya, and Daniela Rus, "iDiary: From GPS signals to a text-searchable diary," *ACM Transactions on Sensor Networks* 11, no. 4 (2015): 1–41.

3   Wilko Schwarting, Javier Alonso-Mora, and Daniela Rus, "Planning and decision-making for autonomous vehicles," *Annual Review of Control, Robotics, and Autonomous Systems* 1, no. 1 (2018): 187–210.

4   "American Time Use Survey Summary," Economic News Release, US Bureau of Labor Statistics, June 23, 2022.

5   Bruce R. Donald, Christopher G. Levey, Igor Paprotny, and Daniela Rus, "Planning and control for microassembly of structures composed of stress-engineered MEMS microrobots," *International Journal of Robotics Research* 32, no. 2 (2013): 218–46.

6   Kyle Wiggers, "Copilot, GitHub's AI-powered programming assistant, is now generally available," *TechCrunch*, June 21, 2022.

7   Alyssa Pierson, Cristian-Ioan Vasile, Anshula Gandhi, Wilko Schwarting, Sertac Karaman, and Daniela Rus, "Dynamic risk density for autonomous navigation in cluttered environments without object detection," *2019 International Conference on Robotics and Automation (ICRA)*, 5807–14.

8   Mario Bollini, Stefanie Tellex, Tyler Thompson, Nicholas Roy, and Daniela Rus, "Interpreting and Executing Recipes with a Cooking Robot," *Experimental Robotics: The 13th International Symposium on Experimental Robotics* (Springer International Publishing, 2013), 481–95.

9   Jeremy Maitin-Shepard et al., "Cloth grasp point detection based on multiple-view geometric cues with application to robotic towel folding," *2010 IEEE International Conference on Robotics and Automation*, 2308–15.

10   Evan Ackerman, "Yes! PR2 very close to completing laundry cycle," *IEEE Spectrum*, November 20, 2014.

11   Charles Thorpe, Martial H. Hebert, Takeo Kanade, and Steven A. Shafer, "Vision and navigation for the Carnegie-Mellon Navlab," *IEEE Transactions on Pattern Analysis and Machine Intelligence* 10, no. 3 (1988): 362–73.

4강 위로 오르기

1   Kevin Y. Ma, Samuel M. Felton, and Robert J. Wood, "Design, fabrication, and modeling of the split actuator microrobotic bee," *2012 IEEE/RSJ International Conference on Intelligent Robots and Systems*, 1133–40.

2   Keith Kotay and Daniela Rus, "The inchworm robot: A multi-functional system," *Autonomous Robots* 8, no. 1 (2000): 53–69.

3   Elliot W. Hawkes, Eric V. Eason, David L. Christensen, and Mark R. Cutkosky, "Human climbing with efficiently scaled gecko-inspired dry adhesives," *Journal of the Royal Society Interface* 12, no. 102 (2015): 20140675.

4   Sangbae Kim et al., "Smooth vertical surface climbing with directional adhesion," *IEEE Transactions on Robotics* 24, no. 1 (2008): 65–74.

5강 마법

1   Sehyuk Yim, Cynthia Sung, Shuhei Miyashita, Daniela Rus, and Sangbae Kim, "Animatronic soft robots by additive folding," *International Journal of Robotics Research* 37, no. 6 (2018): 611–28.

2. Adriana Schulz, Cynthia Sung, Andrew Spielberg, Wei Zhao, Yu Cheng, Ankur Mehta, Eitan Grinspun, Daniela Rus, and Wojciech Matusik, "Interactive robogami: Data-driven design for 3D print and fold robots with ground locomotion," *SIGGRAPH 2015: Studio* 1 (2015): 1.

3. Joseph DelPreto and Daniela Rus, "Sharing the load: Human-robot team lifting using muscle activity," *2019 International Conference on Robotics and Automation (ICRA)*, 7906–12.

4. Kyle Gilpin, Ara Knaian, and Daniela Rus, "Robot pebbles: One centimeter modules for programmable matter through self-disassembly," *2010 IEEE International Conference on Robotics and Automation*, 2485–92; and John W. Romanishin, Kyle Gilpin, and Daniela Rus, "M-blocks: Momentum-driven, magnetic modular robots," *2013 IEEE/RSJ International Conference on Intelligent Robots and Systems*, 4288–95.

5. Keith Kotay, Daniela Rus, Marsette Vona, and Craig McGray, "The self-reconfiguring robotic molecule," *Proceedings of the 1998 IEEE International Conference on Robotics and Automation* (Cat. No.98CH36146), vol. 1, 424–31; and Daniela Rus and Marsette Vona, "Crystalline robots: Self-reconfiguration with compressible unit modules," *Autonomous Robots* 10 (2001): 107–24.

6. John W. Romanishin, Kyle Gilpin, Sebastian Claici, and Daniela Rus, "3D M-Blocks: Self-reconfiguring robots capable of locomotion via pivoting in three dimensions," *2015 IEEE International Conference on Robotics and Automation (ICRA)*, 1925–32.

7. Kyle Gilpin, Keith Kotay, Daniela Rus, and Iuliu Vasilescu, "Miche: Modular shape formation by self-disassembly," *International Journal of Robotics Research* 27, no. 3–4 (2008): 345–72.

8. Peter Stone and Manuela Veloso "Layered approach to learning client behaviors in the robocup soccer server," *Applied Artificial Intelligence* 12, nos. 2–3 (1998): 165–88.

9. Shuguang Li and Daniela Rus, "JelloCube: A continuously jumping robot with soft body," *IEEE/ASME Transactions on Mechatronics* 24, no. 2, (2019): 447–58.

10. Wei Wang, Banti Gheneti, Luis A. Mateos, Fabio Duarte, Carlo Ratti, and Daniela Rus, "Roboat: An autonomous surface vehicle for urban waterways," *2019*

IEEE/RSJ International Conference on Intelligent Robots and Systems (IROS), 6340–47.

6강 시각

1. Ce Liu et al., "Motion magnification," *ACM Transactions on Graphics* 24, no. 3 (July 2005).
2. Fadel Adib and Dina Katabi, "See through walls with WiFi!," *Proceedings of the ACM SIGCOMM 2013 Conference on SIGCOMM (SIGCOMM'13)*, Association for Computing Machinery, 75–86.
3. Adam Conner-Simons, "Device for nursing homes can monitor residents' activities with permission (and without video)," *MIT CSAIL News*, August 25, 2020.
4. Katherine L. Bouman, Vickie Ye, Adam B. Yedidia, Frédo Durand, Gregory W. Wornell, Antonio Torralba, and William T. Freeman, "Turning corners into cameras: Principles and methods," *Proceedings of the IEEE International Conference on Computer Vision*, 2017, 2270–78; and Felix Naser, Igor Gilitschenski, Guy Rosman, Alexander Amini, Fredo Durand, Antonio Torralba, Gregory W. Wornell, William T. Freeman, Sertac Karaman, and Daniela Rus, "Shadowcam: Real-time detection of moving obstacles behind a corner for autonomous vehicles," *2018 21st International Conference on Intelligent Transportation Systems (ITSC)*, 560–67.
5. Felix Naser, Igor Gilitschenski, Alexander Amini, Christina Liao, Guy Rosman, Sertac Karaman, and Daniela Rus, "Infrastructure-free NLoS obstacle detection for autonomous cars," *2019 IEEE/RSJ International Conference on Intelligent Robots and Systems* (2019): 250–57.
6. Virginia Harrison, "The blind woman developing tech for the good of others," *BBC News*, December 7, 2018.
7. Dragan Ahmetovic, Cole Gleason, Chengxiong Ruan, Kris Kitani, Hironobu Takagi, and Chieko Asakawa, "NavCog: A navigational cognitive assistant for the blind," *Proceedings of the 18th International Conference on Human-Computer Interaction with Mobile Devices and Services*, 2016, 90–99.
8. "Q&A with an accessibility research pioneer: Chieko Asakawa," *IBM Cognitive Advantage Reports*, https://www.ibm.com/watson/advantage-reports/future-of-

artificial-intelligence/chieko-asakawa.html. Accessed May 24, 2023.

9   Robert K. Katzschmann, Brandon Araki, and Daniela Rus, "Safe Local Navigation for Visually Impaired Users with a Time-of-Flight and Haptic Feedback Device," *IEEE Transactions on Neural Systems and Rehabilitation Engineering* 26, no. 3 (2018): 583–93.

7강 정밀성

1   Alessandro Gasparetto and Lorenzo Scalera, "From the Unimate to the Delta robot: The early decades of Industrial Robotics," *Explorations in the History and Heritage of Machines and Mechanisms: Proceedings of the 2018 HMM IFToMM Symposium on History of Machines and Mechanisms*, 2019, 284–95.

2   Matthew T. Mason and J. Kenneth Salisbury, *Robot Hands and the Mechanics of Manipulation* (Cambridge, MA: MIT Press, 1985).

3   Gary S. Guthart and J. Kenneth Salisbury, "The Intuitive/sup TM/telesurgery system: Overview and application," *Proceedings of the 2000 ICRA Millennium Conference, IEEE International Conference on Robotics and Automation*, vol. 1, 618–21.

4   Phillip Mucksavage et al., "The da Vinci® Surgical System overcomes innate hand dominance," *Journal of Endourology* 25, no. 8 (August 2011): 1385–88.

5   Shuhei Miyashita, Steven Guitron, Kazuhiro Yoshida, Shuguang Li, Dana D. Damian, and Daniela Rus, "Ingestible, controllable, and degradable origami robot for patching stomach wounds," *2016 IEEE International Conference on Robotics and Automation (ICRA)*, 2016, 909–16.

6   자세한 내용을 다음을 참조하라. https://gray.mgh.harvard.edu/jobs/295-compact-proton-therapy-system-project-opportunities-for-students-and-postdocs. Accessed May 24, 2023.

7   Thomas Buchner, Susu Yan, Shuguang Li, Jay Flanz, Fernando Hueso-González, Edward Kielty, Thomas Bortfeld, and Daniela Rus, "A soft robotic device for patient immobilization in sitting and reclined positions for a compact proton therapy system," *2020 8th IEEE RAS/EMBS International Conference for Biomedical Robotics and Biomechatronics (BioRob)*, 2020, 981–88.

8   Thomas R. Bortfeld and Jay S. Loeffler, "Three ways to make proton therapy affordable," *Nature* 549 (September 2017): 451–53.

9 "John Deere Reveals Fully Autonomous Tractor at CES 2022," John Deere Company news release, January 4, 2022.

8강 로봇 만드는 법

1 Daniela Rus and Michael T. Tolley, "Design, fabrication and control of soft robots," *Nature* 521, no. 7553 (2015): 467–75.

2 Adobe Acrobat Team, "Fast forward — comparing a 1980s supercomputer to the modern smartphone," *Adobe Blog: Future of Work*, November 8, 2022.

9강 움직이는 두뇌

1 https://ventitechnologies.com. Accessed September 25, 2023.

2 "Image Classification on ImageNet," Papers with Code. https://paperswithcode.com/sota/image-classification-on-imagenet. Accessed February 16, 2023.

3 Andrew J. Hawkins, "Car companies will have to report automated vehicle crashes under new rules," *The Verge*, June 29, 2021.

4 Lindsay Brooke, "LiDAR giant," *Autonomous Vehicle Engineering*, October 2018.

5 civilmaps.com.

6 planet.openstreetmap.com.

7 Zhi Yan et al., "Online learning for human classification in 3D LiDAR-based tracking," *Proceedings of the 2017 International Symposium on Intelligent Robot Systems*, 864–71.

8 Stephen Edelstein, "Audi gives up on Level 3 autonomous driver-assist system in A8," *Motor Authority*, April 28, 2020.

9 Wilko Schwarting, Javier Alonso-Mora, Liam Pauli, Sertac Karaman, and Daniela Rus, "Parallel autonomy in automated vehicles: Safe motion generation with minimal intervention," *2017 IEEE International Conference on Robotics and Automation (ICRA)*, 2017, 1928–35.

10강 촉각을 느끼는 두뇌

1 Mario Bollini, Stefanie Tellex, Tyler Thompson, Nicholas Roy, and Daniela Rus, "Interpreting and Executing Recipes with a Cooking Robot," *Experimental Robotics: The 13th International Symposium on Experimental Robotics* (Springer International Publishing, 2013), 481–95.

11강 로봇의 학습 방법

1   Zi Wang, Caelan Reed Garrett, Leslie Pack Kaelbling, and Tomás Lozano-Pérez, "Learning compositional models of robot skills for task and motion planning," *International Journal of Robotics Research* 40, no. 6-7 (2021): 866-94.

2   John Oberlin and Stefanie Tellex, "Autonomously acquiring instance-based object models from experience," *Robotics Research* 2 (2018): 73-90.

3   Will Knight, "How Robots can quickly teach each other to grasp new objects," *MIT Technology Review*, November 17, 2015.

4   OpenAI, "Solving Rubik's Cube with a robot hand," October 15, 2019.

5   https://waymo.com/waymo-driver. Last accessed February 16, 2023.

6   Will Knight, "OpenAI's CEO Says the Age of Giant AI Models Is Already Over," *Wired*, April 17, 2023.

7   Lisa Rice and Deidre Swesnik, "Discriminatory effects of credit scoring on communities of color," *Suffolk University Law Review* 46 (2012): 935.

8   Adam Zewe, "Can machine-learning models overcome biased datasets?" *MIT News Office*, February 21, 2022.

9   Tom Abate, "Stanford, Umass Amherst develop algorithms that train AI to avoid specific misbehaviors," *Stanford News*, November 21, 2019.

10   Mathias Lechner, Ramin Hasani, Alexander Amini, Thomas A. Henzinger, Daniela Rus, and Radu Grosu, "Neural circuit policies enabling auditable autonomy," *Nature Machine Intelligence* 2, no. 10 (2020): 642-52.

11   Makram Chahine, Ramin Hasani, Patrick Kao, Aaron Ray, Ryan Shubert, Mathias Lechner, Alexander Amini, and Daniela Rus, "Robust flight navigation out of distribution with liquid neural networks," *Science Robotics* 8, no. 77 (2023).

12   Donald L. Riddle, Thomas Blumenthal, Barbara J. Meyer, and James R. Priess, *C. Elegans II* (Cold Spring Harbor Laboratory Press, 1997).

쉬어 가기: 도움이 될 만한 기술적 정보

1   Edward Johns, "Coarse-to-fine imitation learning: robot manipulation from a single demonstration," arXiv:2105.06411.

2   https://waymo.com. Last accessed February 16, 2023.

3   Liane Yvkoff, "With acquisition of latent logic, waymo adds imitation learning to self-driving training," *Forbes*, December 12, 2019.

4   Jonathan Ho, Ajay Jain, and Pieter Abbeel, "Denoising diffusion probabilistic models," *Advances in Neural Information Processing Systems* 33 (2020): 6840–51.

12강 기술자들의 할 일 목록

1   Ben Dickson, "Tesla AI chief explains why self-driving cars don't need lidar," *VentureBeat*, July 3, 2021.

13강 가능한 미래

1   "CDC Museum COVID-19 Timeline," https://www.cdc.gov/museum/timeline/covid19.html. Last accessed February 15, 2023.
2   Reinhard Laubenbacher et al., "Building digital twins of the human immune system: Toward a roadmap," *NPJ Digital Medicine* 5, no. 14 (2022): 64.
3   Bernhard Schölkopf, "Causality for machine learning," December 23, 2019, arXiv:1911.10500v2.
4   Emma Strubell et al., "Energy and policy considerations for deep learning in NLP," June 5, 2019, arXiv:1906.02243.

14강 무엇이 잘못될 수 있나?

1   Charlie Miller, "Lessons learned from hacking a car," *IEEE Design & Test* 36, no. 6 (December 2019).
2   Judith Jarvis Thomson, "The trolley problem," *Yale Law Journal* 94, no. 6: 1395–1415.
3   "'Seraph' wins Best Robot Actor Award," *MIT CSAIL News*, July 18, 2012.
4   Nikolaos M. Siafakas, "Do we need a Hippocratic Oath for artificial intelligence scientists?," *AI Magazine* 42, no. 4 (Winter 2021).

15강 미래의 일

1   Richard Wike and Bruce Stokes, "In Advanced and Emerging Economies Alike, Worries About Job Automation," Pew Research Center, September 13, 2018.
2   US Bureau of Labor Statistics, "Growth trends for selected occupations considered at risk from automation," *Monthly Labor Review*, July 2022.
3   Philippe Aghion et al., "The Effects of Automation on Labor Demand: A Survey of the Recent Literature," CEPR Discussion Paper No. DP16868, January 1,

2022.

4   Daisuke Adachi, "Robots and employment: Evidence from Japan, 1978 – 2017," *Journal of Labor Economics* 41, no. 1 (January 2023).

5   Suzanne Berger and Benjamin Armstrong, "The puzzle of the missing robots," *MIT Schwarzman College of Computing Case Studies*, Winter 2022.

6   "Economists are revising their views on robots and jobs," *Economist*, January 22, 2022.

7   Daron Acemoglu, *Introduction to Modern Economic Growth* (Princeton, NJ: Princeton University Press, 2009).

8   Paul R. Daugherty and H. James Wilson, *Human + Machine: Reimagining Work in the Age of AI* (Cambridge, MA: Harvard Business Review Press, 2018).

9   David Autor et al., "New Frontiers: The Origins and Content of New Work, 1940 – 2018," Massachusetts Institute of Technology (MIT) Blueprint Labs, 2021.

10 James Manyika, "Automation and the future of work," *Milken Institute Review*, October 29, 2018.

11 이 조사 결과는 다음에 공개되어 있다. workofthefuture.mit.edu.

12 Michael R. Blood, "Biden plan to run Los Angeles port 24/7 to break supply chain backlog falls short," Associated Press, November 16, 2021.

13 World Economic Forum, *The Future of Jobs Report* 2020, 5.

14 Chawin Ounkomol et al., "Label-free prediction of three-dimensional fluorescence images from transmitted-light microscopy," *Nature Methods* 15 (2018): 917 – 20.

15 World Economic Forum, *The Future of Jobs Report 2020*, viii.

16 World Economic Forum, *The Future of Jobs Report 2020*, 59.

17 "Harvard scientists launch break through AI and robotics tech company, Kebotix, for rapid innovation of materials," *BusinessWire*, November 7, 2018.

18 H. James Wilson and Paul R. Daugherty, "Why even AI-powered factories will have jobs for humans," *Harvard Business Review*, August 8, 2018.

19 Sree Ramaswamy et al., "Making it in America: Revitalizing US Manufacturing," McKinsey Global Institute Report, November 13, 2017.

20 David Mindell, email to author, February 17, 2023.

21 Jeffrey D. Sachs, "Some brief reflections on digital technologies and economic

development," *Ethics & International Affairs* 33, no. 2 (Summer 2019): 159–67.
22   자세한 내용은 다음을 보라. gpai.ai.

16강 컴퓨팅 교육

1   Information available at https://www.deepmind.com/research/highlighted-research/alphafold. Last accessed February 16, 2023.
2   David Autor, David A. Mindell, and Elisabeth Reynolds, *The Work of the Future: Building Better Jobs in an Age of Intelligent Machines* (Cambridge, MA: MIT Press, 2022).
3   Alicia Boler Davis, "New Amazon program offers free career training in robotics," *Amazon News / Workplace*, January 27, 2021.
4   https://robotacademy.net.au/masterclass/introduction-to-robotics/. Accessed May 24, 2023.

17강 큰 도전과제

1   United Nations Department of Economic and Social Affairs, Population Division, "World Population Prospects 2022: Summary of Results."
2   더 많은 정보는 다음을 참조하라. https://senseable.mit.edu/space-bubbles.
3   Jenna Jambeck et al., "Plastic waste inputs from land into the ocean," *Science* 347, no. 6223 (February 13, 2015).
4   Vijay Kumar, Daniela Rus, and Sanjiv Singh, "Robot and sensor networks for first responders," *IEEE Pervasive Computing* 3, no. 4 (2004): 24–33.

도판 출처

화보 1면
(위) Ray and Maria Stata Center-MIT. Tony Webster 촬영. Wikimedia Commons, 2015. (아래) Sawyer and Baxter from Rethink Robotic. Wikimedia Commons, 2018.

화보 2면
(위) 허블 우주 망원경을 정비 중인 우주 비행사. NASA Johnson Space Center 제공. Wikimedia Commons, 2021.
(아래) 마빈 민스키가 고안한 로봇 팔. Wikimedia Commons, 2014.

화보 3면
(위) 헬리콥터형 드론 인제뉴어티. NASA/JPL-Caltech 제공. Wikimedia Commons, 2021.
(아래) 화성 탐사용 자율주행차 퍼시비어런스. NASA/JPL-Caltech 제공. Wikimedia Commons, 2020.

화보 4면
(위) M-블록 지능형 전자 큐브. 출처: MIT CSAIL 홈페이지(M-Blocks Modular Robotics)
(중간) Self-Folding Robots. 출처: MIT CSAIL Daniela Rus 홈페이지(Research Project: Self-Folding Robots).

(아래) 네덜란드 아인트호벤에서 열린 2013 로보컵 축구 경기. © Ralf Roletschek. Wikimedia Commons, 2013.

화보 5면
(위) 로봇 물고기 '소피'. © Joseph DelPreto/MIT CSAIL
(아래) 스티키봇. Biomimetics and Dexterous Manipulation Laboratory, Stanford University 제공. Wikipedia, 2009

화보 6면
(위) 테슬라의 산업용 로봇. Steve Jurvetson from Los Altos 제공. wikipedia, 2012.
(아래) 보스턴 다이내믹스의 사족보행 로봇 스팟. www.pexels.com.

화보 7면
(위) 리처드 브라우닝의 '제트 슈트' 시연 모습. 캘리포니아 힐러 항공 박물관, 2018. © Eddie Codel. www.pexels.com.
(중간) 웨이모의 자율주행차 재규어 I-페이스. Wikimedia Commons, 2023.
(아래) 자율주행 로봇 보트. 출처: Roboat.org / MIT Senseable City Lab(https://www.youtube.com/watch?v=zTStIZPz9ps)

화보 8면
보행 보조 로봇 '엑소EKSO'. Wikimedia Commons, 2020.

찾아보기

ㄱ

가디언 자율성 198
가상 연구 도우미 74
가상현실 54, 69, 275
가속도계 111
가져다 놓기 작업 87, 144, 153, 290~291
가토(인공지능 모델) 170
감지-생각-행동 루프 30, 34, 137, 162, 192
강모 97
강화학습 방식 217, 219, 221, 241, 245~246
객체인식/이미지 라벨링 135, 138, 182, 184, 189, 222, 224, 228, 239~241
고기능성 섬유 연구소(AFFOA) 35
고래의 언어 해독 47~50, 61, 63, 249, 358
고정식 양성자 빔 치료 151, 345

고정밀 지도 186, 187
고차원 제어기 175
곤도, 마리에 83
골프카트 194
공동최적화 개념 259
과제 수준 제어기 175~176
광전지 스킨 350
광전지 패널 348
구성 공간 191
국제자동차기술자협회 195
군집 알고리즘 117
그로수, 라두 233, 235
그로수, 안카 249
그로스먼, 데이비드 28
그루버, 데이비드 63
그림자 감지 134
글로벌 공급망 붕괴 314
기계학습 19, 25, 36, 55, 63, 85, 89, 103~104, 108, 124, 132, 152, 189, 206, 222, 224, 226~233, 239~243,

385

246~247, 257, 264, 272, 277~278,
281, 284~285, 298, 311, 316~317,
319, 330, 343, 348, 354, 362
기후위기 355
기후 변화 345, 351, 352
꿈꾸는 로봇 171

ㄴ

남방참고래 48
내비게이션 신호소 135
노어들링거, 버너드 342
뇌-마음-기계 연구소 359
뇌 아키텍처 171

ㄷ

다빈치 수술 로봇 145, 209
다이달로스 신화 20, 92
다이스케, 아다치 310
달리(DALL-E) 248
대규모 공개 온라인 강좌(MOOCs) 338
대응-진리 360~362
대퇴직 314
대형 언어 모델(LLM) 230, 248
데볼, 조지 142
도널드, 브루스 73, 200
도달 범위 21, 47, 50~53, 58~60,
 63~64, 68, 366
도어, 앤서니 127
드뇌부르, J. L. 60
드론 49~51, 61, 63, 75~76, 79~80,
 90, 110, 276, 279, 300~302, 346,
 349, 356, 361, 363
디지털 소양 프로그램 324, 335~336,

339~340
디지털 워터마킹 361
디지털 트윈 274~277, 318~319, 350
딥마인드 170
딥페이크 기술 361

ㄹ

라이다 스캐너 181, 184~188
라티, 카를로 121, 353
레슬리, 카엘블링 215
레이버트, 마크 254
레크너, 마티아스 235
로봇 군집 118~120
로봇 보트 121~124
로봇 소매 153
로봇 손 140, 145, 159, 164, 204,
 207~210, 212~213, 219~220, 224,
 250~252, 261, 263
로봇 수술 시스템 147~148
로봇 집게 145
로봇 축구 대회 119
로봇 팔 32, 52, 106, 122, 124, 143,
 146, 160, 170, 200~201, 204, 207,
 251, 290
로봇공학 3원칙 293
로빈슨, 킴 스탠리 10, 301
로사이클 211, 251
〈로스트 인 스페이스〉(드라마) 10
로자노페레스, 토머스 215
로지(로봇) 80, 109
로코메이션 315
루이 18세 342
룸바(로봇 청소기) 83~84, 179, 335

리, 젠트리 90

ㅁ

〈마법사의 제자〉(애니메이션) 104, 154
MARS 학회 89, 93
마음-칩 협력 17~18, 20, 59, 64, 71, 106, 141, 146, 199, 273~274, 278, 295, 307, 317~318, 339
마조르 X 스텔스 에디션 147
마지막 1센티미터 문제 207
마투식, 우치에크 259
매터릭, 마야 253
메커니컬 터크 55~56, 347
모방학습 105, 222, 246
《모자 쓴 고양이》 83, 87
목시(Moxi, 로봇) 253
목시(Moxie, 로봇) 253
몬테 로사 산장 350
몸짓 인터페이스 시스템 110
미국 노동 통계국 70, 309
미국 도로교통안전국 183, 299
미국 식품의약국 299
《미래부》(소설) 301
미래의 일 307, 314, 322
미셸, 링컨 31, 57
미케(로봇) 117
민스키, 마빈 168~170
밀러, 찰리 288~289

ㅂ

《바디 스카우트》(소설) 57
〈바바파파〉(만화) 113
바이든 대통령 314
바이치, 루제나 58
바질레이, 레지나 343
바퀴벌레 실험 60~61, 160, 358
반데르발스 힘 97
반지도학습 241, 244
발라섹, 크리스 288~289
배달 로봇 71, 80, 85
백스터(인간형 로봇) 57, 217~218, 253
버거, 수잔 307
베르티, 베로니카 140
베른, 쥘 10~11
베이조스, 제프 89
베이크봇 80, 204~207, 210~211
벨로소, 마누엘라 119
변분 자동인코더(VAE) 242
변형 감지 센서 40
병렬 자율 시스템 198
병렬식 수송기술 315
보나, 마르세트 '마티' 59
보나토, 파올로 76
보르트펠드, 토머스 151
보첼리, 안드레아 136, 140
보행 보조도구 31
복합 섬유 35
불로비치, 블라디미르 167, 262
브라우닝, 리처드 90~93, 95, 98~99, 102
브래디, 마이클 28
브룩스, 로드니 92, 253
비봇 324~325
VISTA 시뮬레이션 환경 223, 247
비지도학습 241, 243~245
비행 슈트 99

〈빅 히어로 6〉(애니메이션) 113
빈 도로교통협약 193, 256
뼈대 164~166, 259, 262

ㅅ

사이버보안 288~290
사회적 가치지향성(SVO) 256
삭스, 제프리 320
산업용 로봇 87, 143~145, 160, 163, 208, 215, 251, 253, 310
산업용 협동로봇 44, 253
삼각보행 175
상미분방정식(ODE) 235
《생각에 관한 생각》 174
생물다양성 64
생분해성 소형 로봇 148~149, 163
생성형 인공지능 247~248
생성형 적대적 신경망(GAN) 242
섀도 로봇 핸드 220
세계경제포럼 309, 316, 318
세네카 66, 70
세라프 301
세이건, 칼 305
센서 장착 가드레일 68
소이어(인간형 로봇) 253
소피(물고기 로봇) 62~63
손안 조작 158, 210
솔레이마니, 아바 247
솔즈베리, 켄 145, 209
수상 택시 121
수술 정밀성 보조도구 147
수술용 미니 로봇 344
순방향 신경망 242

순환신경망 242
슐코프, 베른하르트 278
스마트 인프라 시스템 85
스몰 로봇 컴퍼니 347
스왑 로보틱스 349
스크래치 프로그래밍 언어 327
《스타십 트루퍼스》(소설) 30
〈스타워즈〉(영화) 104, 146
스탠퍼드연구소 문제 해결기(STRIPS) 172
스티키봇 98
〈스파이더맨: 홈커밍〉(영화) 51
스패로(로봇) 252
시그와트, 롤란드 51
식량 안보 345
신경망 아키텍처 242
신경망 226~229, 233~237, 239, 241~243, 247~248, 278, 285
신체장애의 회복 31
심층신경망 226, 229, 233~234, 236, 242, 248, 285
심층학습 모델 236, 280~281, 285
싱, 산지브 362

ㅇ

아그라왈, 풀킷 218
아기의 수면 모니터링 131, 132
아기옹, 필립 310
아리스토텔레스 360
아미니, 알렉산더 235
〈아바타〉(영화) 100, 275, 357
아벨슨, 할 327
아빌, 피터 81

아시모프, 아이작 142, 293
아이스크림 배달 로봇 78
〈아이언맨〉(영화) 12, 20, 30~33, 36,
　　41, 44, 92, 124, 300
아인슈타인, 알베르트 329
아폴로 미션 274
알고리즘 21, 81, 84~85, 101, 106,
　　116~117, 120, 126, 137~138, 145,
　　152, 158~159, 165, 169, 171, 177,
　　182, 187~189, 191~193, 196, 207,
　　209~210, 221, 224~225, 232~233,
　　240~244, 246, 257, 281~282, 316,
　　328, 366
알파폴드 330
암 방사선치료 150, 151
〈어벤저스〉(영화) 32
업스킬링 337
에너지 수확 장치 43
〈에일리언〉(영화) 30
엑스포 138
M-블록 114~116, 120, 125
엥겔버거, 조지프 142
역기구학 206~207
연방항공청 300
연질 로봇공학 163
옌, 수수 151
오리가미(종이접기) 42, 164
오션원(수중 로봇) 58~59, 357
오픈AI 74, 100, 219~220, 224, 231
와이파이 신호 모니터링 132
우드, 롭 33, 40, 63, 89, 100, 166,
　　185~186, 189, 273, 285, 313, 358,
　　366

《우리가 볼 수 없는 모든 빛》(소설) 127
우산 프로젝트 118~119
우주 탐사 359~360
움직이는 두뇌 178
움직임 증폭 130, 134
워즈니악, 스티브 337
〈월-E〉(영화) 71
〈월스트리트〉(영화) 283
월시, 코너 31
위버, 시고니 30
윌리엄스, 세리나 38
웡, 지넷 326~327, 330
유니메이트 143~144, 153
유동성 신경망 233, 235~237, 278, 285
유체역학과 오리가미에 영감을 받은 인
　　공근육(FOAM) 42~43, 151, 167,
　　261
육체 작업용 로봇형 메커니컬 터크 55
　　~56, 347
윤리학 295, 297, 302
이미지 분할 225
이미지넷 182, 225~226, 239
이중 막대형 말단 작동기 208
인간-기계 협력 318, 322
인간의 지능 358
인공근육(작동기) 12, 29, 36~38,
　　41~42, 62, 95, 164~165, 167,
　　261~262
인공근육과 힘 증강 43, 45
인공신경망 226, 234, 242~243
인공지능(AI) 11~12, 14~19, 25, 28,
　　36, 40, 52~53, 63, 67, 74~75, 78,
　　85, 89, 100, 104~105, 124, 126, 128,

147, 151, 154, 166, 168~172, 189,
192, 195, 219~220, 224~225,
227~228, 230~232, 240, 247~248,
255, 259~260, 263~264, 271~272,
276~277, 280~281, 283~284, 286,
298~299, 302~305, 309, 314, 318,
320~322, 327, 329~330, 342~343,
345~349, 351, 357, 359~365
〈인공지능을 향한 발걸음〉(논문) 169
인공피부 254
인공후각 54
인과 시스템 278
인제뉴어티 51
인지 수준 제어기 174~176
일방향 접착 97~98
일자리의 미래 보고서 318

ㅈ

자기지도학습 244~245
자동인코더 242
자율 기계 146, 360
자율주행 견인차(aPMs) 179, 315
자율주행 트랙터 152
자율주행차 9, 51, 67~68, 78, 85~86,
121~122, 133~134, 140, 160, 166,
173, 177, 179~180, 182~187,
193~197, 199, 202, 221~224, 230,
245~247, 255~258, 263, 271,
279~281, 286, 288~290, 293~296,
327
자체재구성 로봇 113
장단기 메모리 신경망(LSTM) 242
재활/물리치료 31, 70, 76~77, 85,

211, 251, 286, 366
저차원 제어기 172, 176, 207
적대적 공격 228
적층식 접기 106~107
전기 전도성 섬유 34, 35
전원 장치 95, 113, 165, 167
전자 섬유 43
전자 에어백 내장 오토바이 재킷 101,
102
정기구학 207
정밀 환자 고정장치 151
정밀성 142, 145~148, 150, 152~153,
163
제설 로봇 87
제어이론 257
Z세대 313
제트팩 91, 99, 102
젤로큐브 120
조경 로봇 87
존슨, 미셸
종이형 태양광 배터리 262
지구공학 352~353
지도학습 241, 243~245
GPT-3 230, 231, 248, 265
GPT-4 231
집라인 74~76, 79, 346, 356

ㅊ

차등 프라이버시 36~37
차량 간 메시지 68
차량 대 인프라 통신 68
착용형 로봇 슈트 38, 40
착용형 외골격 30

챗GPT 100, 231, 248, 264
척추 수술 로봇 150
첨단 운전자 지원 시스템(ADAS) 195
초록 헐크(로봇) 308, 310, 322
촉각을 느끼는 두뇌 200
촉각학 137, 145
치에코, 아사카와 135

ㅋ

카너먼, 대니얼 174, 215
카라만, 세르탁 198
카타비, 디나 132
카티브, 오사마 58, 357
컴퓨터 시각 알고리즘 81
컴퓨팅 교육 324
〈컴퓨팅 기계 학회 커뮤니케이션〉 326, 330
컴퓨팅 사고 방법 326~330
컴퓨팅 제작 기술 332~333
컷코스키, 마크 96
코로나19 119, 130, 269, 274, 286
코크, 피터 338
코파일럿 74
쿠마르, 비제이 51, 362
쿠스토, 세린 50
쿠스토, 자크 50
크레이-2 슈퍼컴퓨터 169
클라우드 컴퓨팅 산업 166, 313
클락, 아서 C. 90
클레이트로닉스 113

ㅌ

탄소 포집 354

태양광 발전소 349
태양광 패널 349~351
〈터미네이터〉(영화) 9, 31
테넨바움, 조시 171, 358
테슬라 오토파일럿 293
텔렉스, 스테파니 217
토랄바, 안토니오 133
톰(로봇) 347
통계적 학습 기법 278
통신기판 165
〈투나잇 쇼〉(방송) 143~144
투시력 129, 133~134
튜링, 앨런 168~169
튤립 모양 집게 164, 251~252
트롤리 문제 294~295
특이점 201, 265, 313

ㅍ

파라바노, 폴 138
파레토 최적화 260
파리드, 하니 362
파바로티, 루치아노 81, 107
파울리누스 66
〈판타지아〉(애니메이션) 104, 106
팔라시오스, 토마스 262
팔콘(드론) 49~50, 63
패넥, 토마스 139
퍼시비어런스 로버 51
페블(소형 로봇) 117
페인, 로저 47, 61, 153, 249, 301, 358
펠로시, 낸시 361
포인트 클라우드 185~186
폴디메이트 82

프라이버시 36~37, 277, 342
프랑스 의학아카데미 342
프로젝트 룬 361
프리먼, 빌 130, 133, 354
플라톤 360
FLX봇 52
피부를 닮은 센서 263
PR2(인간형 로봇) 81~82, 204

ㅎ

하사니, 라민 235
하이브리드 보조사지 외골격(HAL) 31
하인라인, 로버트 30
합성곱 신경망 242
〈해리 포터〉(영화) 103~104, 110, 125, 341
향유고래 언어 해독 63
허, 휴 93
허구적 상상에서 얻는 영감 113
허터, 마르코 32
협동로봇 44, 253
호놀드, 알렉스 94~95
호버만, 척 107
호프크로프트, 존 157, 340
혹등고래 47
홀러바흐, 존 31
화이트 해커 289, 297
환자 이송 침대 76~77, 292
흡착식 집게 252
히포크라테스 선서 303~304
힘 증강 43, 45
힘 피드백 강화 조종기 59